電気電子工学シリーズ 2

[編集] 岡田龍雄　都甲潔　二宮保　宮尾正信

電気回路

香田　徹
吉田啓二 [著]

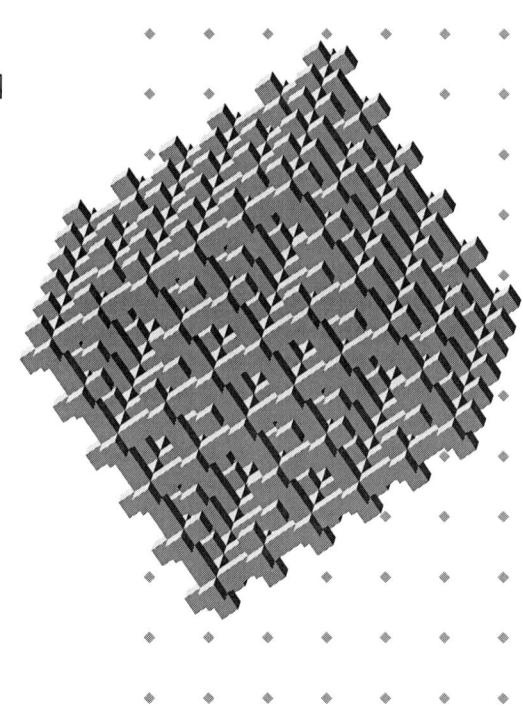

朝倉書店

〈電気電子工学シリーズ〉
シリーズ編集委員

岡田 龍雄	九州大学大学院システム情報科学研究院・教授
都甲　　潔	九州大学大学院システム情報科学研究院・教授
二宮　　保	前九州大学教授
宮尾 正信	九州大学大学院システム情報科学研究院・教授

まえがき

　電気回路理論は，電気電子工学・情報通信工学等の分野で様々な専門科目を学ぶための大学初学年の基礎必修科目として位置付けられている．しかしながら，専門分野が多様化して電気回路理論の講義時間数は少しずつ減少しているにもかかわらず電気回路理論の習熟の徹底が求められている．

　電気回路で取り扱う物理量は**電圧**，**電流**とその積である**電力**の三個で代表される．また，これらを規定するのは，電圧，電流間の比例関係 (比例定数が抵抗) を意味する**オームの法則**，抵抗の接続による電圧の和や電流の和を表す**キルヒホッフの電圧則，電流則**の三法則だけである．さらに比例定数としての容量やコイルの導入に伴い，電圧や電流の微分・積分が必要となり，これらの演算を容易にするための**フェーザ (複素数)** $j\omega$ が導入される．複素数の計算および正弦波の時間関数とフェーザの区別さえ習得できれば，残りの回路の問題は，わずかな法則の下での複素数値のベクトル・行列を用いた，単なる演習問題に過ぎない．

　近年の情報通信の急速な発展に伴い集積回路から大規模・高速集積回路の時代に入り，いわゆるデジタル回路・論理回路が主製品となっているが，ヒトと関わる情報伝送系や無線系の入力・出力ではアナログとなるので，電気回路理論の重要性が再認識されている．

　本書では定常解析・周波数解析と過渡解析・時間解析に大別される回路理論の中で，前者を主に取り扱う．これと連動させて，電気系学生初学年向けの応用数学として開講されるフーリエ級数やフーリエ積分の基礎をフェーザの導入の章で紹介した．また，情報伝送の基本は所望の入出力の周波数特性の設計にあると考え，2ポートの伝送特性や能動2ポートを学習目標の一つに置いた．また，2ポートの伝送特性で重要な S 行列の導入に必要な分布定数回路の節を設けた．章の構成順序として，回路変数の電圧，電流の一組を扱う1ポートから，二組の2ポートへ，それ以上の3ポートは回路のグラフや回路方程式の立

て方の章で取り扱うことにした．グラフの章はとかく記述が詳細となり，初学年の学生には難解になりがちなので，専門分野で取り扱う各種ネットワークを議論するための基礎として，必要最小限にとどめた．通常の教科書と異なり，フーリエ積分や分布定数回路の節を設けたので，講義のコマ数に応じて取捨選択していただきたい．

　電気回路は極論すれば，回路に関わる物理量に基づいた線形代数であるので，線形代数の意義，重要性の理解へとつながる科目であるが，高校卒業後直ちに学ぶ最初の専門科目にしては多種類の記号，文字が数多く登場するため戸惑う学生も少なくない．そこで，本書では主要な物理量の文字・記号を最初に**予約語**として約束し，説明のために導入される媒介変数・中間変数のような文字を極力使用しないように努め，上記三法則と記号の約束事を一度だけ記憶すればよいように配慮した．また，独習できるように各章末に多数の演習問題とその詳細な解答例を列挙した．

　なお，本書を執筆するにあたり，数多くの著書，教科書を参考にさせていただいた．特に著書たちが長年学生の指導を通し，教科書として学んできた榊米一郎 (名古屋大学名誉教授)・大野克郎 (九州大学名誉教授)・尾崎　弘 (大阪大学名誉教授) 共著の『電気回路 I (初版)』と，その改訂版である大野克郎・西　哲生 (九州大学名誉教授) 共著の『電気回路 I 第 3 版』には教えられる所が多い．

　本文 8 章と 9 章は主に吉田が担当し，残りの章は香田が担当した．現場で用いられている多数の回路を示して著者なりに工夫したつもりであるが，なにぶん浅学菲才であるので，考え違いや誤りがあることを恐れている．読者の学習の一助ともなれば幸いである．末筆ながら本書を執筆するに当たって御協力下さった九州大学大学院システム情報科学研究院・松山教授と朝倉書店の皆様に感謝する．

2008 年 2 月

香　田　　　徹
吉　田　啓　二

目 次

1. **回路の変数と回路の法則** 1
   - 1.1 回路素子 1
     - 1.1.1 抵抗 2
     - 1.1.2 キャパシタ 3
     - 1.1.3 インダクタ 4
   - 1.2 電源 5
     - 1.2.1 電圧源と電流源 5
   - 1.3 交流 6
     - 1.3.1 周期波形と非周期波形 6
     - 1.3.2 正弦波交流 6
   - 1.4 回路素子における電力とエネルギー 8
     - 1.4.1 電力 8
     - 1.4.2 実効値と最大値 9
     - 1.4.3 エネルギー 10
   - 1.5 キルヒホッフの電流則と電圧則 12
     - 1.5.1 キルヒホッフの二法則 12
     - 1.5.2 直列接続と並列接続 13
   - 1.6 直流電流源と直流電圧源 15
     - 1.6.1 電流源 15
     - 1.6.2 電圧源と電流源の等価性 15
   - 演習問題 17

2. **回路と微分方程式** 19
   - 2.1 L, R, C の直列回路 19

2.2　機械系・音響系との類推 ………………………………… 21
  2.3　定常解の計算 ……………………………………………… 22
  演習問題 ………………………………………………………… 24

3. 正弦波と複素数 ……………………………………………… 25
  3.1　複　素　数 ………………………………………………… 25
    3.1.1　直 交 形 式 …………………………………………… 25
    3.1.2　極　形　式 …………………………………………… 26
    3.1.3　四 則 演 算 …………………………………………… 27
    3.1.4　共役複素数 …………………………………………… 30
    3.1.5　指数関数と単位長フェーザ ………………………… 30
    3.1.6　m 乗　根 …………………………………………… 33
    3.1.7　対 数 関 数 …………………………………………… 33
  3.2　フーリエ級数とフーリエ積分 …………………………… 34
    3.2.1　フーリエ級数 ………………………………………… 35
    3.2.2　フーリエ積分 ………………………………………… 40
    3.2.3　周期関数のフーリエ変換 …………………………… 46
  3.3　正弦波とフェーザ ………………………………………… 48
    3.3.1　フ ェ ー ザ …………………………………………… 48
    3.3.2　正弦関数の和のフェーザ …………………………… 49
    3.3.3　正弦関数の微分・積分のフェーザ ………………… 49
  演習問題 ………………………………………………………… 52

4. 交流回路と計算法 …………………………………………… 54
  4.1　インピーダンスとアドミタンス ………………………… 54
    4.1.1　回路のフェーザ方程式 ……………………………… 54
    4.1.2　フェーザの効用 ……………………………………… 57
    4.1.3　インピーダンスとアドミタンス …………………… 58
    4.1.4　抵抗分とリアクタンス分 …………………………… 61
  4.2　電　　　力 ………………………………………………… 64
    4.2.1　実 効 電 力 …………………………………………… 64

    4.2.2 　皮相電力と力率 ·· 65
    4.2.3 　複素電力と無効電力 ··· 67
  演 習 問 題 ·· 72

5. 直並列回路と共振回路 ·· 74
  5.1 　直並列回路 ··· 74
    5.1.1 　R–L 直列回路 ·· 74
    5.1.2 　R–C 直列回路 ·· 76
    5.1.3 　R–L 並列回路 ·· 77
    5.1.4 　R–C 並列回路 ·· 78
  5.2 　共 振 回 路 ··· 79
    5.2.1 　直 列 共 振 ·· 79
    5.2.2 　並 列 共 振 ·· 81
  5.3 　ブリッジと定抵抗回路 ··· 82
    5.3.1 　ブ リ ッ ジ ·· 82
    5.3.2 　逆回路と定抵抗回路 ··· 84
  演 習 問 題 ·· 86

6. 2 ポートとその基本的表現法 ·· 88
  6.1 　2 ポ ー ト ··· 88
  6.2 　変　成　器 ··· 89
    6.2.1 　相互インダクタンス ··· 89
    6.2.2 　密結合変成器 ·· 92
    6.2.3 　2 ポートとしての変成器 ·· 93
    6.2.4 　理想変成器 ·· 94
  6.3 　インピーダンス行列 (Z 行列) ·· 97
  6.4 　アドミタンス行列 (Y 行列) ·· 102
  6.5 　縦続行列 (K 行列) ·· 109
  6.6 　ハイブリッド行列 (H 行列) ·· 110
  6.7 　分布定数線路と散乱行列 (S 行列) ··· 111
    6.7.1 　集中定数回路対分布定数回路 ···································· 111

6.7.2　線路方程式の定常解 ································· 113
　6.7.3　2ポートとしての分布定数回路 ···················· 116
　6.7.4　S 行　列 ··· 116
　6.7.5　双曲線関数 ·· 117
6.8　諸行列間の関係 ·· 118
演 習 問 題 ·· 120

7. 回路に関する諸定理 ·· 123
7.1　重ね合わせの理 (重畳の理) ······························ 123
7.2　回路の双対性 ··· 124
7.3　相反 (可逆) 定理 ··· 125
7.4　等価電源 (テブナン, ノートン) の定理 ················ 126
　7.4.1　テブナンの定理 ······································· 126
　7.4.2　ノートンの定理 ······································· 127
7.5　補　償　定　理 ··· 128
7.6　供給電力最大の法則 ······································· 130
演 習 問 題 ·· 135

8. 2ポートの伝送的性質 ······································ 138
8.1　2ポートの等価回路表現 ··································· 138
　8.1.1　入力インピーダンス ·································· 138
　8.1.2　出力インピーダンス ·································· 139
　8.1.3　出力端開放電圧 ······································· 139
8.2　伝送量および電力利得の一般的表式 ···················· 141
8.3　伝　送　量 ·· 143
8.4　フィルタ ··· 144
　8.4.1　概　　説 ·· 144
　8.4.2　低域通過フィルタ (LPF) ···························· 145
8.5　周波数変換によるフィルタの構成 ······················· 148
　8.5.1　LPF から HPF への変換 ···························· 148
　8.5.2　LPF から BPF への変換 ···························· 150

◇8.6　共振器の電磁結合によるBPFの構成 ………………………… 152
演習問題 ……………………………………………………………… 155

9. 能動2ポート ……………………………………………………… 159
9.1　能動2ポートの等価回路表現 ……………………………………… 159
9.1.1　バイポーラトランジスタ (BJT) ……………………………… 160
9.1.2　電界効果トランジスタ (FET) ………………………………… 163
9.2　演算増幅器 ……………………………………………………………… 166
◇9.3　2個の能動素子を用いた回路 ……………………………………… 169
9.3.1　ジャイレータ …………………………………………………… 169
9.3.2　負性抵抗回路 …………………………………………………… 171
演習問題 ……………………………………………………………… 172

10. 回路の方程式 ……………………………………………………… 175
10.1　回路のグラフとキルヒホッフの法則 ……………………………… 175
10.1.1　グラフ ………………………………………………………… 175
10.1.2　キルヒホッフの法則 ………………………………………… 176
10.1.3　1ポート特性 ………………………………………………… 178
10.2　独立な回路変数と回路方程式の立て方 …………………………… 179
10.2.1　グラフに関わる各種術語の定義 …………………………… 179
10.2.2　閉路とカットセット ………………………………………… 181
10.3　回路の方程式の立て方 ……………………………………………… 184
10.3.1　枝電流法 ……………………………………………………… 184
10.3.2　閉路電流法 …………………………………………………… 186
10.3.3　節点電位法 …………………………………………………… 190
10.3.4　各方法についての注意 ……………………………………… 195
10.4　電力の保存則 ………………………………………………………… 199
10.5　逆行列 ………………………………………………………………… 201
演習問題 ……………………………………………………………… 203

11. 3相交流回路 ……………………………………………………… 206

11.1 3 相 電 源 ······ 206
11.2 対称 3 相回路 ······ 209
11.3 3 相回路の電力 ······ 212
演 習 問 題 ······ 213

演習問題略解 ······ 215

索　　引 ······ 247

1. 回路の変数と回路の法則

本章では回路の概念と回路の基本的量を表す回路変数について説明する．電圧，電流間の比例関係である**オームの法則**や比例定数である回路素子が種種約束される．素子の接続による電圧の和や電流の和を表す**キルヒホッフの電圧則，電流則**の他，**電力**等の基礎事項すべてが登場する．抵抗回路は，電気回路の基礎として幾らか予備知識があるであろう．しかしながら後の章で，取り扱う量を一変数 (スカラ) の実数値から 2 変数の複素数値，さらにその多次元 (複素数ベクトル) へと一般化するための準備なので，先入観にとらわれずその原型をしっかりと理解して欲しい．

1.1 回路素子

回路は**回路素子**と呼ばれるデバイス (device) を線状の導体である**導線**で接続したものを指す．従って回路は回路素子の集合と素子間の接続関係で特徴付けられる．回路構造の複雑なものを**回路網** (network) と呼ぶ．電話回線や高速道路，ヒトの血管，神経，インターネット等が複雑さの程度に差はあるが，身近な network の典型例である．勿論，これらには，情報，車，血液，神経パルス，電気信号等のそれぞれ，異なった物理量の**流れ** (flow) が通過する．

導線を接続する部分は電気的には "点" であり，これを回路素子の**端子** (terminal)，**節点** (node) という．回路素子は "**回路端子**" と呼ばれる回路の節点を通してのみ外部と電磁エネルギーの授受が許される．節点を黒点で，端子を小円で表す．

一般に回路素子を数学的に厳密に扱うために，理想化された素子を取り扱う．基本的な素子として，抵抗，キャパシタ (コンデンサ)，インダクタ (コイル) および変成器の他，トランジスタ，ダイオード，演算増幅器等が用いられる．図

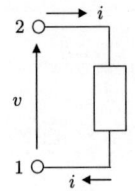

図 1.1　暗箱で表現した回路素子の電圧 v, 電流 i

1.1 に示すように，回路素子を**暗箱** (black box), 1 ポートと呼ばれる箱と 2 個の点で示した，**端子対** (terminal-pair) で表現している．端子には，番号を付与する．なお，端子対の取り方は 6 章で与える．回路素子の特性は，素子にかかる**電圧** (voltage) v と素子に流れる**電流** (current) i との関係で表現される．電圧 v, 電流 i の向きを明らかにするために矢印を付ける．電圧 v は，矢の先 (節点 2) の**電位** (electrical potenial) v^2 から矢の根元 (節点 1) の電位 v^1 を引いた**電位差**

$$v = v^2 - v^1 \tag{1.1}$$

として定義される．v の単位は**ボルト** (volt) で V と記す．ただし，上添え字の数字は節点番号を示し，v^2 は v の 2 乗を意味しない．一方，i は矢印の方向への電流の値，正電荷 (単位は**クーロン** (coulomb) で C と記す) の流れ (単位時間当たりの電荷量) (単位は**アンペア** (ampere) で A と記す) である[†]．

v や i は時間 t と共に変化するので $v(t)$ や $i(t)$ と書き，それぞれ**瞬時電圧**，**瞬時電流**または**瞬時値** (instantaneous value) と呼ぶ．

1.1.1　抵　　抗

図 1.2 に示すように

$$\left. \begin{array}{rcl} v(t) &=& Ri(t), R > 0 \\ i(t) &=& Gv(t), G > 0 \end{array} \right\} \tag{1.2}$$

の関係がある素子を**抵抗 (抵抗器)** といい，R を抵抗値と呼び，単位はオーム (記号は Ω) である．G を**コンダクタンス**と呼び，単位はジーメンス (siemens)

[†] 電子の電荷は負と決められているので，電子の流れの逆方向を電流の流れとし，理論としては正電荷が流れていると考える．

1.1 回路素子

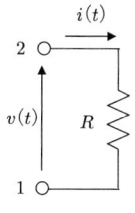

図 1.2 抵抗器

(記号は S) またはモー (mho) (記号は ℧ $= \Omega^{-1}$) である．$R = \dfrac{1}{G}$ の関係がある．したがって上記 4 つの単位 V, A, Ω, S 間には

$$\left. \begin{array}{rcl} \Omega &=& \dfrac{\mathrm{V}}{\mathrm{A}} \\ \mathrm{S} &=& \dfrac{\mathrm{A}}{\mathrm{V}} \end{array} \right\} \tag{1.3}$$

の関係がある．式 (1.2) を**オームの法則**という．

電流の矢印は便宜的に約束したもので，その量が正であることを意味しない．図 1.3(b) のように矢印を逆にすると $-\dfrac{v}{R}$ A の電流が流れる．

$R = \infty \, (G = 0)$ の回路素子は端子対の**開放** (open) に対応し，$G = \infty \, (R = 0)$ の回路素子は端子対の**短絡** (short) に対応し，それぞれ図 1.4(a),(b) で表現する．

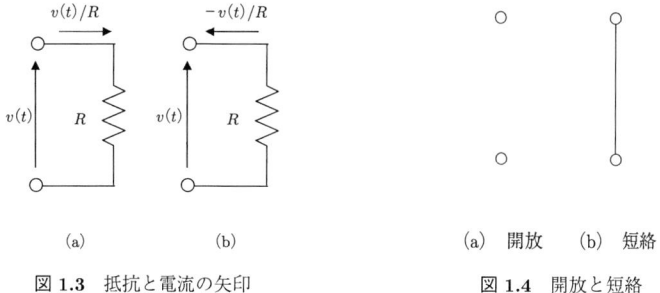

図 1.3 抵抗と電流の矢印　　　図 1.4 開放と短絡

1.1.2 キャパシタ

図 1.5 の素子は**キャパシタ** (または**コンデンサ**) と呼び，**静電エネルギー蓄積素子**であり，電圧と電流に関して

$$i(t) = C\frac{dv(t)}{dt} = \frac{dq(t)}{dt}, \ C > 0 \tag{1.4}$$

または

$$v(t) = \frac{1}{C}\int_{-\infty}^{t} i(t)dt, \ C > 0 \tag{1.5}$$

$$q(t) = Cv(t) = \int_{-\infty}^{t} i(t)dt \tag{1.6}$$

が成立する．ただし，$q(t)$ はドットのついた極板 (2 枚の極板間は誘電体 (絶縁体) である) に蓄えられた**電荷量** (単位は**クーロン**，記号は C) を表し (反対側の極板に $-q(t)$ の電荷が蓄えられている)，C を**静電容量，容量，キャパシタンス**といい，単位はファラッド (記号は F) を用いる．したがって，C, F, A, V の単位間に

$$\left.\begin{array}{rcl} \text{C} & = & \text{F} \cdot \text{V} \\ \text{F} & = & \dfrac{\text{A}}{\text{V/s}} \end{array}\right\} \tag{1.7}$$

の関係がある．ただし，記号 s は時間の秒 (second) を表す．

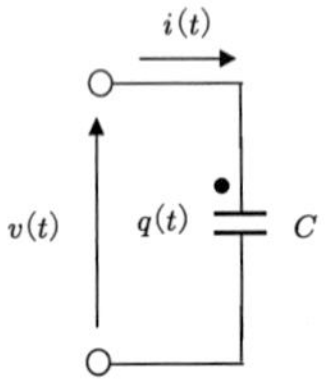

図 1.5 キャパシタ 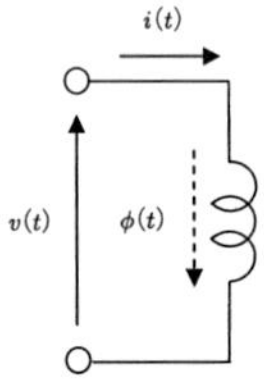　　　　　図 1.6 インダクタ

1.1.3　インダクタ

図 1.6 の素子は**インダクタ** (または**コイル**) と呼び，**磁気エネルギ蓄積素子**であり，電圧と電流に関して

$$v(t) = L\frac{di(t)}{dt} = \frac{d\phi(t)}{dt}, \ L > 0 \tag{1.8}$$

または

$$i(t) = \frac{1}{L}\int_{-\infty}^{t} v(t)dt, \ L > 0 \tag{1.9}$$

$$\phi(t) = Li(t) = \int_{-\infty}^{t} v(t)dt \tag{1.10}$$

が成立する．ただし，$\phi(t)$ は**磁束** (flux) (単位は**ウエーバ**，記号は Wb) を表し，L を**インダクタンス**といい，単位は**ヘンリ** (記号は H) を用いる．したがって，H, A, V の単位間に

$$\left.\begin{array}{rcl} \text{Wb} &=& \text{H}\cdot\text{A} \\ \text{H} &=& \dfrac{\text{V}}{\text{A/s}} \end{array}\right\} \tag{1.11}$$

の関係がある．

1.2 電源

1.2.1 電圧源と電流源

図 1.7 は回路においてよく使われる 4 種の理想的電源を示している．電源は**電圧源**と**電流源**に大別される．

1) **直流電圧源** (direct current voltage source, DC voltage source) (図 1.7(a))

$$v(t) = E, \ E : \text{正定数} \tag{1.12}$$

の関係式を満たす．電池やバッテリーなどがその例である．

2) **直流電流源** (direct current source, DC source) (図 1.7(b))

$$i(t) = J, \ J : \text{正定数} \tag{1.13}$$

の関係式を満たす．

3) **交流電圧源** (alternating current voltage source, AC voltage source) (図 1.7(c))

$$v(t) = e(t), \ e(t) : \text{正弦波関数} \tag{1.14}$$

の関係式を満たす．

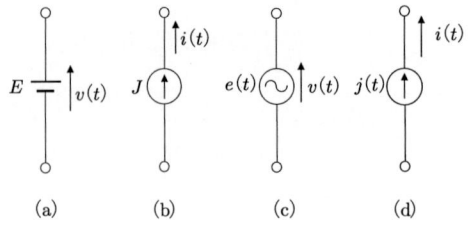

図 1.7 四種類の電源

4) **交流電流源** (alternating current source, AC source) (図 1.7(d))

$$i(t) = j(t),\ j(t) : 正弦波関数 \quad (1.15)$$

の関係式を満たす.

これらの電源は，両端子間に接続される外部回路 (**負荷** (load) と呼ばれる) に関係なく，式 (1.12)〜(1.15) で定めた電圧，電流を供給するという意味で**定電圧源** (**定電流源**) または**独立電圧源** (**独立電流源**) と呼ばれる．なお，$J = 0,\ j(t) = 0$ の電流源は図 1.4(a) の**開放の回路素子**に，$E = 0,\ e(t) = 0$ の電圧源は図 1.4(b) の**短絡の回路素子**に対応する．

1.3 交　流

1.3.1 周期波形と非周期波形

電気回路における電圧，電流は図 1.8 のように一般に時間的に変化する．図 (a) の時間変化しない**直流**に対し，図 (b) のように時間変化する波形は**交流**と呼ばれ，これは**周期的**と**非周期的**に大別できる．前者は図 (c) の正弦波に代表され，図 (d) の正弦波の振幅が変化する波形や異なる周期の周期波形の和で表される，母音波形等が挙げられる．後者は図 (e) の**白色雑音**や図 (f) の**パルス波形**のように周期性がない場合に相当する．図 1.9 は他の代表的波形の例である．図 (a),(b),(c),(d) はそれぞれ，方形波 (または矩形波)，三角波，インパルス，ステップ波である．

1.3.2 正 弦 波 交 流

正弦波交流は図 1.10 のように

$$i(t) = I_m \sin(\omega t + \varphi),\ I_m \geq 0 \quad (1.16)$$

1.3 交　流　　7

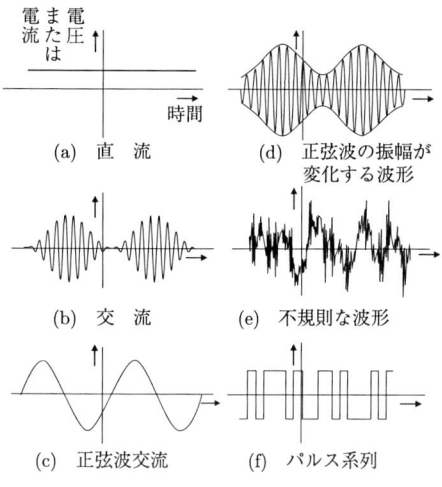

図 1.8　各種波形

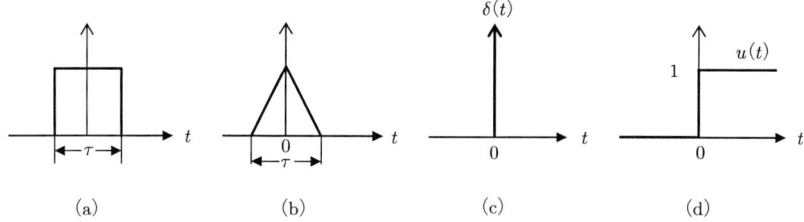

図 1.9　代表的な各種波形

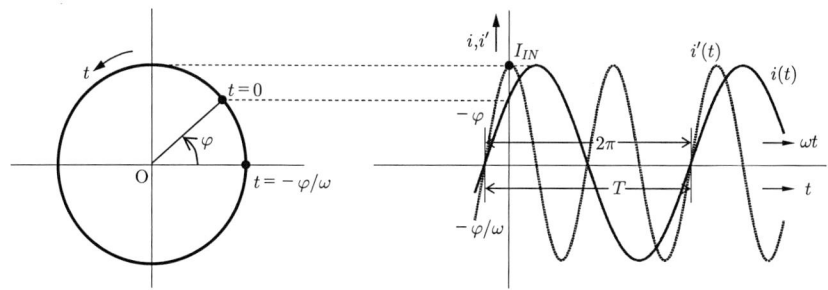

図 1.10　正弦波交流

のように表される．この式で

$i(t)$	:	瞬時値 (instantaneous value)
I_m	:	最大値 (maximum value)
ω	:	角周波数 (angular frequency) または角速度 (angular velocity), 単位は rad/sec
φ	:	初期位相 (initial phase), 単位は rad
$\omega t + \varphi$	:	位相 (phase), 単位は rad

(1.17)

φ は単に位相と呼ばれることが多い．参考のため，$i'(t) = I_m \sin(2\omega t + 2\varphi)$ を破線で示す．

1.4 回路素子における電力とエネルギー

1.4.1 電　　力

ある回路を図 1.11 のように二つの部分に分けて，電圧 $v(t)$，電流 $i(t)$ をとるとすると，

$$p(t) = v(t)i(t) \tag{1.18}$$

は電力であり，単位時間当たり左から右へ移動するエネルギーを表す．$p(t)$ は後述の平均電力と区別して**電力の瞬時値**，**瞬時電力** (instantaneous power) という．例えば図の $p(t)$ は E から R へ行く電力であり，$p'(t)$ は R から E へ行く電力である．それぞれ，

$$\left. \begin{array}{l} p(t) = v(t)i(t) = \dfrac{E^2}{R} \\ p'(t) = v(t)i'(t) = \dfrac{-E^2}{R} \end{array} \right\} \tag{1.19}$$

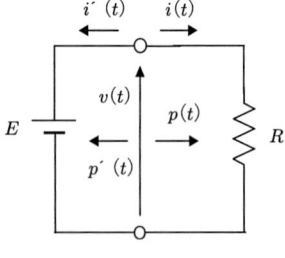

図 1.11　電力

であり，$p'(t)$ は電源が**負の電力**を受けることを意味する．
前節の非負の回路素子 R, L, C に入る電力はそれぞれ

$$\left.\begin{array}{l} p_R(t) = (Ri(t))i(t) = Ri^2(t) \\ p_L(t) = \left(L\dfrac{di(t)}{dt}\right)i(t) = \dfrac{d}{dt}\left(\dfrac{1}{2}Li^2(t)\right) \\ p_C(t) = v(t)\left(C\dfrac{dv(t)}{dt}\right) = \dfrac{d}{dt}\left(\dfrac{1}{2}Cv^2(t)\right) \end{array}\right\} \tag{1.20}$$

$p_R(t)$ は非負であるが，$p_L(t), p_C(t)$ は正にも負にもなる．

1.4.2　実効値と最大値

$$I_e = \frac{I_m}{\sqrt{2}} \tag{1.21}$$

を**実効値**と呼ぶ．分母の $1/\sqrt{2}$ の物理的意味は次の通りである．

式 (1.16) の交流が抵抗 R に流れるときの電力 $p(t)$ を 1 周期 $T = 2\pi/\omega$ で平均した電力 P は

$$\begin{aligned} P &= \frac{1}{T}\int_t^{t+T} Ri^2(t)dt = \frac{1}{T}\int_t^{t+T} RI_m^2 \sin^2(\omega t + \varphi)dt \\ &= \frac{RI_m^2}{T}\int_0^T \sin^2 \omega t\, dt = \frac{1}{2}RI_m^2 \end{aligned} \tag{1.22}$$

となる．ただし，最後の式では，**三角関数の倍角の式**

$$\cos 2\alpha - 1 = -2\sin^2 \alpha \tag{1.23}$$

を用いて

$$\frac{1}{T}\int_0^T \sin^2 \omega t\, dt = \frac{1}{2}\cdot\frac{1}{T}\int_0^T (1-\cos 2\omega t)dt = \frac{1}{2} \tag{1.24}$$

となることを利用した．式 (1.22) は式 (1.21) より

$$P = RI_e^2 \tag{1.25}$$

と書き換えられる．すなわち，P は式 (1.20) の抵抗 R に直流電流 $i(t) = I_e$ が流れたときの電力 $p_R(t)$ と等しいので，I_e は電力に関して**直流換算**したもので

ある.すなわち,式 (1.16) は

$$i(t) = \sqrt{2}I_e \sin(\omega t + \varphi) \tag{1.26}$$

と書き換えられる.

このとき,明らかに

$$\sqrt{\frac{1}{T}\int_t^{t+T} i^2(t)dt} = I_e \tag{1.27}$$

である.I_e は $i(t)$ の**自乗平均値** (root-mean-square, 略して rms value) と呼ばれる.3.2 節で定義する基本周期 T の任意の**周期的波形** $x(t)$ に対する

$$\sqrt{\frac{1}{T}\int_t^{t+T} x^2(t)dt} \tag{1.28}$$

を**実効値** (effective value) という.もちろん,正弦波電圧についても,最大値 E_m に対して

$$E_e = \frac{E_m}{\sqrt{2}} \tag{1.29}$$

は実効値である.家庭の 100 V の交流電源は,その電圧最大値は約 141 V となる.

1.4.3 エネルギー

回路素子に $t = -\infty$ から時刻 t までに入った**エネルギー**は

$$W(t) = \int_{-\infty}^t p(t)dt \tag{1.30}$$

で,R, L, C に入ったエネルギーは式 (1.20) を用いるとそれぞれ

$$\left.\begin{aligned} W_R(t) &= \int_{-\infty}^t p_R(t)dt = \int_{-\infty}^t Ri^2(t)dt \geq 0 \\ W_L(t) &= \int_{-\infty}^t p_L(t)dt = \frac{1}{2}Li^2(t) = \frac{1}{2}\frac{\phi^2(t)}{L} = \frac{1}{2}\phi(t)i(t) \geq 0 \\ W_C(t) &= \int_{-\infty}^t p_C(t)dt = \frac{1}{2}Cv^2(t) = \frac{1}{2}\frac{q^2(t)}{C} = \frac{1}{2}q(t)v(t) \geq 0 \end{aligned}\right\} \tag{1.31}$$

ただし, $W_L(t), W_C(t)$ に対しては $t = -\infty$ において, それぞれ $i(t) = 0, v(t) = 0$ とした. $W_R(t)$ は R で熱として消費されたエネルギーで時間と共に単調に増大する. 一方, L, C は非負であるのでそれぞれ $W_L(t), W_C(t)$ も非負で $i(t) = 0, v(t) = 0$ の瞬間に 0 になるから, この瞬間に電源とのエネルギーの貸借は無くなる. すなわち, L, C はエネルギーを消費することなく蓄えるだけである. L, C は**リアクタンス素子** (reactive element) といわれる. $W_L(t), W_C(t)$ はそれぞれ**電磁エネルギー**, **静電エネルギー**といわれる.

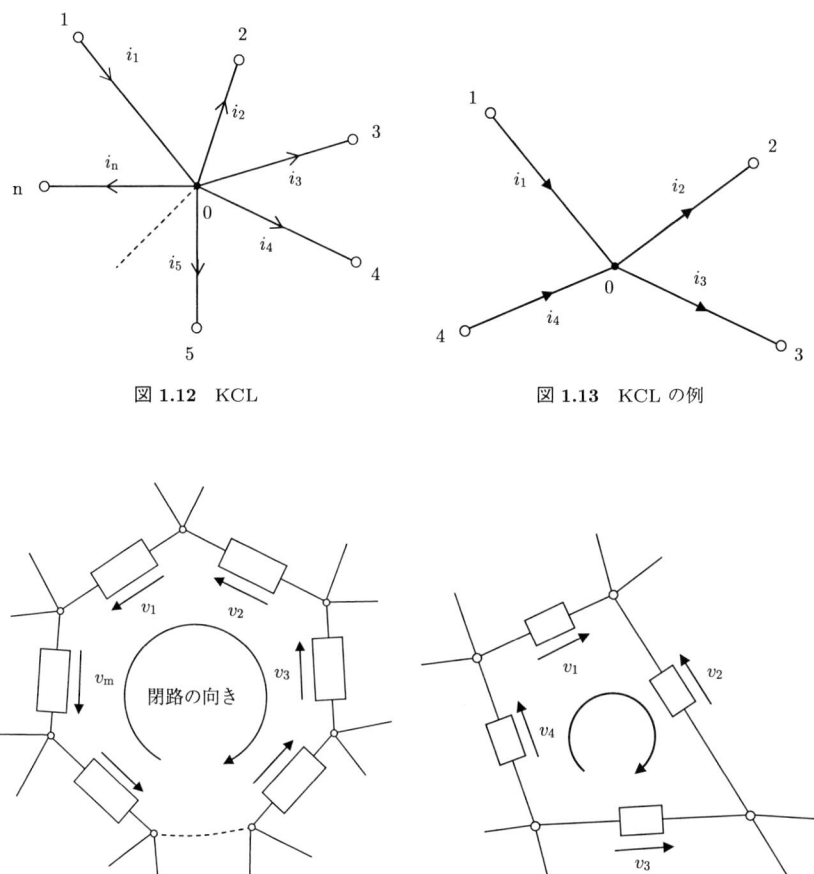

図 1.12　KCL

図 1.13　KCL の例

図 1.14　KVL

図 1.15　KVL の例

1.5 キルヒホッフの電流則と電圧則

図 1.11 のように，上記の回路素子と電源を接続することにより，**回路を構成**することができる．得られた任意の回路において任意の時刻で以下の**キルヒホッフ (Kirchhoff) の二法則**が成立する．

1.5.1 キルヒホッフの二法則

a. キルヒホッフの電流則 (Kirchhoff current Law, KCL)

図 1.12 において **KCL** は回路中の任意の節点に流入する**電流の代数和**が任意の時刻 t において 0 であることを主張する．

$$\sum_{1 \leq k \leq n} \text{sign}^I(i_k) i_k(t) = 0 \tag{1.32}$$

ただし，$\text{sign}^I(i_k)$ は，節点 k と節点 0 間に流れる**枝電流** i_k の向きに関する符号関数で

$$\text{sign}^I(i_k) = \begin{cases} 1 & i_k \text{ が節点 0 に流入する場合} \\ -1 & i_k \text{ が節点 0 から流出する場合} \end{cases} \tag{1.33}$$

を満たす．図 1.13 の電流の向きの場合，

$$i_1(t) - i_2(t) - i_3(t) + i_4(t) \equiv 0 \tag{1.34}$$

が成立する．

b. キルヒホッフの電圧則 (Kirchhoff voltage Law, KVL)

図 1.14 において回路の節点集合の中から任意の部分集合をとり，初めと終わりの節点は同じであるが，その他は枝で接続されているすべて異なる**節点順序列**を考える．この順にたどると一つの閉じた経路になるので，**閉路 (ループ (loop))** と呼ばれる．**KVL** は回路中の任意の閉路において閉路の向きに沿っての**電圧の代数和**が任意の時間 t において 0 であることを主張する．

$$\sum_{1 \leq \ell \leq b} \text{sign}^V(v_\ell) v_\ell(t) = 0 \tag{1.35}$$

ただし，$\text{sign}^V(v_\ell)$ は**枝電圧** v_ℓ の向きに関する符号関数で

$$\mathrm{sign}^V(v_\ell) = \begin{cases} 1 & v_\ell \text{ の向きが閉路の向きと同じ場合} \\ -1 & v_\ell \text{ の向きが閉路の向きと逆の場合} \end{cases} \tag{1.36}$$

を満たす．図 1.15 の電圧の向きの場合,

$$v_1(t) - v_2(t) - v_3(t) + v_4(t) \equiv 0 \tag{1.37}$$

が成立する．

1.5.2　直列接続と並列接続

キルヒホッフの二法則の応用例として複数個の回路素子を接続した場合を考える．この節では簡単のため回路素子として抵抗だけを取り上げる．

a.　直列接続

図 1.16(a) における抵抗 R_1, R_2 は**直列接続** (series connection) されているという．このとき，合成抵抗 (R_1, R_2 の**直列抵抗**)R_s は

$$R_s = R_1 + R_2 \tag{1.38}$$

となる．これは図 1.16(b) のように，節点 a, b, c の電位をそれぞれ v^a, v^b, v^c とし，R_1, R_2 の端子電圧を v_1, v_2 とすると

$$\left. \begin{aligned} v &= v^a - v^c, & v &= R_s i \\ v_1 &= v^b - v^c & v_1 &= R_1 i \\ v_2 &= v^a - v^b & v_2 &= R_2 i \end{aligned} \right\} \tag{1.39}$$

$$v = v_1 + v_2 \tag{1.40}$$

から得られたものである．式 (1.38)-(1.40) から

$$i = \frac{1}{R_1 + R_2} v \tag{1.41}$$

$$v_1 = \frac{R_1}{R_1 + R_2} v,\ v_2 = \frac{R_2}{R_1 + R_2} v \tag{1.42}$$

が得られる．枝電圧 v_ℓ や枝電流 i_ℓ の枝番号 ℓ には下添え字 $_\ell$ を用いるが，端子電圧 v^a, v^b, v^c の節点番号には上添え字 ^{a} を用いる．

b.　並列接続

図 1.17(a) における抵抗 R_1, R_2 は**並列接続** (parallel connection) されてい

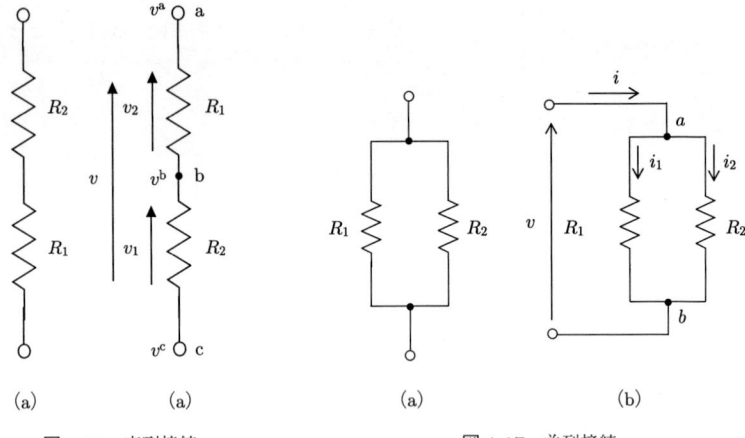

図 1.16 直列接続　　　図 1.17 並列接続

るという．このとき，合成抵抗 $(R_1, R_2$ の**並列抵抗**$) R_p$ は

$$R_p = \cfrac{1}{\cfrac{1}{R_1} + \cfrac{1}{R_2}} = \frac{R_1 R_2}{R_1 + R_2} \qquad (1.43)$$

となる．これは図 1.17(b) のように，R_1, R_2 を流れる電流を i_1, i_2 とすると

$$\left. \begin{array}{l} v = R_p i \\ v = R_1 i_1 \\ v = R_2 i_2 \end{array} \right\} \qquad (1.44)$$

$$i = i_1 + i_2 \qquad (1.45)$$

から得られたものである．式 (1.43)-(1.45) から

$$v = \frac{R_1 R_2}{R_1 + R_2} i \qquad (1.46)$$

$$i_1 = \frac{R_2}{R_1 + R_2} i, \; i_2 = \frac{R_1}{R_1 + R_2} i \qquad (1.47)$$

が得られる．

　すなわち，抵抗 R_p, R_1, R_2 の逆数である**コンダクタンス** G_p, G_1, G_2 で言い換えると，式 (1.38),(1.42) と**同一の形式**

$$G_p = G_1 + G_2 \tag{1.48}$$
$$i_1 = \frac{G_1}{G_1 + G_2}i,\ i_2 = \frac{G_2}{G_1 + G_2}i \tag{1.49}$$

が得られる．

1.6 直流電流源と直流電圧源

1.6.1 電流源

図 1.18(a) において，両端子間に接続される**負荷**に関係なく

$$i = J \quad (J:定数) \tag{1.50}$$

であるとき，この回路素子を**直流電流源** (direct current source) といい，図 (a) の記号で表す．これはトランジスタの等価回路では普通に現れる．ただし，端子間を**開放** (open) した場合も一定電流 J が流れることは考えにくいので，図 (b) のように**内部抵抗** R のある電流源として考える．このとき図 (c) のように**負荷抵抗** (load resistance)R_L に接続すると

$$i = \frac{R}{R + R_L}J \tag{1.51}$$

であるから $R_L \ll R$ ならば $i \simeq J$ となる．この時流れる電流 J は**短絡電流**と呼ばれる．図 (b) は $R \to \infty$ で図 (a) の**理想的電流源**となる．

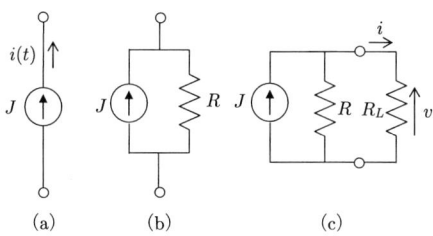

図 **1.18** 内部抵抗のある直流電流源

1.6.2 電圧源と電流源の等価性

図 1.19(a) の直流電圧源でも同様で端子間を**短絡** (short) した場合も一定電圧 E が現れるとは考えにくいので，内部抵抗 R を含めた図 (b) の電圧源で考

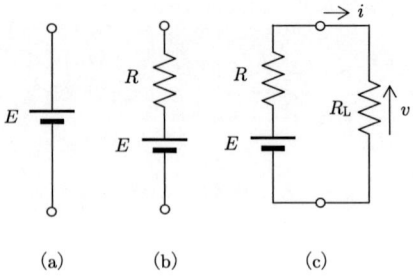

図 1.19 内部抵抗のある電圧源

える．このとき図 (c) のように R_L に接続すると

$$v = \frac{R_L}{R + R_L} E \tag{1.52}$$

であるから $R \ll R_L$ ならば $v \simeq E$ となる．この時の端子電圧 E は**開放端子電圧**と呼ばれる．図 (b) は $R \to 0$ で図 (a) の理想的電圧源となる．
図 1.18(c) で端子電圧は

$$v = R_L \cdot \frac{R}{R + R_L} J = \frac{R_L}{R + R_L} RJ \tag{1.53}$$

式 (1.52) と比較すると，

$$J = \frac{E}{R} \tag{1.54}$$

ならば，図 1.18(a) の電流源は，負荷に対し，図 1.19(a) の電圧源と同じ働きをする．すなわち，両者はいずれも同一の**開放電圧** E，**短絡電流** J を有するので図 1.20 のような**等価関係**が得られる．これは後でしばしば利用する，重要な関係である．

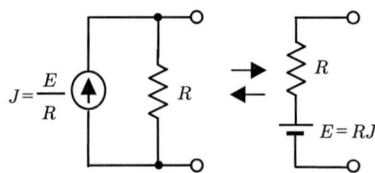

図 1.20 電流源と電圧源の等価関係

[注意 1.1] 電源について

電流源や電圧源の定義より，図 1.21(a) のように電流源 J と直列なインピーダンス R は冗長であるので，そのインピーダンス枝は短絡除去できる．一方，図 (b) のように電圧源 E に並列なインピーダンス R は冗長であるので，そのインピーダンス枝は開放除去できる．

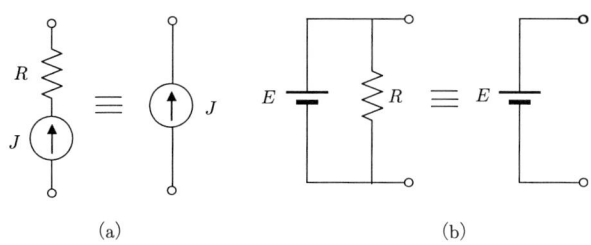

図 1.21　冗長なインピーダンスを含む (a) 電流源や (b) 電圧源

演習問題†

1.1 (1) 図 1.A において各抵抗の値が $r\,\Omega$ であるとして，全体の回路の抵抗を求めよ．また，格子が 4×4 の場合について考えよ．
(2) 図 1.B のように各 $1\,\Omega$ の抵抗が正 4 面体の各稜をなすように接続されている．AB 間の抵抗を求めよ．
(3) 前問を図 1.C のように正 6 面体とし，AB 間，AC 間および AG 間の抵抗を求めよ．

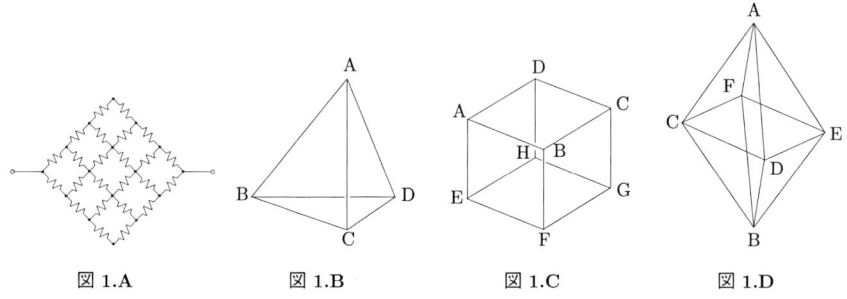

図 1.A　　　図 1.B　　　図 1.C　　　図 1.D

---

† 本章の演習問題の解は，すべて単純な回路の直並列計算を積み重ねることで得られる．回路理論を学ぶ前の "頭の体操" として取り組まれたい．

(4) 前問を図 1.D のように正 8 面体とし，AB 間および AC 間の抵抗を求めよ．

1.2 (1) 図 1.E の AB 間の抵抗を R_1 とする．合成抵抗 R_1 から出発して，合成抵抗 $R_2, R_3, \ldots$ を図 1.F のように次々に構成するとき，R_n の値を求めよ．

(2) 問題 (1) で $n \to \infty$ としたとき，R_n の値はどうなるか．

1.3 (1) 図 1.F の AB 間の抵抗を R_1 とする．合成抵抗 R_1 から出発して，合成抵抗 $R_2, R_3, \ldots$ を図 1.G のように次々に構成するとき，R_n の値を求めよ．

(2) 問題 (1) で $n \to \infty$ としたとき，R_n の値はどうなるか．

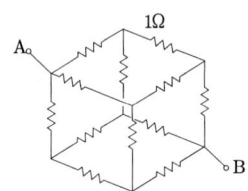

図 1.E　合成抵抗 R_1，抵抗はすべて 1Ω

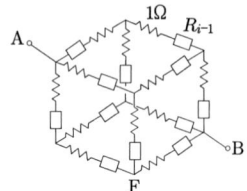

図 1.F　合成抵抗 R_i $(i = 2, 3, \ldots)$．

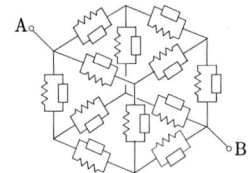

図 1.G　長方形はすべて R_{i-1} を表し，抵抗はすべて 1Ω．

2. 回路と微分方程式

本章では時間的に変化する回路素子を含む回路を記述する**微分方程式**を議論する．回路の応答を知るために，微分方程式の初歩的解法を学ぶ．**交流理論**のための準備の章である．

2.1　L, R, C の直列回路

図 2.1 のような L, R, C の直列回路の電流 i を求めよう．三個の素子の直列回路であることと各種素子特性から，

$$e(t) = v_L(t) + v_R(t) + v_C(t) \tag{2.1}$$

$$v_L(t) = L\frac{di(t)}{dt},\ v_R(t) = Ri(t),\ v_C(t) = \frac{1}{C}\int i(t)dt \tag{2.2}$$

であるから，微分と積分を含む方程式

$$L\frac{di(t)}{dt} + Ri(t) + \frac{1}{C}\int i(t)dt = e(t) \tag{2.3}$$

あるいは**電荷** $q(t)$ を導入すると**連立微分方程式**

$$\left.\begin{aligned} L\frac{di(t)}{dt} + Ri(t) + \frac{1}{C}q(t) &= e(t) \\ \frac{dq(t)}{dt} &= i(t) \end{aligned}\right\} \tag{2.4}$$

あるいは **2 階微分方程式**

$$L\frac{d^2q(t)}{dt} + R\frac{dq(t)}{dt} + \frac{1}{C}q(t) = e(t) \tag{2.5}$$

が得られる．

図 2.1 において，$e(t)$ は**原因**となる量で，一般には**入力, 励振** (input, excitation) といわれ，$i(t), q(t)$ は**結果**で**出力, 応答** (output, response) といわれる．

回路の方程式を解くことは，ある**初期条件** (initial condition) について入力に対する出力を求めることである．微分方程式論の教えるところであるが，例えば図 2.1 で

$$e(t) = E_m \sin \omega t, \ E_m : 定数. \tag{2.6}$$

すなわち，入力が角周波数 ω の正弦波に対する $i(t)$ の解は，二つの解の和

$$i(t) = i_f(t) + i_s(t) \tag{2.7}$$

からなる．前者の $i_f(t)$ は入力零 (すなわち，$e(t) = 0$) に対する解 (数学では**同次型の解**と呼ぶ) で**自由振動項** (free oscillation) と呼ばれ，

$$i_f(t) = A_1 e^{s_1 t} + A_2 e^{s_2 t}, \ A_1, A_2 : 定数 \tag{2.8}$$

と計算される．ただし，s_1, s_2 は，$i(t) = Ae^{st}, A \neq 0$ を仮定してこれを式 (2.3) に代入して得られる**特性方程式** (s の 2 次方程式)

$$Ls + R + \frac{1}{Cs} = 0 \tag{2.9}$$

の二根 ($L \neq 0$ と仮定)

$$s = \frac{-R \pm \sqrt{D}}{2L}, \ D = R^2 - \frac{4L}{C} \tag{2.10}$$

である．すなわち，s_1, s_2 は D の値により，

$$s_1, s_2 = \begin{cases} 2\text{実根} & D > 0 \\ \text{重根} & D = 0 \\ \text{複素共役根} & D < 0 \end{cases} \tag{2.11}$$

なお，$s_1 = s_2 (D = 0)$ の場合は式 (2.8) は (2.4)(または (2.5)) の**一般解**として

$$i_f(t) = (A'_1 + A'_2 t)e^{st}, \ s = s_1 = s_2, \ A'_1, A'_2 : 定数 \tag{2.12}$$

と書き換えなければならない．
一方，$i_s(t)$ は $e(t) \neq 0$ に対する解 (数学では非同次型の解，特解と呼ぶ) で入力と同一の周波数を有する**強制振動項**

$$i_s(t) = I_m \sin(\omega t - \theta), I_m, \theta : 定数 \tag{2.13}$$

と呼ばれる．式 (2.8),(2.12) から明らかなようにいずれの場合も，s_1, s_2 の実部は負であるので，十分時間がたてば $(t \to \infty)$，$i_f(t) = 0$ となるので，$i(t)$ は実質的に $i_s(t)$ だけとなる．このような状態を，**定常状態** (steady state) といい，$i_s(t)$ を**定常解**という．回路の定常状態を主な対象とする理論を**交流理論**といい，本教科書の主題である．一方，自由振動の存在する**過渡的状態**に関する理論は**過渡現象論**といわれる．

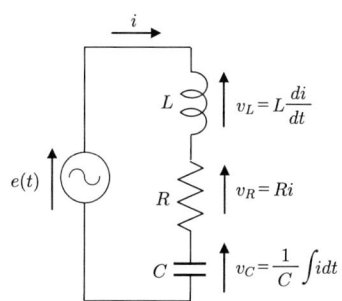

図 2.1 直列 LRC 回路

2.2 機械系・音響系との類推

なお，2 階微分方程式の式 (2.5) は図 2.2 の機械振動系や図 2.3 の音響振動系で観測される物理現象を記述する**運動方程式**と同一である．ただし，表 2.1 の**対応・類似関係**がある．この類似関係は一般に**類同性** (analogue,analogy) と呼ばれる．すなわち，種々の物理現象が電気回路で**模擬** (simulate) できることを示唆している．**アナログ計算機**の出発点である[†]．

[†] いうまでもないが，アナログ計算機はデジタル計算機の原形である．

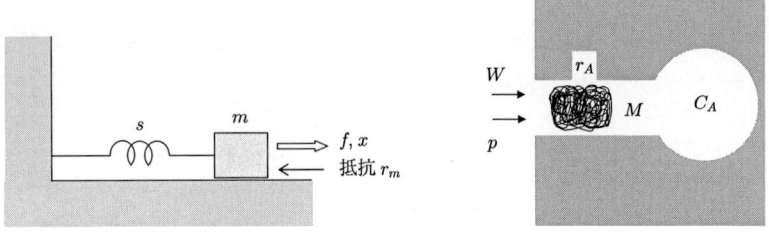

図 2.2　機械振動系　　　　　　　　図 2.3　音響振動系

表 2.1　電気・機械・音響系の物理量の対応と単位

電気系	機械系	音響系
電圧 e V	力 f N(ニュートン)	音圧 p Pa(パスカル)
電流 i A	粒子速度 u m/s	体積速度 w m^3/s
電荷 q coulomb	変位 x m	変位 x m
インダクタンス L H	質量 m Kg	イナータンス M Kg/m
キャパシタンス C F	(スティフネスの逆数) = コンプライアンス C_m m/N	音響コンプライアンス C_A m^3/Pa
抵抗 R Ω	機械抵抗 r_m $\dfrac{\text{N}}{\text{m/s}}$	音響抵抗 r_A $\dfrac{\text{Pa}}{\text{m}^3/\text{s}}$

2.3　定常解の計算

角周波数 ω で振動する入力に対して，定常状態ではすべての量は角周波数 ω で振動すると仮定できる†．本教科書の主題の 1 つは式 (2.13) の定常解の I_m, θ を求めることである．ここでは以下の素朴な方法を紹介する．まず，計算を容易にするために，時間原点を変更し，

$$i_s(t) = I_m \sin \omega t \tag{2.14}$$

$$e(t) = E_m \sin(\omega t + \theta),\ E_m, \theta : 定数 \tag{2.15}$$

とおいて，$i_s(t)$ が与えられているとして，逆に $e(t)$ の E_m, θ を求めてみよう．式 (2.14) から

---

†　この仮定は本科目で学ぶ，**線形理論**と呼ばれる理論の大前提である．

2.3 定常解の計算

$$\left.\begin{aligned}v_L(t) &= L \cdot \frac{di_s(t)}{dt} = \omega L I_m \cos\omega t \\ v_R(t) &= R \cdot i_s(t) = R I_m \sin\omega t \\ v_C(t) &= \frac{1}{C} \cdot \int i_s(t)dt = -\frac{1}{\omega C} I_m \cos\omega t\end{aligned}\right\} \quad (2.16)$$

これらを式 (2.1) に代入すると

$$\begin{aligned}e(t) &= \left[R\sin\omega t + \left(\omega L - \frac{1}{\omega C}\right)\cos\omega t\right] I_m \\ &= \left\{\sqrt{R^2 + \left(\omega L - \frac{1}{\omega C}\right)^2} \sin\left[\omega t + \tan^{-1}\left(\frac{\omega L - \frac{1}{\omega C}}{R}\right)\right]\right\} I_m\end{aligned} \quad (2.17)$$

が得られる．ただし，上式では**三角関数の加法定理**

$$\left.\begin{aligned}\sin(\alpha \pm \beta) &= \sin\alpha\cos\beta \pm \cos\alpha\sin\beta \\ \cos(\alpha \pm \beta) &= \cos\alpha\cos\beta \mp \sin\alpha\sin\beta\end{aligned}\right\} \quad (2.18)$$

から導かれる関係式

$$\begin{aligned}a\sin\alpha + b\cos\alpha &= \sqrt{a^2 + b^2}\left(\frac{a}{\sqrt{a^2+b^2}}\sin\alpha + \frac{b}{\sqrt{a^2+b^2}}\cos\alpha\right) \\ &= \sqrt{a^2+b^2}\sin\left[\alpha + \tan^{-1}\left(\frac{b}{a}\right)\right]\end{aligned} \quad (2.19)$$

を用いた (図 2.4 参照)．ゆえに，式 (2.15) と (2.17) の比較から所望の答え

$$\left.\begin{aligned}I_m &= \frac{E_m}{\sqrt{R^2 + \left(\omega L - \frac{1}{\omega C}\right)^2}} \\ \theta &= \tan^{-1}\left(\frac{\omega L - \frac{1}{\omega C}}{R}\right), \ |\theta| \leq \frac{\pi}{2}\end{aligned}\right\} \quad (2.20)$$

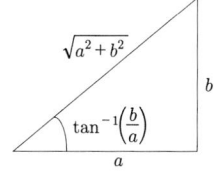

図 **2.4** $\tan^{-1}(b/a)$ の図 $(a \neq 0)$

が得られる．しかしながら，この計算は少々ややこしいし，退屈である．式 (2.17) の $e(t)$ は**正弦関数** $\sin\omega t$ と**余弦関数** $\cos\omega t$ の項を同時に含んでいることが計算を複雑にしている主因である．もっと効率的な計算法を導くために，以下の章で**複素数，フェーザ**計算を導入するので，複素数導入の効用を確認されたい．

■■ 演習問題 ■■

2.1 図 2.A の回路の定常電流 $i(t)$ を求めよ．

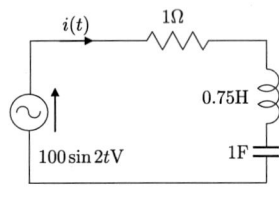

図 2.A

2.2 図 2.B の回路の定常電流 $i(t)$ を求めよ．ただし，$L_1 = 1\mathrm{H}$, $L_2 = 3\mathrm{H}$, $C = 1\mathrm{F}$, $R = 1\Omega$ とする．

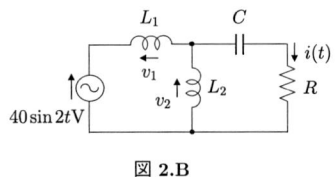

図 2.B

2.3 回路方程式

$$\frac{d}{dt}x(t) + 2x(t) = \sqrt{2}\cdot 100 \sin\left(2\pi\cdot 60 t + \frac{\pi}{4}\right)$$

の定常解 $x(t)$ を求めよ．

3. 正弦波と複素数

本章では周波数，角周波数，**正弦波交流**を定義し，正弦波交流は 2 次元平面上を回転する**複素数 (ベクトル)** に対応できることを示す．さらに，複素数計算 (加法，減法，乗法，除法，微分，積分の六つの演算) が記号的に行えることを示す．併せて一般的な**周期的時間関数**に対する**フーリエ級数展開**を考察し，その構成要素としての正弦波の重要性を学ぶ．

3.1 複 素 数

交流理論の最大の特徴は正弦波関数を複素平面上の原点中心に角速度 ω で回転している点 (**ベクトル**) であるととらえることにある．本節では複素数と複素平面，平面のベクトルの復習を行う．

方程式 $(x+1)^2 = -1$ の解は $x = -1 \pm \sqrt{-1}$ である．**虚数単位** $\sqrt{-1}$ は数学では記号 i を用いるが，電気工学では j を用いて

$$j = \sqrt{-1} \tag{3.1}$$

を虚数単位と約束する．

3.1.1 直 交 形 式

複素数 z は，二つの実数 x, y と虚数単位 j を用いて

$$z = x + jy \tag{3.2}$$

と表す．x, y をそれぞれ z の**実部** (real part)，**虚部** (imaginary part) といい，それぞれ

$$x = \mathrm{Re}[z],\ y = \mathrm{Im}[z] \tag{3.3}$$

と書く．(虚部というときは，j を含まない．)
z は図 3.1 のように原点 O の**複素平面**上で直交座標 (x, y) を持つ点として表されるので式 (3.2) を**直交形式** (Cartesian form) という．

3.1.2 極 形 式

z は

$$z = \sqrt{x^2 + y^2} \left(\frac{x}{\sqrt{x^2 + y^2}} + j \frac{y}{\sqrt{x^2 + y^2}} \right) \tag{3.4}$$

と書き直せるので，図 3.2 のように**極座標** (r, θ) を用いて

$$z = r (\cos \theta + j \sin \theta) \tag{3.5}$$

$$r = \sqrt{x^2 + y^2} \tag{3.6}$$

$$\theta = \tan^{-1} \frac{y}{x} \tag{3.7}$$

と表される．ただし，$\tan^{-1}$ は π の整数倍異なる値を与えるので，式 (3.7) は

$$\cos \theta = \frac{x}{r},\ \sin \theta = \frac{y}{r} \tag{3.8}$$

を満たす θ を意味するものとする．式 (3.5) を**極形式** (polar form) という．r, θ をそれぞれ z の**絶対値** (absolute value)，**偏角** (argument) といい

$$|z| = r,\ \arg z = \theta \tag{3.9}$$

と書く．なお，θ の一つの値を θ_0 とすれば

$$\arg z = \theta = \theta_0 + 2n\pi, n\text{:整数} \tag{3.10}$$

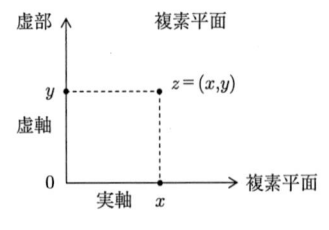

図 3.1 複素数の直交形式

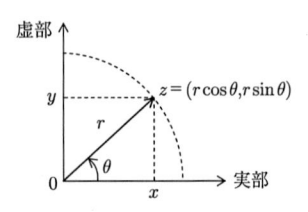

図 3.2 複素数の極形式

である．したがって，θ には 2π の整数倍の不定性がある．

z は図 3.2 のように平面座標系におけるある大きさの有向線分 (向きを持つ線分) で表現されるので，ベクトルの一種であるとみなせる．交流理論ではしばしば**フェーザ** (phasor) と呼ばれる．なお，式 (3.5) を

$$z = r \angle \theta \tag{3.11}$$

と書くが，これも一種の極形式の表現である．r をフェーザの**大きさ** (magnitude)，**長さ** (length) といい，θ を**位相角** (angle) と呼ぶ．

以後複素数 z を議論する際，直交形式の二量 x, y と極形式のそれ r, θ をまったく同等に取り扱う．これらの計算を習得しなければならない．

3.1.3 四則演算

2 つの複素数

$$z_1 = x_1 + jy_1, \ z_2 = x_2 + jy_2 \tag{3.12}$$

に対する四則演算は以下のように約束される．

1) 加法

図 3.3 のように加法は

$$z_1 + z_2 = (x_1 + x_2) + j(y_1 + y_2) \tag{3.13}$$

となり，三角形の 2 辺の和の大きさと残りの辺のそれとの大小関係

$$|z_1 + z_2| \leq |z_1| + |z_2| \tag{3.14}$$

が成り立つ．

2) 減法

図 3.4 のように減法

$$z_1 - z_2 = z_1 + (-z_2) \tag{3.15}$$

は z_2 に対して $-z_2$ を考えればよい．

3) 乗法

乗法は $j^2 = -1$ に注意すれば

$$z_1 z_2 = (x_1 + jy_1)(x_2 + jy_2) = (x_1 x_2 - y_1 y_2) + j(x_1 y_2 + y_1 x_2) \tag{3.16}$$

となる．これは z_1, z_2 の極座標

$$z_1 = r_1 \left(\cos\theta_1 + j\sin\theta_1 \right), \, z_2 = r_2 \left(\cos\theta_2 + j\sin\theta_2 \right) \tag{3.17}$$

を用いると

$$\begin{aligned} z_1 z_2 &= r_1 \left(\cos\theta_1 + j\sin\theta_1 \right) \cdot r_2 \left(\cos\theta_2 + j\sin\theta_2 \right) \\ &= r_1 r_2 [(\cos\theta_1 \cos\theta_2 - \sin\theta_1 \sin\theta_2) \\ &\quad + j(\cos\theta_1 \sin\theta_2 + \sin\theta_1 \cos\theta_2)] \end{aligned} \tag{3.18}$$

となるので，式 (2.18) を利用すると上式は**極形式の加法定理**

$$z_1 z_2 = r_3 (\cos\theta_3 + j\sin\theta_3) \tag{3.19}$$

を与える．ただし，

$$r_3 = r_1 r_2, \, \theta_3 = \theta_1 + \theta_2 \tag{3.20}$$

である．あるいは式 (3.11) の形式では

$$(r_1 \angle \theta_1)(r_2 \angle \theta_2) = r_1 r_2 \angle (\theta_1 + \theta_2) \tag{3.21}$$

となる．

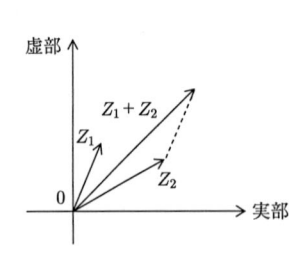

図 3.3 複素数の加法

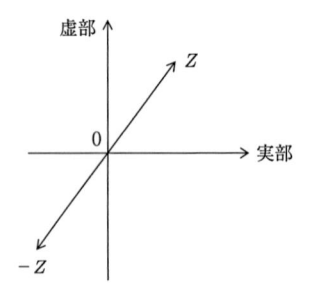

図 3.4 複素数の減法

4) 逆数と除法

$z \neq 0$ とすると逆数は

$$\frac{1}{z} = \frac{1}{x+jy} = \frac{1}{x+jy} \cdot \frac{x-jy}{x-jy} = \frac{x-jy}{x^2+y^2}$$
$$= \frac{r(\cos\theta - j\sin\theta)}{r^2} = r^{-1}(\cos\theta - j\sin\theta) \quad (3.22)$$

であるから

$$|z^{-1}| = |z|^{-1},\ \arg z^{-1} = -\arg z = -\tan^{-1}\frac{y}{x} \quad (3.23)$$

除法は，逆数を用いると

$$\frac{z_1}{z_2} = \frac{x_1+jy_1}{x_2+jy_2} = \frac{x_1+jy_1}{x_2+jy_2} \cdot \frac{x_2-jy_2}{x_2-jy_2}$$
$$= \frac{(x_1x_2+y_1y_2) - j(x_1y_2-x_2y_1)}{x_2^2+y_2^2} \quad (3.24)$$

となる．あるいは式 (3.11) の形式では

$$\frac{r_1\angle\theta_1}{r_2\angle\theta_2} = r_1 r_2^{-1}\angle(\theta_1 - \theta_2) \quad (3.25)$$

例題 3.1 $z = \dfrac{\sqrt{3}+j}{-\sqrt{3}+j}$ の $\arg z$ を求めよ．

[解] $z = \dfrac{\sqrt{3}+j}{-\sqrt{3}+j} \cdot \dfrac{-\sqrt{3}-j}{-\sqrt{3}-j} = \dfrac{(-3+1)+j(-\sqrt{3}-\sqrt{3})}{3+1} = \dfrac{-1-j\sqrt{3}}{2}$

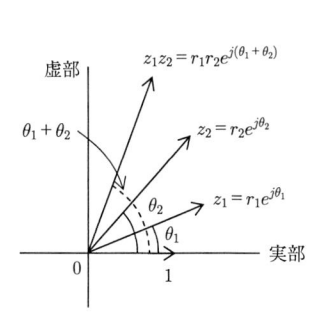

図 3.5　複素数の乗法

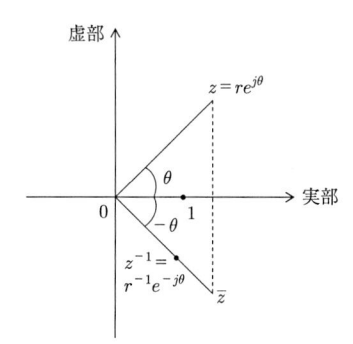

図 3.6　複素数の逆数と複素共役

となるので，z は第三象限にある．ゆえに
$$\arg z = \tan^{-1}\left(\frac{-\sqrt{3}}{-1}\right) = \pi + \frac{\pi}{3} + 2n\pi, n : 整数$$

3.1.4 共役複素数

$$\overline{z} = z^* = x - jy \tag{3.26}$$

は z の**共役複素数** (complex conjugate) と呼ばれ，図 3.6 のように，実軸に関して z に対称な点である．ゆえに $z^* = r\angle(-\theta)$ である．また

$$\overline{z_1 + z_2} = \overline{z_1} + \overline{z_2}, \ \overline{z_1 z_2} = \overline{z_1} \cdot \overline{z_2}, \ \overline{\left(\frac{1}{z}\right)} = \frac{1}{\overline{z}} \tag{3.27}$$

が成立する．複素数に関する重要な関係式

$$\left.\begin{array}{l} \mathrm{Re}[z] = \dfrac{1}{2}(z + \overline{z}) \\ \mathrm{Im}[z] = \dfrac{1}{2j}(z - \overline{z}) \end{array}\right\} \tag{3.28}$$

$$\left.\begin{array}{l} |z|^2 = z\overline{z} \\ |z| = \sqrt{z\overline{z}} \\ \dfrac{1}{z} = \dfrac{\overline{z}}{z\overline{z}} = \dfrac{\overline{z}}{|z|^2} \end{array}\right\} \tag{3.29}$$

は記憶して欲しい．

3.1.5 指数関数と単位長フェーザ

指数関数 e^z は $\exp z$ とも書く．e^z は z が複素数の場合でも実数値と同様に以下の無限級数

$$e^z = 1 + z + \frac{1}{2!}z^2 + \frac{1}{3!}z^3 + \cdots \tag{3.30}$$

で定義される．これから関係式

$$\left.\begin{array}{l} e^{z_1}e^{z_2} = e^{z_1 + z_2} \\ \dfrac{d}{dz}e^z = e^z \\ \displaystyle\int e^z dz = e^z \end{array}\right\} \tag{3.31}$$

が得られる．$z = j\theta, (\theta：実数)$ とおいて式 (3.30) に代入して実部と虚部とに分解すると

$$e^{j\theta} = 1 + j\theta - \frac{1}{2!}\theta^2 - j\frac{1}{3!}\theta^3 + \cdots \tag{3.32}$$

$$= \left(1 - \frac{1}{2!}\theta^2 + \frac{1}{4!}\theta^4 + \cdots\right) + j\left(\theta - \frac{1}{3!}\theta^3 + \frac{1}{5!}\theta^5 + \cdots\right) \tag{3.33}$$

となる．一方

$$\left.\begin{array}{l}\cos\theta = 1 - \dfrac{1}{2!}\theta^2 + \dfrac{1}{4!}\theta^4 + \cdots \\[6pt] \sin\theta = \theta - \dfrac{1}{3!}\theta^3 + \dfrac{1}{5!}\theta^5 + \cdots\end{array}\right\} \tag{3.34}$$

である．式 (3.33) と (3.34) との比較から，交流理論で最も重要な**オイラーの公式** (Euler's formula)

$$e^{j\theta} = \cos\theta + j\sin\theta \tag{3.35}$$

が得られる．

$$|e^{j\theta}| = \cos^2\theta + \sin^2\theta = 1 \tag{3.36}$$

であるから，$e^{j\theta}$ は**単位長のフェーザ (ベクトル)**(図 3.7 参照) である．式 (3.35) を式 (3.5) に代入すると z の**指数関数形式**

$$z = re^{j\theta} \tag{3.37}$$

を得る．また，二つの式

$$\left.\begin{array}{l}e^{j\theta} = \cos\theta + j\sin\theta \\ e^{-j\theta} = \cos\theta - j\sin\theta\end{array}\right\} \tag{3.38}$$

の和，差を取ることにより式 (3.35) と共に重要な公式

$$\left.\begin{array}{l}\cos\theta = \dfrac{e^{j\theta} + e^{-j\theta}}{2} = \mathrm{Re}[e^{j\theta}] \\[8pt] \sin\theta = \dfrac{e^{j\theta} - e^{-j\theta}}{2j} = \mathrm{Im}[e^{j\theta}]\end{array}\right\} \tag{3.39}$$

3. 正弦波と複素数

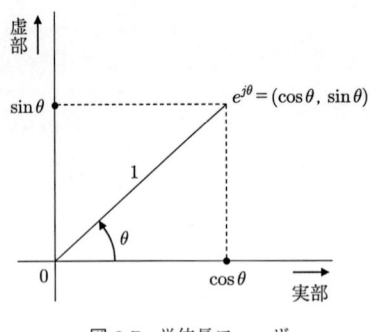

図 3.7 単位長フェーザ

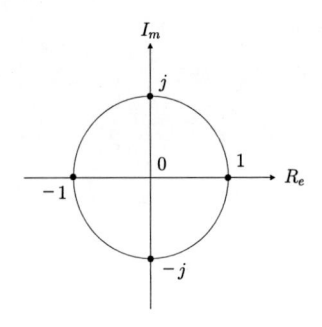

図 3.8 単位円と $e^{j\theta}$

が得られる．

以下の4種類の θ に対する $e^{j\theta}$ の数値は図 3.8 と共に記憶しておくと便利である．

$$\left.\begin{aligned} e^{j0} &= 1, \\ e^{j\frac{\pi}{2}} &= j, \\ e^{j\pi} &= -1, \\ e^{j\frac{3\pi}{2}} &= -j \end{aligned}\right\} \tag{3.40}$$

すなわち，$e^{j\theta}$ はフェーザを θ だけ**反時計回りに回転させる作用**を持つ単位長フェーザであるので式 (3.40) の第三式，第四式はそれぞれ

$$\left.\begin{aligned} e^{j\frac{\pi}{2}} \cdot e^{j\frac{\pi}{2}} &= e^{j\pi} = j \times j = -1 \\ e^{j\frac{3\pi}{2}} &= e^{-j\frac{\pi}{2}} = \frac{1}{j} = -j \end{aligned}\right\} \tag{3.41}$$

と考えることもできる．ついでに，いくつかの θ に対する $e^{j\theta}$ の値を確認しよう．

$$\left.\begin{aligned} e^{j\frac{\pi}{6}} &= \frac{1}{2}(\sqrt{3}+j) \\ e^{j\frac{\pi}{4}} &= \frac{1}{\sqrt{2}}(1+j) \\ e^{j\frac{\pi}{3}} &= \frac{1}{2}(1+j\sqrt{3}) \end{aligned}\right\} \tag{3.42}$$

例題 3.2 $z_1 = r_1 e^{j\theta_1}$, $z_1 = r_1 e^{j\theta_1}$ に対して $z_1 z_2$ を求めよ．

[解]
$$z_1 z_2 = r_1 r_2 e^{j(\theta_1 + \theta_2)} \tag{3.43}$$

3.1.6　m 乗根

式 (3.40) の $e^{j2\pi} = 1$ であることに注意すると，m 乗して 1 となる数である，1 の m 乗根は

$$1, \kappa = e^{j\frac{2\pi}{m}}, \kappa^2, \cdots, \kappa^{m-1} \tag{3.44}$$

である．

例題 3.3　複素数 $z = re^{j\theta}$ の m 乗根 $z^{\frac{1}{m}}$ を求めよ．

[解] $\zeta = r^{\frac{1}{m}} e^{j\frac{\theta}{m}}$ は z の m 乗根の一つである．したがって，

$$z^{\frac{1}{m}} = \sqrt[m]{z} = \zeta \kappa^p, \, p = 0, 1, \cdots, m-1 \tag{3.45}$$

の m 個である．

3.1.7　対数関数

対数関数は指数関数

$$z = e^w \tag{3.46}$$

の逆関数として

$$w = \log z \tag{3.47}$$

で定義される．一方，**自然対数** $\log_e$(工学書では ln と記す) の恒等式

$$e^{\log_e |z|} = |z| \tag{3.48}$$

に注意すると式 (3.37) は

$$z = |z| e^{j \arg z} = e^{\log_e |z| + j \arg z} \tag{3.49}$$

と書き換えられるから，その逆関数としての**対数関数**

$$\log z = \log_e |z| + j \arg z \tag{3.50}$$

が定義できる．なお，上式の $\arg z$ は $2n\pi$ (n : 整数) の不定性があることに注意すべきである．

例題 3.4 $\log(-1)$ を求めよ．

[解] $-1 = e^{j\pi}$ より

$$\log(-1) = \log_e 1 + j(\pi + 2n\pi) = j(2n+1)\pi. \tag{3.51}$$

例題 3.5 次の複素数の直交形式:[実部]$+j$[虚部]; (実部, 虚部) および極形式: [絶対値]$e^{j[位相]}$; (絶対値, 位相) を求めよ．

(i) $c_1 = e^{j\frac{\pi}{4}} + e^{-j\frac{\pi}{6}}$, (ii) $c_2 = 2e^{j\frac{\pi}{3}} + e^{j\frac{\pi}{6}}$

[解] (i) 直交形式；$c_1 = \left(\dfrac{1}{\sqrt{2}} + j\dfrac{1}{\sqrt{2}}\right) + \left(\dfrac{\sqrt{3}}{2} - j\dfrac{1}{2}\right) = \left(\dfrac{1}{\sqrt{2}} + \dfrac{\sqrt{3}}{2}\right) + j\left(\dfrac{1}{\sqrt{2}} - \dfrac{1}{2}\right) = \dfrac{\sqrt{2}+\sqrt{3}}{2} + j\dfrac{\sqrt{2}-1}{2}$．

極形式；絶対値は $\sqrt{\left(\dfrac{\sqrt{2}+\sqrt{3}}{2}\right)^2 + \left(\dfrac{\sqrt{2}-1}{2}\right)^2} = \sqrt{\dfrac{4+\sqrt{6}-\sqrt{2}}{2}}$,

位相は $\tan^{-1}\left(\dfrac{\sqrt{2}-1}{\sqrt{2}+\sqrt{3}}\right)$．ゆえに $c_1 = \sqrt{\dfrac{4+\sqrt{6}-\sqrt{2}}{2}} e^{j\tan^{-1}\left(\frac{\sqrt{2}-1}{\sqrt{2}+\sqrt{3}}\right)}$．

(ii) 直交形式；$c_2 = 2\left(\dfrac{1}{2} + j\dfrac{\sqrt{3}}{2}\right) + \left(\dfrac{\sqrt{3}}{2} + j\dfrac{1}{2}\right) = \dfrac{2+\sqrt{3}}{2} + j\dfrac{2\sqrt{3}+1}{2}$．

極形式；絶対値は $\sqrt{\left(\dfrac{2+\sqrt{3}}{2}\right)^2 + \left(\dfrac{2\sqrt{3}+1}{2}\right)^2} = \sqrt{5+2\sqrt{3}}$．

位相は $\tan^{-1}\left(\dfrac{2\sqrt{3}+1}{2+\sqrt{3}}\right)$, ゆえに $c_2 = \sqrt{5+2\sqrt{3}}\, e^{j\tan^{-1}\left(\frac{2\sqrt{3}+1}{2+\sqrt{3}}\right)}$．

3.2 フーリエ級数とフーリエ積分

本節では，単位長フェーザ $e^{j\theta}$ の位相角 θ が反時計まわりに角速度 $\omega = n\omega_0 (n = 1, 2, \cdots)$ で回転する関数の一次結合和で表現できる一般の時間関数を考えよう．

3.2.1 フーリエ級数

図 1.8(b),(c),(d) のように，時間波形 $x(t)$ が任意の時間 t に対し関係式

$$x(t) = x(t + \tau) \qquad (3.52)$$

を満たす τ が存在する場合，その最小値 T を**基本周期**と呼び，$x(t)$ は周期 T の**周期波形**であるという．

$$f_0 = \frac{1}{T}, \quad \omega_0 = \frac{2\pi}{T} \qquad (3.53)$$

をそれぞれ**基本周波数**，**基本角周波数**と呼ぶ．基本周期 T の任意の周期的波形 $x(t)$ は異なる周期の周期波形の和 ("**フーリエ (Fourier) 級数展開**" と呼ぶ)

$$x(t) \sim \frac{a_0}{2} + \sum_{n=1}^{\infty}[a_n \cos n\omega_0 t + b_n \sin n\omega_0 t], \quad a_0, a_n, b_n : \text{実数} \qquad (3.54)$$

で "近似" される (記号 $\sim$ で表現)．上式の右辺の代わりに有限級数和

$$T_N(t) = \frac{a_0}{2} + \sum_{n=1}^{N}[a_n \cos n\omega_0 t + b_n \sin n\omega_0 t]. \qquad (3.55)$$

を定義すると，種々の工学の中で最も重要かつ有用な定理

"**フーリエ定理**"：任意の周期波形は $T_N(t)$ で "近似" できる．(3.56)

が成立する．これは，音声合成/認識や音声・画像伝送等，電気情報通信工学の基礎を理解するための第一歩となるものである．

十分大きな N に対し $T_N(t)$ がある時間関数 $x(t)$ に "収束" したとする．

$$x(t) = \frac{a_0}{2} + \sum_{n=1}^{N}[a_n \cos n\omega_0 t + b_n \sin n\omega_0 t] \qquad (3.57)$$

すなわち，周期波形 $x(t)$ が複数個の $\cos n\omega_0 t$ や $\sin n\omega_0 t$ の集まりとして表現できることを意味している．このような波形は**歪波**と呼ばれる．結合係数 a_n, b_n は "**フーリエ係数**" と呼ばれる．

"Euler の公式" (3.35),(3.39) を利用すると，式 (3.54) は

$$x(t) = \frac{a_0}{2} + \sum_{n=1}^{\infty} \left(\frac{a_n - jb_n}{2}\right) e^{jn\omega_0 t} + \left(\frac{a_n + jb_n}{2}\right) e^{-jn\omega_0 t} \quad (3.58)$$

と書き換えられる．一方，"複素フーリエ係数"を

$$c_n = \frac{a_n - jb_n}{2} \ (n \neq 0), \quad c_0 = \frac{a_0}{2} \quad (3.59)$$

で定義する．

$$c_n^* = \frac{a_n + jb_n}{2} \ (n \neq 0) \quad * : 複素共役 \quad (3.60)$$

より

$$x(t) = c_0 + \sum_{n=1}^{\infty} [c_n e^{jn\omega_0 t} + c_n^* e^{-jn\omega_0 t}] \quad (3.61)$$

となる．$x(t)$ が実数値関数であることを考慮して，

$$a_{-n} = a_n, \quad b_{-n} = -b_n \quad すなわち \quad c_n^* = c_{-n} \quad (3.62)$$

と定義すると，"複素フーリエ展開"

$$x(t) = \sum_{n=-\infty}^{\infty} c_n e^{jn\omega_0 t} \quad (3.63)$$

が得られる．上式の両辺に指数関数 $e^{-jm\omega_0 t}$ を掛けて t について一基本周期分積分すると[†]，

$$\int_{-T/2}^{T/2} x(t) e^{-jm\omega_0 t} dt = \sum_{-\infty}^{\infty} c_n \int_{-T/2}^{T/2} e^{j(n-m)\omega_0 t} dt \quad (3.64)$$

$$= \sum_n c_n \cdot \frac{e^{j(n-m)\omega_0 T/2} - e^{-j(n-m)\omega_0 T/2}}{j(n-m)\omega_0}$$

$$= T \sum_n c_n \frac{\sin(n-m)\omega_0 T/2}{(n-m)\omega_0 T/2} \quad (3.65)$$

[†] この積分は**内積**と呼ばれる．通常，二つの N 次元ベクトル $\boldsymbol{g} = (g_1, g_2, \cdots, g_N)^t, \mathbf{h} = (h_1, h_2, \cdots, h_N)^t$ の内積 s は $s = \boldsymbol{g}^t \mathbf{h} = \sum_{i=1}^{N} g_i h_i$ と定義される．上添え字 t はベクトルの転置を表す．式 (3.64) は，ベクトルから無限次元の時間関数に拡張するために有限和が積分に置換されたものである．

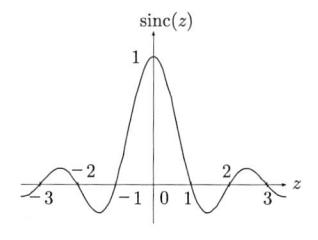

図 3.9 sinc(z) 関数

と計算される．図 3.9 のサンプリング関数 (または単に **sinc 関数**):

$$\text{sinc}(z) \triangleq \frac{\sin \pi z}{\pi z} \tag{3.66}$$

を導入する．変数 z に整数 ℓ を代入すると

$$\text{sinc}(\ell) = \delta_{\ell 0}, \; \ell = \text{整数} \tag{3.67}$$

ただし，δ_{ij} は**クロネッカー (Kronecker) のデルタ関数**

$$\delta_{ij} = \begin{cases} 1 & i = j \\ 0 & i \neq j \end{cases} \tag{3.68}$$

であり，$\ell = 0$ は**ロピタル (l'Hopital) 則**

$$\lim_{z \to 0} \text{sinc}(z) = 1 \tag{3.69}$$

を適用した．$\omega_0 T/2 = \pi$ に注意すると式 (3.65) は

$$\int_{-T/2}^{T/2} x(t) e^{-jm\omega_0 t} dt = T \sum_n c_n \text{sinc}(n - m) = T \sum_n c_n \delta_{nm} = T c_m \tag{3.70}$$

と計算されるので，

$$c_m = \frac{1}{T} \int_{-T/2}^{T/2} x(t) e^{-jm\omega_0 t} dt, \quad m = 0, 1, 2, \cdots \tag{3.71}$$

が得られる．これらの実部，虚部より，

$$a_m = 2\text{Re}c_m = \frac{2}{T}\int_{-T/2}^{T/2} x(t)\cos m\omega_0 t\,dt, \tag{3.72}$$

$$b_m = -2\text{Im}c_m = \frac{2}{T}\int_{-T/2}^{T/2} x(t)\sin m\omega_0 t\,dt \tag{3.73}$$

が得られる．$x(t) = x(-t)$, $x(t) = -x(-t)$ が成立する場合 (すなわち，それぞれ**偶関数**, **奇関数**) のとき，それぞれ $b_m = 0$, $a_m = 0$ が成立する．

なお，式 (3.70) の導出過程で，"**直交性**"

$$\frac{1}{T}\int_{-T/2}^{T/2} e^{j(n-m)\omega_0 t}dt = \text{sinc}(n-m) = \delta_{nm} \tag{3.74}$$

を用いた．もちろん，sin, cos 関数に対しても直交性

$$\left.\begin{array}{l} \dfrac{2}{T}\displaystyle\int_{-T/2}^{T/2} \sin n\omega_0 t \cos m\omega_0 t\,dt = 0 \\[2mm] \dfrac{1}{T}\displaystyle\int_{-T/2}^{T/2} \sin n\omega_0 t \sin m\omega_0 t\,dt = \delta_{nm} \\[2mm] \dfrac{1}{T}\displaystyle\int_{-T/2}^{T/2} \cos n\omega_0 t \cos m\omega_0 t\,dt = \delta_{nm} \end{array}\right\} \tag{3.75}$$

が成立する[†]．これより**パーセバルの等式**

$$\frac{1}{T}\int_{-T/2}^{T/2} x^2(t)dt = \sum_{n=-\infty}^{\infty} |c_n|^2 \tag{3.76}$$

が得られる．ただし，

$$|c_n|^2 = \frac{a_n^2 + b_n^2}{4} \tag{3.77}$$

は第 n 高調波の**パワースペクトル**と呼ばれる．式 (3.54), (3.61) より $x(t)$ の "**周波数領域表現**"

$$x(t) = c_0 + 2\sum_{n=1}^{\infty} |c_n|\cos(n\omega_0 t + \phi_n) \tag{3.78}$$

$$= c_0 + 2\sum_{n=1}^{\infty} |c_n|\sin(n\omega_0 t + \theta_n) \tag{3.79}$$

[†] 複素平面上の任意に与えられた一点 $z = x + jy$ に対し，x と y は互いに独立な数であるように，$e^{jm\omega_0 t}$ と $e^{jn\omega_0 t}$, $(m \neq n)$ や $\sin n\omega_0 t$ と $\cos m\omega_0 t$ が互いに独立な関数であることを主張している．

が得られる.ただし,$\phi_n = -\tan^{-1}\dfrac{b_n}{a_n}, \theta_n = \tan^{-1}\dfrac{a_n}{b_n}$ である.
上式の $2|c_1|\sin(\omega_0 t + \theta_1), 2|c_n|\sin(n\omega_0 t + \theta_n), n \geq 2$ はそれぞれ,**基本波** (fundamental wave),**第 n 調波**,**高調波** (n-th harmonics) と呼ばれる.したがって,式 (3.78),(3.79) の $\cos n\omega_0 t$ や $\sin n\omega_0 t$ は時間波形の**基本要素**である.よって正弦波電圧,電流を主な議論の対象とする交流理論の重要性は明らかであろう.以下に図 3.10 のような代表的な周期波のフーリエ級数を列挙する.

$$\text{矩形波}: c_n = \frac{1-(-1)^n}{2\pi n},\ n \neq 0,\ c_0 = 0 \tag{3.80}$$

$$\text{全波整流波}: c_n = \frac{2}{\pi(1-4n)^2} \tag{3.81}$$

$$\text{のこぎり波}: c_n = \frac{j(-1)^n}{\pi n} \tag{3.82}$$

$$\text{三角波}: c_n = \frac{j4(-1)^{(n+1)/2}}{\pi^2 n^2} \tag{3.83}$$

図 3.11,図 3.12 はそれぞれ矩形波,三角波のフーリエ級数による近似の様子を示したものである.

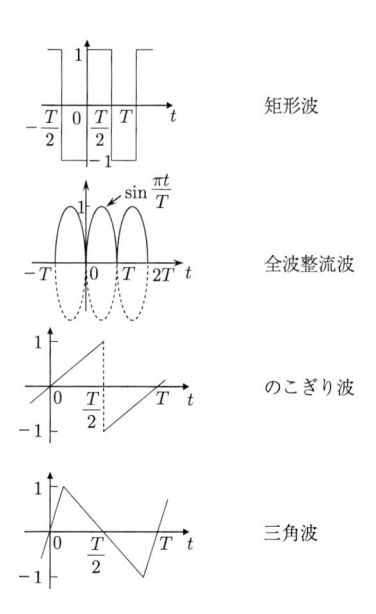

図 **3.10** 代表的な周期波の例

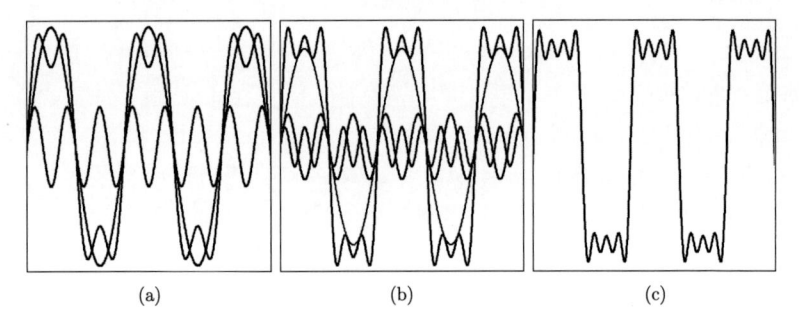

図 3.11 矩形波の近似 (a) 基本波, 第 3 調波, それらの和, (b) 基本波, 第 3 調波, 第 5 調波, それらの和, (c) 第 3,5,7 調波の和

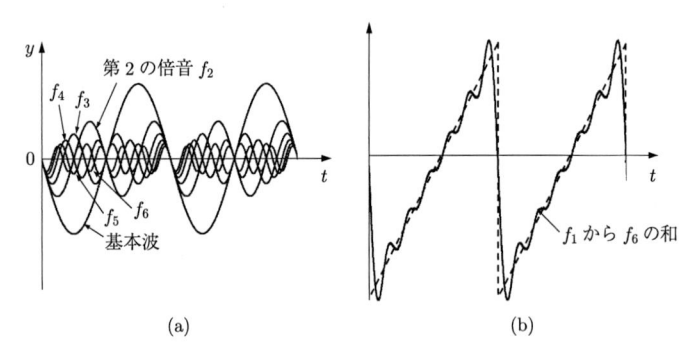

図 3.12 鋸歯状波の (6 番目倍音までの) フーリエ解析

3.2.2 フーリエ積分

図 1.8(e),(f) のような**非周期関数**を議論するためには, 以下のようにフーリエ級数から**フーリエ積分** (あるいは**フーリエ変換**とも呼ばれる) へ拡張を行う必要がある. ここではフーリエ積分の定義とその性質と効用を中心に紹介する. 5.2 節の共振回路や 8.4 節のフィルタの項での議論を除いて, 単一の周波数 f, 角周波数 ω を止めて考察する.

非周期性, すなわち $T \to \infty$ (ゆえに $\omega_0 \to 0$) に対応させて

$$\delta\omega \stackrel{\triangle}{=} \omega_0, \ \frac{1}{T} = \frac{\delta\omega}{2\pi}, \ \delta\omega = \frac{2\pi}{T} \tag{3.84}$$

とおく. ただし, $x(t)$ の 2 乗積分値は有限

$$\int_{-\infty}^{\infty} |x(t)|^2 dt < \infty \tag{3.85}$$

3.2　フーリエ級数とフーリエ積分　　　　　　　　　　　　　　41

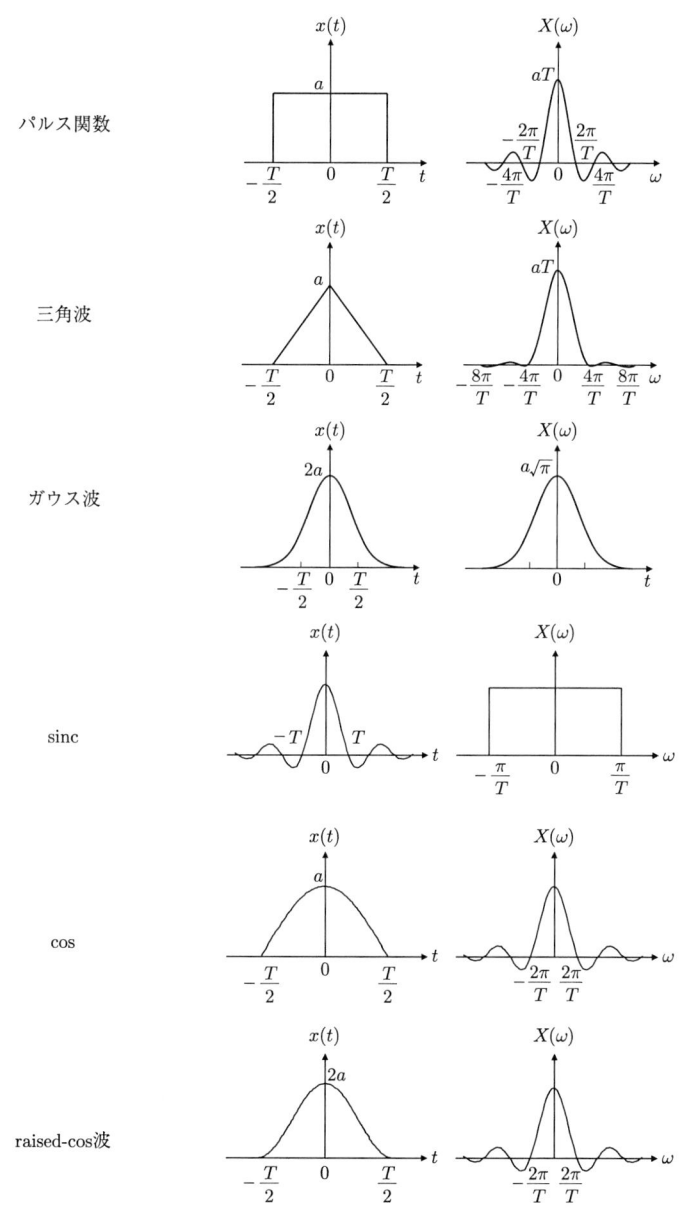

図 3.13　代表的なフーリエ変換対の例

と仮定する．式 (3.71) を式 (3.63) に代入すると

$$x(t) = \frac{1}{2\pi} \lim_{T \to \infty} \sum_{n=-\infty}^{\infty} \delta\omega \left[\int_{-T/2}^{T/2} x(t) e^{-jn\delta\omega t} dt \right] e^{jn\delta\omega t}. \quad (3.86)$$

これよりフーリエ積分 (フーリエ変換) 対

$$\left. \begin{aligned} \text{フーリエ変換}: X(\omega) &= \int_{-\infty}^{\infty} x(t) e^{-j\omega t} dt \\ \text{フーリエ逆変換}: x(t) &= \frac{1}{2\pi} \int_{-\infty}^{\infty} X(\omega) e^{j\omega t} d\omega \end{aligned} \right\} \quad (3.87)$$

が定義できる．上式を簡単に

$$\left. \begin{aligned} \text{フーリエ変換}: X(\omega) &= \mathcal{F}[x(t)] \\ \text{フーリエ逆変換}: x(t) &= \mathcal{F}^{-1}[X(\omega)] \end{aligned} \right\} \quad (3.88)$$

と表記する．図 3.13 は以下に掲げる代表的なフーリエ変換対を図示している．

$$\text{パルス関数}: \Pi\left(\frac{t}{T}\right) = \begin{cases} a, & |t| \leq \frac{T}{2}, \\ 0, & |t| > \frac{T}{2} \end{cases}, \mathcal{F}\left[\Pi\left(\frac{t}{T}\right)\right] = aT \text{sinc}(Tf).$$

$$\quad (3.89)$$

三角波：

$$x(t) = \begin{cases} a\left(1 - \frac{2|t|}{T}\right), & |t| \leq \frac{T}{2}, \\ 0, & \text{それ以外} \end{cases}, X(\omega) = \left(\frac{T}{2}\right)^2 \cdot \frac{\sin^2 \pi(T/2)f}{(\pi(T/2)f)^2}.$$

$$\quad (3.90)$$

$$\text{ガウス波}: x(t) = 2ae^{-\left(\frac{2t}{T}\right)^2}, X(\omega) = a\sqrt{\pi}T e^{-\left(\pi f \frac{T}{2}\right)^2}. \quad (3.91)$$

$$sinc \text{ 波}: x(t) = sinc\left(\frac{t}{T}\right), X(\omega) = 2\pi \cdot \Pi(Tf). \quad (3.92)$$

$$\cos \text{ 波}: x(t) = \begin{cases} a\cos\frac{\pi t}{T}, & |t| \leq \frac{T}{2}, \\ 0, & \text{それ以外} \end{cases}, X(\omega) = \frac{2aT}{\pi} \cdot \frac{\cos \pi fT}{1 - 4(fT)^2}.$$

$$\quad (3.93)$$

$raised$-cos 波:

$$x(t) = \begin{cases} a\left(1 + \cos\dfrac{2\pi t}{T}\right), & |t| \le \dfrac{T}{2}, \\ 0, & \text{それ以外} \end{cases}, \quad X(\omega) = \frac{a}{\pi f} \cdot \frac{\sin \pi fT}{1 - (fT)^2}. \tag{3.94}$$

フーリエ変換の性質 1 以下の $X(\omega) = \mathcal{F}[x(t)]$ の基本的性質を示せ.

1) 線形性: $\mathcal{F}[ax(t) + by(t)] = aX(\omega) + bY(\omega)$. (3.95)
2) 時間ずらし: $\mathcal{F}[x(t-a)] = X(\omega)e^{-j\omega a}$. (3.96)
3) スケール変換: $\mathcal{F}[x(at)] = \dfrac{1}{|a|}X\left(\dfrac{\omega}{a}\right)$. (3.97)

二つの時間関数 $x(t), h(t)$ のフーリエ変換 $X(\omega) = \mathcal{F}[x(t)], H(\omega) = \mathcal{F}[h(t)]$ の積のフーリエ逆変換 $\mathcal{F}^{-1}[X(\omega)H(\omega)]$ を計算すると

$$\begin{aligned} \mathcal{F}^{-1}[X(\omega)H(\omega)] &= \frac{1}{2\pi}\int_{-\infty}^{\infty}\int_{-\infty}^{\infty} x(\tau)e^{-j\omega\tau}d\tau H(\omega)e^{j\omega t}d\omega \\ &= \int_{-\infty}^{\infty} x(\tau)\left[\frac{1}{2\pi}\int_{-\infty}^{\infty} H(\omega)e^{j\omega(t-\tau)}d\omega\right]d\tau \\ &= \int_{-\infty}^{\infty} x(\tau)h(t-\tau)d\tau \end{aligned} \tag{3.98}$$

となる. 上式の $\int_{-\infty}^{\infty} x(\tau)h(t-\tau)d\tau$ は**畳み込み積分** (convolution) と呼ばれ,

$$x * h(t) \triangleq \int_{-\infty}^{\infty} x(\tau)h(t-\tau)d\tau = \int_{-\infty}^{\infty} h(\tau)x(t-\tau)d\tau \tag{3.99}$$

と略記される. 第三式の変数の入れ替えは両側無限積分から明らかであろう.

$$y(t) = x * h(t) = h * x(t) \tag{3.100}$$

とおく. $h(t)$ の物理的意味を明らかにするために, ディラック (Dirac) の **δ** 関数 $\delta(t)$ を導入しよう. 関数 $\delta(t)$ は $\delta(t) = 0, t \ne 0$ でかつ連続な関数 $f(t)$ に対し

$$\int_{-\infty}^{\infty} f(\tau)\delta(\tau - t)d\tau = f(t) \tag{3.101}$$

(a) 矩形信号 (b) δ関数

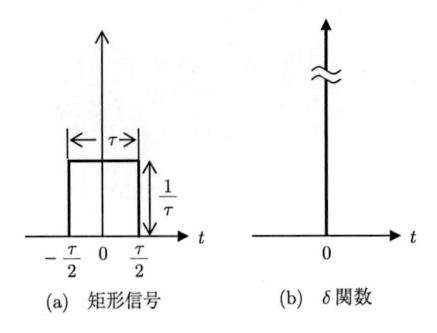

図 3.14 インパルスの近似モデル：(a) 矩形波はパラメタ $\tau \to 0$ にすると (b) の理想的インパルスになる．

を満たす関数とする[†1]．すなわち，$\delta(t)$ は**理想的インパルス**を表す．図 3.14 にインパルスの近似モデルと理想インパルスを示す．式 (3.99) において $x(t) = \delta(t)$ を代入すると $y(t) = h(t)$ となるので[†2]，$h(t)$ は**インパルス応答**と呼ばれる．一方，システムに一般的な時間関数 $x(t)$ を入力としたときの出力時間関数 $y(t)$ のフーリエ変換 $Y(\omega) = \mathcal{F}[y(t)]$ は式 (3.98)-(3.100) から

$$Y(\omega) = H(\omega)X(\omega) \tag{3.102}$$

となるので，入力，出力のそれぞれのフーリエ変換の比

$$H(\omega) = \frac{Y(\omega)}{X(\omega)} \tag{3.103}$$

はシステムの**伝達関数**と呼ばれ，システムの入力角周波数依存性を表す基本的な量である．図 3.15 は伝達関数 $H(\omega)$ の説明図である．後に議論する**インピーダンス**，**アドミタンス**，種々の入出力関数はすべて，この例である．また，$\mathcal{F}$ と $\mathcal{F}^{-1}$ との対称性により

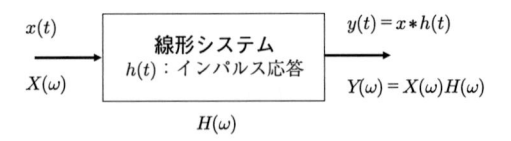

図 3.15 伝達関数 $H(\omega)$

[†1] 一般化された関数，分布関数と呼ばれる．
[†2] 偶関数性 $\delta(t) = \delta(-t)$ に注意せよ．

フーリエ変換の性質 2　$2\pi \mathcal{F}[xh] = \mathcal{F}[x] * \mathcal{F}[h]$

が成立する．

フーリエ変換の性質 3　式 (3.101) の特殊例として関係式

$$\left.\begin{array}{rl} \int_{-\infty}^{\infty} \delta(t)dt = & 1 \\ \mathcal{F}[\delta(t-\tau)] = & e^{-j\omega\tau} \\ \mathcal{F}[\delta(t)] = & 1 \end{array}\right\} \tag{3.104}$$

を得る．

[略解] 式 (3.101) の変数 t, τ を入れ替えた式

$$\int f(t)\delta(t-\tau)dt = f(\tau) \tag{3.105}$$

で $f(t) = 1, f(t) = e^{-j\omega t}$ を代入すると第 1，2 式が得られ，第 3 式は第 2 式で $\tau = 0$ とおけばよい．

式 (3.104) の第 3 式の逆フーリエ変換は δ 関数の定義式の別形

$$\frac{1}{2\pi}\int_{-\infty}^{\infty} e^{j\omega t}d\omega = \delta(t) \tag{3.106}$$

を与える．また，δ 関数の偶関数性に注意して変数 t, ω の入替を行うと

$$\left.\begin{array}{l} \int_{-\infty}^{\infty} e^{\pm j\omega t}dt = 2\pi\delta(\omega) \\ \int_{-\infty}^{\infty} e^{\pm j\omega t}d\omega = 2\pi\delta(t) \end{array}\right\} \tag{3.107}$$

が言える．また，$\omega = 2\pi f$ より

$$\left.\begin{array}{rl} \int_{-\infty}^{\infty} e^{\pm j2\pi ft}df = & \delta(t) \\ \int_{-\infty}^{\infty} e^{\pm j2\pi ft}dt = & \delta(f) \\ \delta(ax) = & \frac{1}{|a|}\delta(x), \, a \neq 0 \end{array}\right\} \tag{3.108}$$

上式の第二式で f に $f \pm f_0$ を代入することにより，

フーリエ変換の性質 4　$e^{j\omega_0 t}$ のフーリエ変換

$$\left.\begin{array}{rl}\mathcal{F}[e^{\pm j2\pi f_0 t}] &= \delta(f \mp f_0) \\ \mathcal{F}[\cos 2\pi f_0 t] &= \dfrac{1}{2}[\delta(f-f_0)+\delta(f+f_0)] \\ \mathcal{F}[\sin 2\pi f_0 t] &= \dfrac{1}{2j}[\delta(f-f_0)-\delta(f+f_0)]\end{array}\right\} \quad (3.109)$$

も得られる.ただし,複号同順である.

3.2.3 周期関数のフーリエ変換

周期関数 $x(t)$ のフーリエ展開 (3.63) のフーリエ積分を考えよう.図 3.16 のように孤立波 $x(t)$

$$x(t) = 0, t \notin \left[-\frac{\tau}{2}, \frac{\tau}{2}\right] \bigcup \left[-\frac{T}{2}, \frac{T}{2}\right] \quad (3.110)$$

が周期 T で繰り返される周期関数 $\widehat{x}(t)$

$$\widehat{x}(t) \triangleq \sum_{n=-\infty}^{\infty} x(t-nT) \quad (3.111)$$

は周期 T の周期関数であるから

$$\widehat{x}(t) = \sum_m \widehat{c}_m e^{jm\omega_0 t} \quad (3.112)$$

とフーリエ展開できるので,そのフーリエ係数は

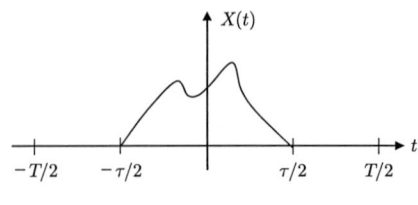

図 3.16 孤立波 $x(t)$

3.2 フーリエ級数とフーリエ積分　　47

$$\begin{aligned}
\widehat{c}_m &= \sum_n \frac{1}{T} \int_{-T/2}^{T/2} x(t-nT) e^{-jm\omega_0 t} dt \\
&= \sum_{-\infty}^{\infty} \frac{1}{T} \int_{-T/2}^{T/2} x(t-nT) e^{-jm\omega_0 (t-nT)} dt \\
&= \sum_{-\infty}^{\infty} \frac{1}{T} \int_{-T/2-nT}^{T/2-nT} x(\tau) e^{-jm\omega_0 \tau} d\tau \\
&= \frac{1}{T} \int_{-\infty}^{\infty} x(\tau) e^{-jm\omega_0 \tau} d\tau = \frac{1}{T} X(m\omega_0) \quad (3.113)
\end{aligned}$$

と計算される．なお，第二式では $e^{jmn\omega_0 T} = e^{j2\pi mn} = 1$ を用いた．ゆえに

$$\widehat{x}(t) = \frac{1}{T} \sum_{m=-\infty}^{\infty} X(m\omega_0) e^{jm\omega_0 t}. \quad (3.114)$$

(3.112) のフーリエ変換を計算すると

$$\begin{aligned}
\mathcal{F}[\widehat{x}(t)] &= \int_{-\infty}^{\infty} \sum_{m=-\infty}^{\infty} \widehat{c}_m e^{-j(\omega - m\omega_0)t} dt \\
&= 2\pi \sum_m \widehat{c}_m \delta(\omega - m\omega_0) = \sum_m \widehat{c}_m \delta(f - mf_0) \quad (3.115)
\end{aligned}$$

が得られる．上式の特殊例として $x(t) = \delta(t)$ を選べば $\mathcal{F}[\delta(t)] = 1$ より

フーリエ変換の性質 5

$$\mathcal{F}\left[\sum_{n=-\infty}^{\infty} \delta(t-nT)\right] = \frac{1}{T} \sum_m \delta(f - mf_0) = \frac{2\pi}{T} \sum_m \delta(\omega - m\omega_0) \quad (3.116)$$

となるので，図 3.17 の関係図が得られる．

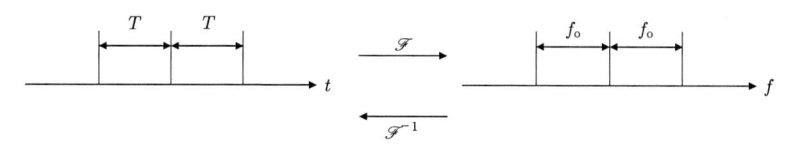

図 **3.17** 基本周期 T のインパルス列 $\sum_{n=-\infty}^{\infty} \delta(t-nT)$ と基本周波数 f_0 の高調波列 $\sum_{m=-\infty}^{\infty} \delta(f - mf_0)$ の間のフーリエ変換対

3.3 正弦波とフェーザ

単一角周波数 ω の正弦波の話に戻って，その微分・積分について論じる．

3.3.1 フェーザ

正弦波の時間関数を

$$a(t) = \sqrt{2} A_e \sin(\omega t + \varphi) \tag{3.117}$$

とすると，Euler の公式 (3.35), (3.39) に注意すると

$$a(t) = \mathrm{Im}[\sqrt{2} A_e e^{j(\omega t + \varphi)}] = \mathrm{Im}[\sqrt{2} A_e e^{j\varphi} e^{j\omega t}] \tag{3.118}$$

となるが，複素数

$$A = A_e e^{j\varphi} \tag{3.119}$$

あるいは記号の節約を考え，

$$A = |A| e^{j \arg A}, \ (|A| = A_e, \ \arg A = \varphi) \tag{3.120}$$

を導入すると

$$a(t) = \mathrm{Im}[\sqrt{2} A e^{j\omega t}]. \tag{3.121}$$

と表現される[†1]．上式は与えられた ω に対し**時間関数 $a(t)$ と複素数 A とは 1 対 1 対応**することを意味している．すなわち，$a(t)$ は複素数 A で代表させることができる．式 (3.119) の A を $a(t)$ の**フェーザ**と呼び，逆に $a(t)$ を A の**時間関数**と呼ぶ．両量の同値関係を記号 $\stackrel{\mathrm{ph}}{=}$ を用いて

$$A \stackrel{\mathrm{ph}}{=} a(t) = \sqrt{2} |A| \sin(\omega t + \arg A) \tag{3.122}$$

と表す[†2]．

[†1] なお，sin の代わりに cos を用いる (この場合，複素数 z に対する $\mathrm{Im}[z]$ を $\mathrm{Re}[z]$ に変更する) ことも考えられるが，本教科書では上式を採用することにする．

[†2] しかしながら，左辺と右辺の "単位" は異なることに注意されたい．(記号 = は通常同じ単位の量を等値とする際用いられる．)

また，時間関数においてはその最大値を表示するために，複素数 A の大きさ $|A|$ に係数 $\sqrt{2}$ がかけられているが，電力の計算の場合や時間関数の実効値，最大値を議論する場合を除いて $\sqrt{2}$ は重要な働きをしないので，フェーザと時間関数との同値関係では計算の都合上 $\sqrt{2}$ を省略して考えてもよい．しかし，同値関係の一貫性を保ちながら計算をしなければならない．

3.3.2 正弦関数の和のフェーザ

二つの時間関数とそれに対応するフェーザをそれぞれ

$$\left. \begin{array}{l} a_1(t) = \sqrt{2}|A_1|\sin(\omega t + \arg A_1) \stackrel{\text{ph}}{=} A_1 = |A_1|e^{j\arg A_1} \\ a_2(t) = \sqrt{2}|A_2|\sin(\omega t + \arg A_2) \stackrel{\text{ph}}{=} A_2 = |A_2|e^{j\arg A_2} \end{array} \right\} \quad (3.123)$$

とすると

$$\left. \begin{array}{l} a_1(t) = \sqrt{2}\text{Im}[A_1 e^{j\omega t}] \\ a_2(t) = \sqrt{2}\text{Im}[A_2 e^{j\omega t}] \end{array} \right\} \quad (3.124)$$

である．それらの和は，複素数の加法の約束の式 (3.13) に戻ると

$$a_3(t) = a_1(t) + a_2(t) = \sqrt{2}\text{Im}[(A_1 + A_2)e^{j\omega t}] \quad (3.125)$$

となるから

$$a_3(t) = \sqrt{2}|A_1 + A_2|\sin[\omega t + \arg(A_1 + A_2)] \quad (3.126)$$

であるからそのフェーザ

$$\left. \begin{array}{l} a_3(t) \stackrel{\text{ph}}{=} A_3 = |A_3|e^{j\arg A_3} \\ |A_3| = |A_1 + A_2|, \arg A_3 = \arg(A_1 + A_2) \end{array} \right\} \quad (3.127)$$

が自然に定義される．したがって，正弦関数の和 (あるいは差) はフェーザの和 (あるいは差) に対応する．これは極形式の効用の一つである．

3.3.3 正弦関数の微分・積分のフェーザ

正弦関数の微分は式 (3.121) より

$$\frac{d}{dt}a(t) = \frac{d}{dt}\mathrm{Im}[\sqrt{2}Ae^{j\omega t}] = \mathrm{Im}[\sqrt{2}j\omega Ae^{j\omega t}] \quad (3.128)$$

となるから

$$\frac{d}{dt}a(t) \stackrel{\mathrm{ph}}{=} j\omega A \quad (3.129)$$

例題 3.6 正弦関数を直接微分することにより上式を確認せよ．
[解]

$$\frac{d}{dt}a(t) = \sqrt{2}\omega|A|\cos(\omega t + \arg A) = \sqrt{2}\omega|A|\sin\left(\omega t + \arg A + \frac{\pi}{2}\right)$$
$$= \sqrt{2}j\omega|A|\sin(\omega t + \arg A) \quad (3.130)$$

より式 (3.129) が導かれる．
一方，積分については

$$\int a(t)dt = \mathrm{Im}\left[\sqrt{2}\int Ae^{j\omega t}dt\right] = \mathrm{Im}\left[\sqrt{2}\frac{A}{j\omega}e^{j\omega t}dt\right] \quad (3.131)$$

より

$$\int a(t)dt \stackrel{\mathrm{ph}}{=} \frac{A}{j\omega}. \quad (3.132)$$

例題 3.7 正弦関数を直接積分することにより上式を確認せよ．
[解]

$$\int a(t)dt = \sqrt{2}\frac{-|A|}{\omega}\cos(\omega t + \arg A) = \sqrt{2}\frac{|A|}{\omega}\sin\left(\omega t + \arg A - \frac{\pi}{2}\right)$$
$$= \sqrt{2}\frac{|A|}{j\omega}\sin(\omega t + \arg A) \quad (3.133)$$

より式 (3.132) が導かれる．
積分は微分の**逆演算**であるので，$\int dt$ を $\left(\dfrac{d}{dt}\right)^{-1}$ と記すと，一般に

$$\left(\frac{d}{dt}\right)^k \stackrel{\mathrm{ph}}{=} (j\omega)^k A \quad (3.134)$$

フェーザの最大の効用は時間微分・積分演算が簡単になることである．

3.3 正弦波とフェーザ 51

例題 3.8 以下の時間関数の関係式に対しフェーザによる関係式を求めよ．

$$\sqrt{2}A_{e1}\sin(\omega t+\varphi_1) + \frac{d}{dt}\sqrt{2}A_{e2}\sin(\omega t+\varphi_2)$$
$$+ \int \sqrt{2}A_{e3}\sin(\omega t+\varphi_3) = \sqrt{2}A_{e4}\sin(\omega t+\varphi_4) \quad (3.135)$$

[解]

$$A_1 + j\omega A_2 + \frac{A_3}{j\omega} = A_4 \quad (3.136)$$

と計算できる．ただし，フェーザ A_i を $A_i = a_i + jb_i$ と実部と虚部に分解すれば，$A_{ei} = |A_i| = \sqrt{a_i^2 + b_i^2}, \varphi_i = \arg A_i = \tan^{-1}\left(\frac{b_i}{a_i}\right)$ である．

例題 3.9 $\sin\omega t \stackrel{\text{ph}}{=} 1$ とする．

(1) (i) $-\sin\omega t + \sqrt{3}\sin\left(\omega t + \frac{\pi}{2}\right)$, (ii) $2\sin\left(\omega t - \frac{\pi}{3}\right) + \cos\left(\omega t - \frac{\pi}{6}\right)$ に対するフェーザ表示を求めよ．

(2) (i) $\frac{3j}{1+j}$, (ii) $je^{j\frac{3\pi}{2}}$ に対する時間関数を求めよ．

[解] (1) (i) $-\sin\omega t \stackrel{\text{ph}}{=} -1$ $\sqrt{3}\sin\left(\omega t + \frac{\pi}{2}\right) \stackrel{\text{ph}}{=} \sqrt{3}e^{j\frac{\pi}{2}} = \sqrt{3}j$,
∴ $-\sin\omega t + \sqrt{3}\sin\left(\omega t + \frac{\pi}{2}\right) \stackrel{\text{ph}}{=} -1 + \sqrt{3}j = 2e^{j\frac{2\pi}{3}}$．

(ii) $\cos\left(\omega t - \frac{\pi}{6}\right) = \sin\left(\omega t - \frac{\pi}{6} + \frac{\pi}{2}\right) \stackrel{\text{ph}}{=} e^{j\left(\frac{\pi}{2}-\frac{\pi}{6}\right)} = e^{j\frac{\pi}{3}}$．
∴ $2\sin\left(\omega t - \frac{\pi}{3}\right) + \cos\left(\omega t - \frac{\pi}{6}\right) \stackrel{\text{ph}}{=} 2e^{-j\frac{\pi}{3}} + e^{j\frac{\pi}{3}} = 2\left(\cos\frac{\pi}{3} - j\sin\frac{\pi}{3}\right) + \left(\cos\frac{\pi}{3} + j\sin\frac{\pi}{3}\right) = 3\cos\frac{\pi}{3} - j\sin\frac{\pi}{3} = \frac{3}{2} - j\frac{\sqrt{3}}{2} = \sqrt{3}\cdot\frac{\sqrt{3}-j}{2} = \sqrt{3}e^{-j\frac{\pi}{6}}$．

(2) (i) $\frac{3j}{1+j} = \frac{3j(1-j)}{(1+j)(1-j)} = \frac{3(1+j)}{2} = \frac{3}{\sqrt{2}} \cdot \frac{1+j}{\sqrt{2}} = \frac{3}{\sqrt{2}}e^{j\frac{\pi}{4}} \stackrel{\text{ph}}{=} \frac{3}{\sqrt{2}}\sin\left(\omega t + \frac{\pi}{4}\right)$．

(ii) $je^{j\frac{3\pi}{2}} = e^{j\frac{\pi}{2}} \cdot e^{j\frac{3\pi}{2}} = e^{j2\pi} = 1 \stackrel{\text{ph}}{=} \sin\omega t$．

例題 3.10 $\sqrt{2}\cos(\omega t+\pi/4) \stackrel{\text{ph}}{=} 1$ とする．すなわち，時間関数 $\sqrt{2}\cos(\omega t+\pi/4)$ を単位フェーザ 1 とする．

(1) (i) $\sqrt{3}e^{-j\pi/2} + e^{j\pi/3}$, (ii) $\frac{-2j}{1-j\sqrt{3}}$ に対する時間関数を求めよ．

(2) (i) $-2\int\sin\omega t dt + 2\frac{d}{dt}\sin(\omega t+\pi/2)$, (ii) $\sqrt{2}\cos(\omega t+3\pi/4) + 2\cos(\omega t+\pi/3)$ に対するフェーザを求めよ．

[解] $\sqrt{2}\cos(\omega t + \pi/4) \overset{\text{ph}}{=} 1$ より,

(1) (i) $\sqrt{3}e^{-j\pi/2} + e^{j\pi/3} = \dfrac{1}{2} - j\dfrac{\sqrt{3}}{2} = e^{-j\pi/3} \overset{\text{ph}}{=} \sqrt{2}\cos(\omega t - \pi/(12))$.

(ii) $\dfrac{-2j}{1-j\sqrt{3}} = \dfrac{-j(1+j\sqrt{3})}{2} = e^{-j\pi/2}e^{j\pi/3} = e^{-j\pi/6} \overset{\text{ph}}{=} \sqrt{2}\cos(\omega t + \pi/(12))$.

(2) (i) $2\sin\omega t \overset{\text{ph}}{=} \sqrt{2}e^{-j\pi/2}e^{-j\pi/4} = \sqrt{2}e^{-j3\pi/4}$, $-2\int \sin\omega t\, dt \overset{\text{ph}}{=} \dfrac{\sqrt{2}}{\omega}e^{-j\pi/4} = \dfrac{1-j}{\omega}$.

一方, $2\sin(\omega t + \pi/2) \overset{\text{ph}}{=} \sqrt{2}e^{-j\pi/4}$, $2\dfrac{d}{dt}\sin(\omega t + \pi/2) \overset{\text{ph}}{=} \sqrt{2}\omega e^{j\pi/4}$ より, 結局, 与式 $\overset{\text{ph}}{=} (\omega + 1/\omega) + j(\omega - 1/\omega)$.

(ii) $\sqrt{2}\cos(\omega t + 3\pi/4) + 2\cos(\omega t + \pi/3) \overset{\text{ph}}{=} e^{j\pi/2} + \sqrt{2}e^{-j\pi/4}e^{j\pi/3} = j + \sqrt{2}\cdot\left(\dfrac{\sqrt{6}+\sqrt{2}}{4} + j\dfrac{\sqrt{6}-\sqrt{2}}{4}\right) = \dfrac{\sqrt{3}+1}{2}(1+j)$.

ただし, $e^{-j\pi/4}e^{j\pi/3} = \left(\dfrac{\sqrt{2}}{2} - j\dfrac{\sqrt{2}}{2}\right)\cdot\left(\dfrac{1}{2} + j\dfrac{\sqrt{3}}{2}\right)$
$= \left\{\dfrac{\sqrt{2}}{4} + \dfrac{\sqrt{6}}{4} + j\left(\dfrac{\sqrt{6}}{4} - \dfrac{\sqrt{2}}{4}\right)\right\} = \dfrac{\sqrt{6}+\sqrt{2}}{4} + j\dfrac{\sqrt{6}-\sqrt{2}}{4}$ を用いた.

例題 3.11 $\sin 2\pi 60 t \overset{\text{ph}}{=} 1$ とし, さらに $x(t) \overset{\text{ph}}{=} X$ とする. $(2+j2\pi 60)X \overset{\text{ph}}{=} 100\sqrt{2}\sin\left(2\pi 60 t + \dfrac{\pi}{4}\right)$ で与えられるとき, (1) X, (2) $x(t)$ を求めよ.

[解] (1) $100\sqrt{2}\sin\left(2\pi 60 t + \dfrac{\pi}{4}\right) \overset{\text{ph}}{=} 100\sqrt{2}e^{j\frac{\pi}{4}} = 100(1+j)$.
$\therefore (2+j2\pi 60)X = 100(1+j)$.
$X = \dfrac{100(1+j)}{2+j120\pi} = \dfrac{50\{(1+60\pi) + j(1-60\pi)\}}{1+(60\pi)^2}$.

(2) $\left|\dfrac{50\{(1+60\pi) + j(1-60\pi)\}}{1+(60\pi)^2}\right| = \dfrac{50\sqrt{(1+60\pi)^2 + (1-60\pi)^2}}{1+(60\pi)^2} = \dfrac{50\sqrt{2}}{\sqrt{1+(60\pi)^2}}$.

$\therefore X = \dfrac{50\sqrt{2}}{\sqrt{1+(60\pi)^2}}\sin\left(2\pi 60 t + \tan^{-1}\dfrac{1-60\pi}{1+60\pi}\right)$.

■ ■ ■　　　　　　　演習問題　　　　　　　■ ■ ■

3.1 次の複素数の直交形式 (実部, 虚部) および極形式 (絶対値, 位相) をそれぞれ求

めよ． (1) $c_1 = e^{j\pi/4} + e^{-j\pi/6}$, (2) $c_2 = 2e^{j\pi/3} + e^{j\pi/6}$.

3.2 $\sqrt{2}\sin\left(\omega t + \dfrac{\pi}{3}\right) \stackrel{\text{ph}}{=} 1$ (すなわち単位フェーザ) とする．

(1) $\dfrac{\sqrt{2}j}{1+j\sqrt{3}}$ に対する時間関数 $x(t)$ を求めよ．

(2) $2\displaystyle\int \sin\omega t\, dt + 2\dfrac{d}{dt}\sin\left(\omega t + \dfrac{\pi}{6}\right)$ に対するフェーザ表示を求めよ．

3.3 $\sqrt{2}\cos\omega t \stackrel{\text{ph}}{=} 1$ とする．

(1) フェーザ (i) $2e^{j\pi/4} - je^{j\pi/3}$ (ii) $\dfrac{3je^{j\pi/6}}{1+j}$ に対する時間関数を求めよ．

(2) 時間関数 $x(t)$ のフェーザ X が $(1+j\omega)X \stackrel{\text{ph}}{=} 100\sin(\omega t + \pi/6)$ を満たすとき (i) X, (ii) $x(t)$ を求めよ．

3.4 $\sin\omega t \stackrel{\text{ph}}{=} 1$ とするとき，(1) (i) $\sqrt{5}$, (ii) $2j$, (iii) $\dfrac{-3+2j}{1+j}$, (iv) $-5e^{-j\pi/3}$, (v) $3+j4$ に対する時間関数を求めよ．

(2) (vi) $-\sin\left(\omega t + \dfrac{3\pi}{4}\right)$, (vii) $-\cos\omega t$, (viii) $\dfrac{d}{dt}\cos\omega t$, (ix) $\int \sin\omega t\, dt$ に対するフェーザを求めよ．

3.5 図 3.A の回路 (a),(b) の定常電流 $i_a(t)$, $i_b(t)$ を求めたい．

(1) フェーザを用いて回路 (a),(b) の回路方程式を求めよ．

(2) 回路 (a),(b) の方程式をフェーザ I_a, I_b について解き，その原関数 $i_a(t)$, $i_b(t)$ を求めよ．

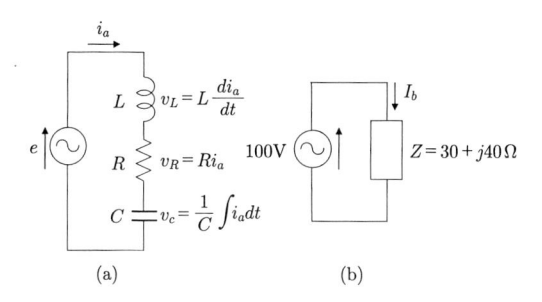

図 3.A

3.6 $\sin 2\pi 60t$ のフェーザを 1 とし，時間関数 $x(t)$ のフェーザを X とする．$(2+j2\pi 60)X$ の時間関数が $100\sqrt{2}\sin(2\pi 60t + \pi/4)$ で与えられるとき，(1) X, (2) $x(t)$ を求めよ．

4. 交流回路と計算法

フェーザを用いると，実数の抵抗やコイル，コンダクタンスは複素数値のインピーダンス，アドミタンスへと，また電圧，電流も実数値からフェーザ (複素数) へと一般化される．これにより交流回路の複素数計算は直流回路における実数値演算と同様な代数的方法で行えることを確認する．各種の複素数量の実部と虚部 (または**大きさ**と**位相**) の重要性を学ぶ．交流理論で重要な各種の用語が定義される．

4.1 インピーダンスとアドミタンス

4.1.1 回路のフェーザ方程式

図 4.1(a) の電気回路において，各素子の電圧，電流すべてが角周波数 ω で正弦的に時間変化しているとする．すなわち，

$$\left.\begin{aligned} v_L(t) &= L\frac{di(t)}{dt} \\ v_R(t) &= Ri(t) \\ v_C(t) &= \frac{1}{C}\int i(t)dt \end{aligned}\right\} \tag{4.1}$$

であるので，回路方程式は

$$L\frac{di(t)}{dt} + Ri(t) + \frac{1}{C}\int i(t)dt = e(t) \tag{4.2}$$

となる．今，電源電圧

$$e(t) = \sqrt{2}E_e \sin(\omega t + \arg E) \tag{4.3}$$

に対して電流は

4.1 インピーダンスとアドミタンス

$$i(t) = \sqrt{2}I_e \sin(\omega t + \arg I) \tag{4.4}$$

であると仮定して，未知数 I_e, $\arg I$ を定める問題を考えよう．

まず電圧，電流のフェーザはそれぞれ

$$\left. \begin{array}{l} e(t) \stackrel{\mathrm{ph}}{=} E = |E|e^{j\arg E},\ |E| = E_e \\ i(t) \stackrel{\mathrm{ph}}{=} I = |I|e^{j\arg I},\ \ |I| = I_e \end{array} \right\} \tag{4.5}$$

である．式 (4.2) において微分，積分のフェーザに注意すれば直ちに

$$\left(j\omega L + R + \frac{1}{j\omega C} \right) I = E \tag{4.6}$$

が得られる．図 4.1(b) は電流フェーザ I，各素子の端子電圧フェーザ

$$\left. \begin{array}{l} v_L(t) \stackrel{\mathrm{ph}}{=} V_L = j\omega L I \\ v_R(t) \stackrel{\mathrm{ph}}{=} V_R = RI \\ v_C(t) \stackrel{\mathrm{ph}}{=} V_C = \dfrac{I}{j\omega C} \end{array} \right\} \tag{4.7}$$

を表示している．さらに

$$Z = j\omega L + R + \frac{1}{j\omega C} = R + j\left(\omega L - \frac{1}{\omega C} \right) \tag{4.8}$$

とおくと

$$ZI = E \tag{4.9}$$

であるので電流 $i(t)$ のフェーザ

$$I = \frac{E}{Z} \tag{4.10}$$

が得られる．Z はインピーダンスと呼ばれる．上式より，所望の答

$$I_e = |I| = \frac{E_e}{|Z|},\ \arg I = \arg E - \arg Z \tag{4.11}$$

が得られる．ただし，

4. 交流回路と計算法

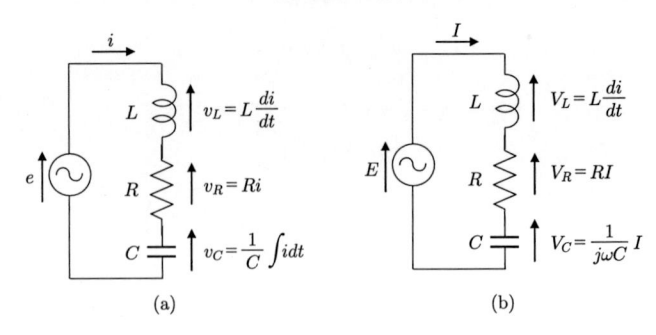

図 4.1 回路の各種素子の電圧フェーザと電流フェーザ

$$|Z| = \sqrt{R^2 + \left(\omega L - \frac{1}{\omega C}\right)^2}, \ \arg Z = \tan^{-1}\frac{\omega L - \frac{1}{\omega C}}{R}. \quad (4.12)$$

図 4.2 は式 (4.8) の Z のフェーザ図である．$\arg Z$ が正，負の場合に応じてそれぞれ (a),(b) のフェーザ図が得られる．その作成法については次節で詳細に述べるが，ここでは式 (4.8) の Z は実部 R と虚部 ($\omega L - 1/\omega C$) の 2 成分から成り立っているので，それぞれ 2 次元空間の x,y 軸方向のベクトルとして表現され，そのベクトル和が Z であることの注意だけに留める．$\arg Z$ の符号により，電圧と電流の位相関係が以下のように定まる．$\arg Z > 0$ のとき，I は E より $\arg Z$ **遅れている** (lag) といい，$\arg Z < 0$ のとき，I は E より $\arg Z$ **進んでいる** (lead) という．また，$\arg Z = 0$ のとき，I と E は**同相** (in phase) であるという†．また，図 4.3 に時間関数 $e(t), i(t)$ を図示している．"$e(t)$ は $i(t)$

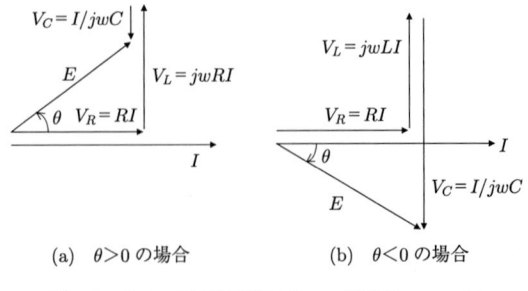

図 4.2 R, L, C 直列回路のフェーザ図 ($\theta = \arg Z$)

---

† インピーダンス Z の位相 $\arg Z$ は正負のいずれも取り得るので，"負の遅れ" や "負

4.1 インピーダンスとアドミタンス　　　　　　57

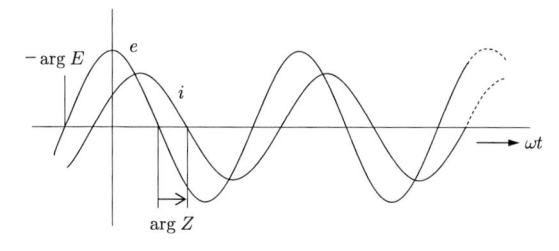

図 4.3　電圧と電流の時間関数

に比べ位相 $\arg Z$ だけ進んでいる" ことがわかる．

4.1.2　フェーザの効用

式 (4.3), (4.4) の $e(t), i(t)$ を最初からフェーザ E, I を用いて

$$
\left.\begin{array}{l}
e(t) = \mathrm{Im}[\sqrt{2}Ee^{j\omega t}] \\
i(t) = \mathrm{Im}[\sqrt{2}Ie^{j\omega t}]
\end{array}\right\} \tag{4.13}
$$

と表現し，式 (4.2) に代入すると

$$
\mathrm{Im}\left[\sqrt{2}\left\{R + j\left(\omega L - \frac{1}{\omega C}\right)\right\}Ie^{j\omega t}\right] = \mathrm{Im}[\sqrt{2}Ee^{j\omega t}] \tag{4.14}
$$

が得られる．上式が任意の時間 t で成立するとすると，

$$
\left\{R + j\left(\omega L - \frac{1}{\omega C}\right)\right\}I = E \tag{4.15}
$$

となり，

$$
Z = R + j\left(\omega L - \frac{1}{\omega C}\right) \tag{4.16}
$$

とおくと，

$$
E = ZI \tag{4.17}
$$

が得られる．ここでフェーザの極形式

の進み" はそれぞれ "正の進み" や "正の遅れ" を意味することにする．すなわちこの場合，"E は I に比べ，$-\arg Z$ だけ遅れている" と言ってもよい．

$$\left.\begin{array}{l} E = |E|e^{j\arg E},\ E_e = |E| \\ I = |I|e^{j\arg I},\ I_e = |I| \\ Z = |Z|e^{j\arg Z},\ \arg Z = \arg E - \arg I \end{array}\right\} \qquad (4.18)$$

に注意されたい.

以上の計算の過程と図 4.2 よりフェーザの効用は明らかであろう. またこれで**交流理論の要点は尽**きている. すなわち, 電圧, 電流間の**線形関係**の式 (4.17) は直流回路の**オームの法則の複素数値化**である[†]. したがって, これらの式は独立した二つの関係式 (例えば両辺の実部と虚部かあるいは絶対値と位相) から成り立っていると理解すべきである. これらの四つのうちのいずれの二つを用いるかは自由であるので, 計算が容易な方を選べばよい.

4.1.3 インピーダンスとアドミタンス

前述のように, 式 (4.17) の Z は直流回路の抵抗に相当するので, 図 4.1(a) の LRC 回路は図 4.1(b) のように描かれる. 一般に電圧フェーザ, 電流フェーザをそれぞれ V, I としたとき

$$V = ZI \qquad (4.19)$$

が成立するとき, Z を**インピーダンス** (impedance) と呼ぶ. 単位は Ohm(記号は Ω) である. 当然 Z は複素数となるのでフェーザであるが, それに対応する時間関数はない. 上式のような V, I 間の単なる比例 (線形) 係数に過ぎない. また, 図 4.4 のように 2 個の端子を持つ回路を **1 ポート, 2 端子回路** (one-port,two-terminal network) と呼ぶ. 式 (4.19) は

$$I = YV,\ Y = Z^{-1} \qquad (4.20)$$

と書くことができ, Y を**アドミタンス** (admittance) と呼ぶ. 単位はジーメンス S(モー℧) である. インピーダンスとアドミタンスは並行して議論できるので, 両者は**イミタンス** (immittance) と呼ばれる.

[†] 関係式を一つに簡潔にまとめることができたのは, 電圧, 電流間の線形関係の係数である実数値抵抗がフェーザ (複素数値) のインピーダンス Z へと拡張されたことに依る. これは回路素子 L や C に応じて導入した**時間微分フェーザ** $j\omega$ と**積分フェーザ** $1/j\omega$ の最大の効用である.

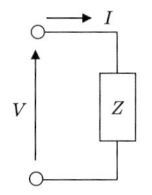

図 4.4　1 ポートの電圧フェーザ V, 電流フェーザ I とインピーダンス Z

a. 直列接続

二つのインピーダンス Z_1, Z_2 を図 4.5 のように直列に接続すると，それぞれの端子間電圧 v_1, v_2 の和

$$v = v_1 + v_2 \tag{4.21}$$

のフェーザ

$$V = V_1 + V_2 = Z_1 I + Z_2 I = (Z_1 + Z_2) I \tag{4.22}$$

から図 4.5 のような合成インピーダンス

$$Z_s = Z_1 + Z_2 \tag{4.23}$$

が得られる．このとき，v_1, v_2 のフェーザは

$$V_1 = \frac{Z_1}{Z_s} V, \; V_2 = \frac{Z_2}{Z_s} V \tag{4.24}$$

となる．式 (4.23), (4.24) はそれぞれ式 (1.38), (1.42) の**複素数 (フェーザ) 版**である．

なお，複素数の加法の性質式 (3.14) より

$$|Z_s| \leq |Z_1| + |Z_2| \tag{4.25}$$

が成立する．

注意 4.1　$|Z_s| = 0$ となることがある．

b. 並列接続

二つのアドミタンス Y_1, Y_2 を図 4.6 のように並列に接続すると，それぞれの端子電流 i_1, i_2 の和 $i = i_1 + i_2$ のフェーザ

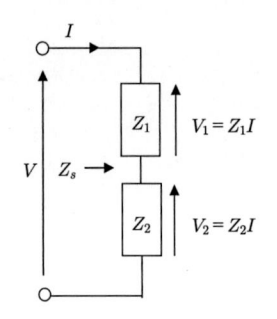

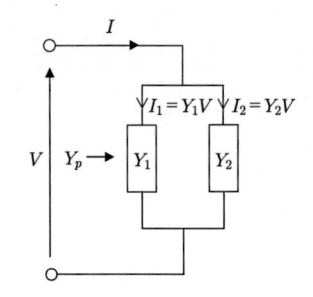

図 4.5　インピーダンスの直列接続　　　図 4.6　アドミタンスの並列接続

$$I = I_1 + I_2 = Y_1 V + Y_2 V = (Y_1 + Y_2)V \tag{4.26}$$

から図 4.6 のような合成アドミタンス

$$Y_p = Y_1 + Y_2 \tag{4.27}$$

が得られる．このとき，i_1, i_2 のフェーザは

$$I_1 = \frac{Y_1}{Y_p} I, \ I_2 = \frac{Y_2}{Y_p} I \tag{4.28}$$

となる．$Z_p = Y_p^{-1}, Z_1 = Y_1^{-1}, Z_2 = Y_2^{-1}$ とすれば，

$$Z_p = \frac{1}{\dfrac{1}{Z_1} + \dfrac{1}{Z_2}} = \frac{Z_1 Z_2}{Z_1 + Z_2} \tag{4.29}$$

となるので，式 (4.28) は

$$I_1 = \frac{Z_2}{Z_1 + Z_2} I, \ I_2 = \frac{Z_1}{Z_1 + Z_2} I \tag{4.30}$$

となる．式 (4.29), (4.30) はそれぞれ式 (1.43), (1.47) の**複素数 (フェーザ) 版**である．

なお，式 (4.29) の Z_p を

$$Z_p = Z_1 // Z_2 \tag{4.31}$$

と表記することがある．

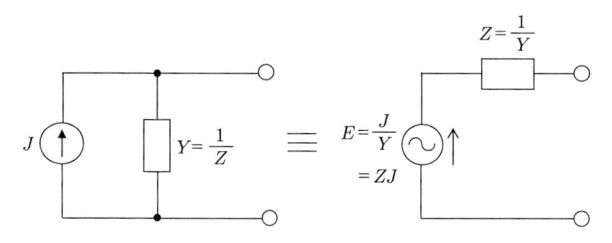

図 4.7　電圧源と電流源と両者の等価関係

c. 電圧源と電流源の等価関係

図 1.18 の電流源や図 1.19 の電圧源の電源抵抗 R やその逆数 R^{-1} の複素数 (フェーザ) 版をそれぞれ Z, Y とすると, 図 4.7 のように, 電流源や電圧源の複素数 (フェーザ) 版が得られる.

式 (4.19) のように同じポートの電圧フェーザ, 電流フェーザの比は**入力インピーダンス, 駆動点インピーダンス** (input impedance, driving-point impedance) と呼ばれ, 異なるポートの比の場合, **伝達インピーダンス** (transfer impedance) と呼ばれる.

4.1.4　抵抗分とリアクタンス分

一般に Z は複素数であるから, 実部と虚部に分け

$$Z = |Z|e^{j\arg Z} = R + jX \tag{4.32}$$

$$\left.\begin{array}{l} R = |Z|\cos(\arg Z) \\ X = |Z|\sin(\arg Z) \\ \arg Z = \tan^{-1}\dfrac{X}{R},\ R \neq 0 \end{array}\right\} \tag{4.33}$$

と書く. R, X をそれぞれ**抵抗** (resistance), X を**リアクタンス** (reactance) という. R は直流抵抗を含む広い意味の抵抗で

$$R \geq 0 \tag{4.34}$$

とする. すなわち,

$$\cos(\arg Z) \geq 0 \tag{4.35}$$

とする．cos 関数の性質より，

$$|\arg Z| \leq \frac{\pi}{2} \tag{4.36}$$

とする．

$X > 0$ の場合，I は V より $0 < \arg Z \leq \pi/2$ 遅れ，回路は**誘導性** (inductive) であるといい，X を**誘導性リアクタンス** (inductive reactance) であるという．また，$X < 0$ の場合，$-\pi/2 \leq \arg Z < 0$ である．回路は**容量性** (capacitive) であるという．一方，アドミタンス $Y = Z^{-1}, Z \neq 0$ も実部と虚部に分け

$$Y = |Y|e^{j \arg Y} = G + jB \tag{4.37}$$

$$\left. \begin{array}{l} G = |Y|\cos(\arg Y) \\ B = |Y|\sin(\arg Y) \\ \arg Y = \tan^{-1}\dfrac{B}{G},\ G \neq 0 \end{array} \right\} \tag{4.38}$$

と書く．G, B をそれぞれ**コンダクタンス** (conductance)，X を**サセプタンス** (susceptance) という．すなわち，

$$\left. \begin{array}{l} Z = R + jX = \dfrac{1}{G+jB} = \dfrac{G}{G^2+B^2} + j\dfrac{-B}{G^2+B^2} \\ Y = G + jB = \dfrac{1}{R+jX} = \dfrac{R}{R^2+X^2} + j\dfrac{-X}{R^2+X^2} \end{array} \right\} \tag{4.39}$$

と計算されるので，

$$\left. \begin{array}{ll} R = \dfrac{G}{G^2+B^2}, & X = \dfrac{-B}{G^2+B^2} \\ G = \dfrac{R}{R^2+X^2}, & B = \dfrac{-X}{R^2+X^2} \end{array} \right\} \tag{4.40}$$

より，$G \geq 0$ である．また，B と X は 0 でない限り異符号である．すなわち，

$$\arg Y = \tan^{-1}\frac{B}{G} = \tan^{-1}\frac{-X}{R} = -\tan^{-1}\frac{X}{R} = -\arg Z \tag{4.41}$$

$X > 0$ の場合の，I を基準とした Z のフェーザ図，V を基準とした Y のフェー

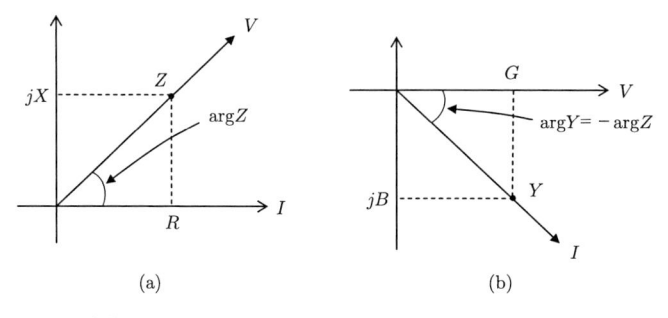

図 4.8 (a) I を基準とした Z, V のフェーザ図, (b) V を基準とした Y, I のフェーザ図

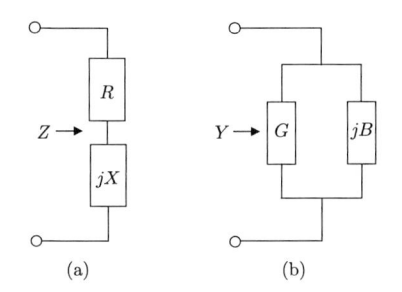

図 4.9 (a) インピーダンス Z の 1 ポート表現, (b) アドミタンス Y の 1 ポート表現

ザ図をそれぞれ図 4.8(a), (b) に示す.また,Z や Y の 1 ポート表現をそれぞれ図 4.9(a),(b) に示す.

例題 4.1 時間関数 $v_L(t), v_C(t), i_L(t), i_R(t), i_C(t)$ および $e(t) = 100\sqrt{2}\sin\omega t$ のフェーザ表示をそれぞれ V_L, V_C, I_L, I_R, I_C および E とし,図 4.10 の関係があるとする.時間関数 $v_L(t), v_C(t), i_L(t), i_R(t), i_C(t)$ を求めよ.
図 4.10 の補足: $V_C = RI_R$ (R は実正定数), $|I_R| = |I_C|$, $I_R \perp I_C$, $I_L = I_R + I_C$, $I_L \perp V_L$, $E = V_C + V_L$, $E \perp V_C$, $|E| = 100$ である.

[解] $e(t) = 100\sqrt{2}\sin\omega t \overset{\text{ph}}{=} 100$ とおくと $E = 100$.
v_C ; $|E| = |V_C|$, かつ V_C は E より $\pi/2$ 遅れているので $V_C = 100e^{-j\frac{\pi}{2}}$
$\therefore v_C = 100\sqrt{2}\sin\left(\omega t - \dfrac{\pi}{2}\right)$.

i_R ; $V_C = RI_R$ より $I_R = \dfrac{100}{R}e^{-j\frac{\pi}{2}}$, $\therefore i_R = \dfrac{100\sqrt{2}}{R}\sin\left(\omega t - \dfrac{\pi}{2}\right)$.

i_C ; $|I_R| = |I_C|$, かつ I_C は I_R より $\pi/2$ 進んでいるので $I_C = I_R e^{j\frac{\pi}{2}} = \dfrac{100}{R}e^{-j\frac{\pi}{2}} \cdot e^{j\frac{\pi}{2}} = \dfrac{100}{R}$, $\therefore i_C = \dfrac{100\sqrt{2}}{R}\sin\omega t$.

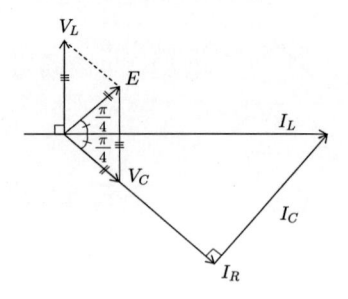

図 4.10 例題 4.1 のフェーザ図

i_L ; $I_L = I_R + I_C = \dfrac{100}{R}e^{-j\frac{\pi}{2}} + \dfrac{100}{R} = \dfrac{100}{R}(1-j) = \dfrac{100\sqrt{2}}{R} \cdot \dfrac{1-j}{\sqrt{2}} = \dfrac{100\sqrt{2}}{R}e^{-j\frac{\pi}{4}}$, $\therefore i_L(t) = \dfrac{200}{R}\sin\left(\omega t - \dfrac{\pi}{4}\right)$ v_L ; $V_L = E - V_C = 100 - 100e^{-j\frac{\pi}{2}} = 100(1+j) = 100\sqrt{2}e^{j\frac{\pi}{4}}$, $\therefore v_L(t) = 200\sin\left(\omega t + \dfrac{\pi}{4}\right)$.

4.2 電　　　力

4.2.1 実効電力

図 4.1(a) においてインピーダンス Z の電圧 E, 電流 I の時間関数を

$$\left.\begin{array}{l} e(t) = \sqrt{2}|E|\sin(\omega t + \arg E) \\ i(t) = \sqrt{2}|I|\sin(\omega t + \arg I) \end{array}\right\} \quad (4.42)$$

とする．ただし，

$$Z = |Z|e^{j\arg Z}, \ \arg Z = \arg E - \arg I \quad (4.43)$$

である．Z への瞬時電力の式 (1.18) は三角関数の加法定理の式 (2.18) を利用すると

$$\begin{aligned} p(t) = e(t)i(t) &= 2|E||I|\sin(\omega t + \arg E)\sin(\omega t + \arg I) \\ &= |EI|\cos(\arg Z) - |EI|\cos(2\omega t + \arg I + \arg E) \end{aligned} \quad (4.44)$$

と計算される．図 4.11 に時間関数 $e(t), i(t), p(t)$ を図示する．上式の第二項は角周波数 2ω (周期 $T/2$) で時間変化するので†，その時間平均は 0 である．した

---

† 角周波数 $m\omega_0$ の正弦波や余弦波と $n\omega_0$ のそれとの積から角周波数 $(m\pm n)\omega_0$ の正弦波や余弦波が生じるので，線形性は成立しないことに注意して欲しい．

4.2 電力

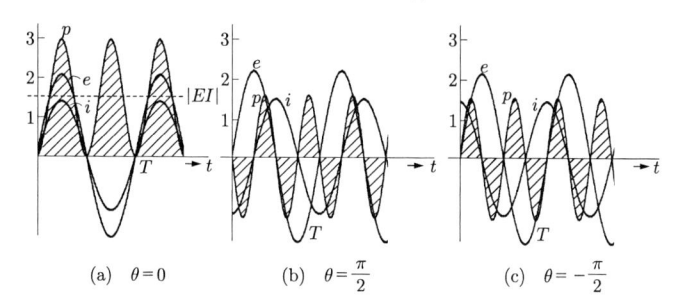

図 4.11 $e(t), i(t), p(t)$ の時間波形 ($\theta = \arg Z$ である)

(a) $\theta = 0$ (b) $\theta = \dfrac{\pi}{2}$ (c) $\theta = -\dfrac{\pi}{2}$

がって，平均の電力は第一項で与えられるので

$$P = \frac{1}{T}\int_0^T p(t)dt = |EI|\cos(\arg Z) \tag{4.45}$$

となる．これはインピーダンス Z やアドミタンス Y の定義から

$$\left.\begin{array}{l}|E||I|\cos(\arg Z) = |ZI||I|\cos(\arg Z) = |I|^2|Z|\cos(\arg Z) = |I|^2 R \\ |E||I|\cos(\arg Z) = |E||YE|\cos(\arg Y) = |E|^2|Y|\cos(\arg Y) = |E|^2 G\end{array}\right\} \tag{4.46}$$

と計算されるので

$$P = |I|^2 R = |E|^2 G \tag{4.47}$$

が得られる．ただし，式 (4.46) で R, G の定義式 (4.33), (4.38) や Z, Y の位相関係の式 (4.41) を用いた．

P は電源 E から負荷 (load)Z へ供給される瞬時電力 $p(t)$ の平均値で，単に**電力** (power)，あるいは**実効電力，有効電力，平均電力** (effective power, active power, average power) などと呼ばれる．単位はワット watt である．式 (4.47) は式 (1.25) の複素数化 (フェーザ版) である．P の取り得る値は非負の実数値であることに注意せよ．

4.2.2 皮相電力と力率

平均電力の式 (4.45) 右辺の係数

$$P_a = |EI| \tag{4.48}$$

は**皮相電力** (apparent power) と呼ばれ，単位はボルトアンペア (volt-ampere)，記号は VA を用いる．また $\cos(\arg Z)$ は，**力率**と呼び，$100\cos(\arg Z)\%$ で表す．当然

$$P = P_a \cos(\arg Z) \tag{4.49}$$

であるので，

$$\left.\begin{array}{l} P = P_a, \quad X = 0, \text{すなわち } \arg Z = 0 \text{ の時} \\ P = 0, \quad R = 0, \text{すなわち } \arg Z = \pm\pi/2 \text{ の時} \end{array}\right\} \tag{4.50}$$

となる．上式で後者の $R=0$ は L, C からなる1ポート，すなわちリアクタンス1ポートを意味するので，各素子はエネルギーを消費しないから，$P=0$ は当然の帰結である．

4.1節で述べたように，インピーダンス Z の抵抗

$$R = \mathrm{Re}[Z] = |Z|\cos(\arg Z) \tag{4.51}$$

およびアドミタンス Y のコンダクタンス

$$G = \mathrm{Re}[Y] = |Y|\cos(\arg Y) \tag{4.52}$$

はいずれも非負で，しかも

$$\arg Y = -\arg Z \tag{4.53}$$

より

$$\cos(\arg Z) \geq 0, \; \cos(\arg Y) \geq 0 \tag{4.54}$$

であるが，$-\pi < \arg Z \leq \pi$ で考えると

$$|\arg Z| \leq \frac{\pi}{2}, \; |\arg Y| \leq \frac{\pi}{2} \tag{4.55}$$

が成立する．

4.2.3 複素電力と無効電力

これまで電力 P,皮相電力 P_a,力率を定義したが,これらを統一的に扱うために,**複素電力** (complex power)

$$P_c = E\overline{I} \tag{4.56}$$

を導入する.すると,

$$E = |E|e^{j\arg E}, I = |I|e^{j\arg I} \tag{4.57}$$

から,

$$P_c = |EI|e^{j(\arg E - \arg I)} = |EI|e^{j\arg Z} = P_a e^{j\arg Z} \tag{4.58}$$

となるので,

$$P_c = |EI|\cos(\arg Z) + j|EI|\sin(\arg Z) = P + jP_r \tag{4.59}$$

となる.すなわち,**平均電力**は複素電力の実部 $P = \mathrm{Re}[P_c]$ であり,虚部 $P_r = \mathrm{Im}[P_c]$ を**無効電力** (reactive power) と定義する[†].単位はバール (volt-ampere-reactive),記号は var あるいは単にボルトアンペアを用いる.(ワットを用いない).$\sin(\arg Z)$ を**リアクタンス率**と呼ぶ.
$X = |Z|\sin(\arg Z)$, $B = |Y|\sin(\arg Y)$, $\arg Y = -\arg Z$ より

$$P_r = \sin(\arg Z)|EI| = \sin(\arg Z)|Z||I|^2 = X|I|^2$$
$$= -\sin(\arg Y)|EI| = -\sin(\arg Y)|Y||E|^2 = -B|E|^2$$

となる.すなわち

$$\left.\begin{array}{l} P_r > 0, \quad X > 0, \text{ 誘導性のとき} \\ P_r < 0, \quad X < 0, \text{ 容量性のとき} \end{array}\right\} \tag{4.60}$$

なお,P_c は便宜的量の複素数であって,図 4.12 に示すようにフェーザの一種である.しかし,P_c に対応する時間関数はない.なぜならば瞬時電力の時間関

[†] なお,複素電力を $P_c = \overline{E}I$ と定義する教科書がある.この場合複素電力の大きさである,皮相電力や実部の平均電力は不変であるが,虚部の無効電力の符号が逆に変わる.本教科書では式 (4.56) を採用する.

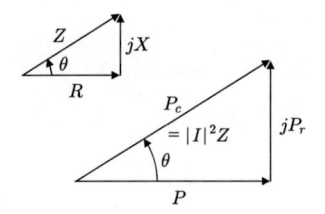

図 4.12 インピーダンス Z と複素電力の関係 $(\theta = \arg Z)$

数の角周波数は ω ではなく 2ω であるからである.

注意 本書では,時間関数に小文字 $a, a(t)$ を,そのフェーザに大文字 A を割り当てているが,電力に限っては例外扱いにして P, P_r, P_a, P_c 等を用いる.ただし,P_c だけが複素数であり,他は,単なる実数である.

演算 $\mathrm{Re}[\cdot], \mathrm{Im}[\cdot]$ の定義式 (3.28) より

$$\left.\begin{aligned} P &= \mathrm{Re}[P_c] = \frac{1}{2}(P_c + \overline{P}_c) \\ P_r &= \mathrm{Im}[P_c] = \frac{1}{2j}(P_c - \overline{P}_c) \\ P_a &= |E\overline{I}| = |P_c| = \sqrt{P^2 + P_r^2} \end{aligned}\right\} \quad (4.61)$$

であるが,インピーダンス $Z = R + jX$ やアドミタンス $Y = G + jB$ が与えられている場合,

$$\left.\begin{aligned} P_c &= E\overline{I} \\ &= Z|I|^2 = (R+jX)|I|^2 \\ &= \overline{Y}|E|^2 = (G-jB)|E|^2 \\ P_a &= |EI| \\ P_r &= X|I|^2 = -B|E|^2 \\ \arg P_c &= \arg Z = -\arg Y \\ \cos(\arg P_c) &= \cos(\arg Z) = \cos(\arg Y) \\ \sin(\arg P_c) &= \sin(\arg Z) = -\sin(\arg Y) \end{aligned}\right\} \quad (4.62)$$

の方が便利である.

例題 4.2 図 4.13(a) において LR 並列回路における電力と力率は R と各電圧の大きさ $|E|, |V_1|, |V_2|$ だけで

4.2 電力

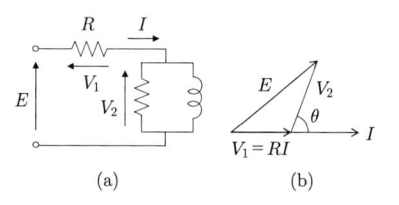

(a) (b)

図 4.13 例題 4.2 の回路

$$\left.\begin{aligned} P &= \frac{|E|^2 - |V_1|^2 - |V_2|^2}{2R} \\ \cos\arg Z &= \frac{|E|^2 - |V_1|^2 - |V_2|^2}{2|V_1||V_2|} \end{aligned}\right\} \quad (4.63)$$

と定まる.ただし,図 4.13 の $\theta = \arg Z$ であり,Z は LR 並列回路のインピーダンスである.

[解] LR 並列回路における電力 P は複素電力 P_c の実部

$$P = \frac{V_2\overline{I} + \overline{V_2}I}{2} = \frac{V_2\overline{V_1} + \overline{V_2}V_1}{2R}$$

であり,$E = V_1 + V_2$ から得られる関係式

$$|E|^2 = (V_1 + V_2)(\overline{V_1} + \overline{V_2}) = |V_1|^2 + |V_2|^2 + (V_1\overline{V_2} + \overline{V_1}V_2)$$

を代入すれば得られる.一方力率は LR 並列回路における皮相電力 $P_a = |V_2 I| = \dfrac{|V_1 V_2|}{R}$ と P の比 $\cos\arg Z = \dfrac{P}{P_a}$ から得られる.

例題 4.3 図 4.14 の電源に $2 - j2\,\Omega$ の負荷をつなぐと,負荷電流は $5\,A$ となり,また $3 + j5\,\Omega$ の負荷をつなぐと,負荷電流は同じく $5\,A$ で,位相が前の電流より $\pi/2$ だけ遅れるという.電源の開放電圧を求めよ.

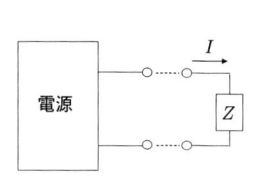

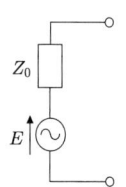

図 4.14 例題 4.3 の回路   図 4.15 例題 4.3 の電源回路

[解] 電源を図 4.15 のように,開放電圧源 E と内部抵抗 Z_0 を用いて表す.仮

定より得られる次の二つの方程式:

$$E = 5e^{j\theta}(Z_0 + 2 - 2j)$$
$$E = -5je^{j\theta}(Z_0 + 3 + 5j)$$

で Z_0 を消去すると $E = \dfrac{5e^{j\theta}(7-j)}{1+j}$ となるので電源の開放電圧 $|E| = 25$ を得る.

例題 4.4 容量性負荷 Y を含む図 4.16 の回路において,$i_R(t)$ のフェーザ I_R は電流源 $j(t) = 20\sqrt{2}\sin\omega t$ のフェーザ J より $\pi/6$ 遅れ,大きさは $|I_R| = 10(\sqrt{3}-1)$ であった.

(1) J, V, I_R, I_Y の関係を表すフェーザ図を描け.
(2) I_Y の時間関数 $i_Y(t)$ を求めよ.

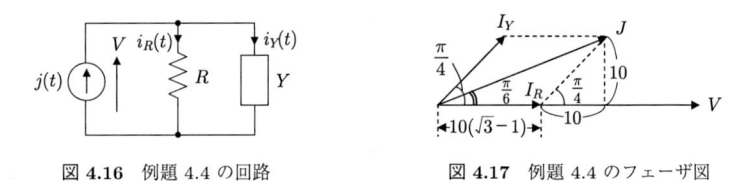

図 4.16 例題 4.4 の回路

図 4.17 例題 4.4 のフェーザ図

[解] (1) フェーザ図は図 4.17 の通り.
(2) $j(t) = 20\sqrt{2}\sin\omega t$, $i_R(t) = 10\sqrt{2}(\sqrt{3}-1)\sin(\omega t - \pi/6)$

$$\begin{aligned}
i_Y(t) &= j(t) - i_R(t) \\
&= 10\sqrt{2}\left\{2\sin\omega t - (\sqrt{3}-1)[\sin\omega t\cos\pi/6 - \cos\omega t\sin\pi/6]\right\} \\
&= 10\sqrt{2}\left\{2\sin\omega t - \frac{(\sqrt{3}-1)\sqrt{3}}{2}\sin\omega t + \frac{(\sqrt{3}-1)}{2}\cos\omega t\right\} \\
&= 10\sqrt{2}\left\{\frac{(1+\sqrt{3})}{2}\sin\omega t + \frac{(\sqrt{3}-1)}{2}\cos\omega t\right\} \\
&= 5\sqrt{2}\cdot 2\sqrt{2}\sin(\omega t + \theta) = 20\sin(\omega t + \theta).
\end{aligned}$$

ただし,$\theta = \tan^{-1}\dfrac{\sqrt{3}-1}{\sqrt{3}+1}$ であるが,図 4.17 のフェーザ図より $\theta = \dfrac{\pi}{4} - \dfrac{\pi}{6} = \dfrac{\pi}{12}$ が得られる.

例題 4.5 図 4.18 の回路において，100 V の電圧を加えたところ負荷インピーダンス Z に 1 A の電流 i が流れた．X を求めよ．

[解] 回路の入力インピーダンスは，

$$Z_{\mathrm{in}} = -jX + \frac{jX \cdot Z}{Z + jX} = \frac{-jX(Z + jX) + jZX}{Z + jX} = \frac{X^2}{Z + jX}.$$

一方，回路の入力電流は $I_0 = \dfrac{100 e^{j\theta}}{Z_{\mathrm{in}}}$．
$IZ = (I_0 - I)jX$ より

$$I = \frac{jX}{Z + jX} I_0 = \frac{jX}{Z + jX} \cdot \frac{Z + jX}{X^2} \cdot 100 = 100 \cdot \frac{j}{X}$$

より $|I| = \dfrac{100}{X} = 1$ より $X = 100$．

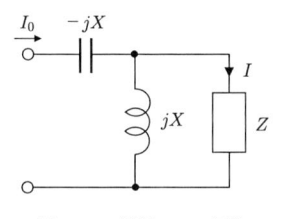

図 4.18 例題 4.5 の回路

例題 4.6 ある誘導性回路に $E = 100$ V の電圧を加えたときの皮相電力が 2,500 VA であった．回路の力率を 0.5 とすれば，電流，有効電力はいくらか．

[解] $P_a = 100|I| = 2,500$ より，$|I| = 25$ A，$\cos \arg Z = 0.5$，誘導性より $\arg Z = \dfrac{\pi}{3}$，$\arg V = 0$ の時，$\arg Z = -\arg I$ より $I = 25 \dfrac{1 - j\sqrt{3}}{2}$，$P = P_a \cos \arg Z = 2,500 \times 0.5 = 1,250$ W．

例題 4.7 力率 60%，1 kW の誘導性負荷に並列に容量を接続して全体の力率を 100% にしたい．容量のインピーダンスおよび容量の皮相電力を求めよ．ただし，電源は 100 V とする．

[解] 力率 60%，1 kW の誘導性負荷の複素電力 P_c は，$P_c = 1000 + j\left(1000 \times \dfrac{4}{3}\right) = 1000 + j\dfrac{4000}{3}$ である．全体の力率が 100% になるためには，容量の複素電力が $-j\dfrac{4000}{3}$ となればよい．よって容量の皮相電力は $\dfrac{4000}{3}$ VA．

また容量のインピーダンスを $-jX$ とすると,$\dfrac{1}{X}|E|^2 = \dfrac{4000}{3}$ より $X = 15/2$ となる.よって,容量のインピーダンスは $-(15/2)j\,\Omega$.

■■　　　　　　　　　　演習問題　　　　　　　　　■■

4.1 図 4.A の負荷に $10\sin 2t\,V$ の電圧源を加えた時の負荷での全消費電力および負荷の力率を求めよ.

4.2 図 4.B の回路で,$E, V_1, V_2, I_1, I_2, I_3$ の間の関係を表すフェーザ図を描け.ただし,Z_3 は力率 0.5 の誘導性インピーダンスとする.また,$|V_1| = |V_2|, |I_2| = |I_3|$ である時,上記のフェーザ図を利用して E と I_1 との位相差を求めよ.

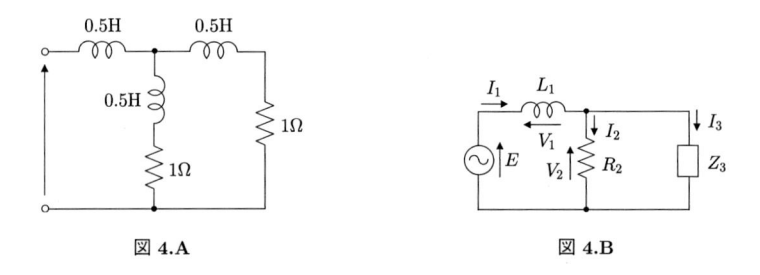

図 4.A

図 4.B

4.3 図 4.C の回路において,電流 I, I_0, I_1, I_2, I_3 の間の関係をフェーザ図を用いて表せ.

4.4 図 4.D の回路の $1, 1'$ 間に $0\,\Omega, 0.5\,\Omega, 1\,\Omega$ の負荷抵抗をつないだとき,この抵抗に,それぞれ,$10A, 5/\sqrt{2}A, 2A$ の電流が流れるとする.$1, 1'$ 間に $1 + 2j\,\Omega$ の誘導性負荷をつないだときの負荷に流れる負荷電流を求めよ.さらにこの回路全体の消費電力,皮相電力,無効電力,力率を求めよ.

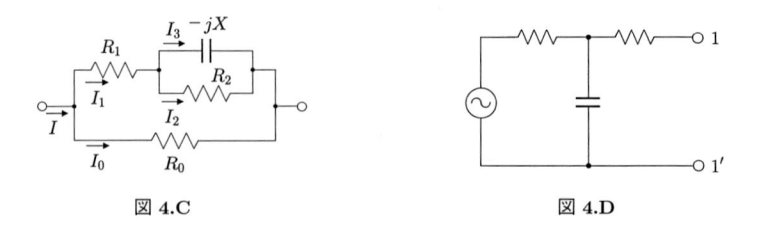

図 4.C

図 4.D

4.5 図 4.E の回路で,(1) $V_1, V_2, I_1, I_2, V_L, I$ の関係を示すフェーザ図を描け.
(2) $i(t) = 2\sqrt{2}\sin\omega t, |I_1| = (\sqrt{3}-1), |I_2| = \sqrt{2}$ とする.I_1, I_2 の時間関数 $i_1(t), i_2(t)$ を求めよ.

4.6 図 4.F の図 (a) の回路と図 (b) の回路が等価であるとする．L_1, L_2, C を定めよ．

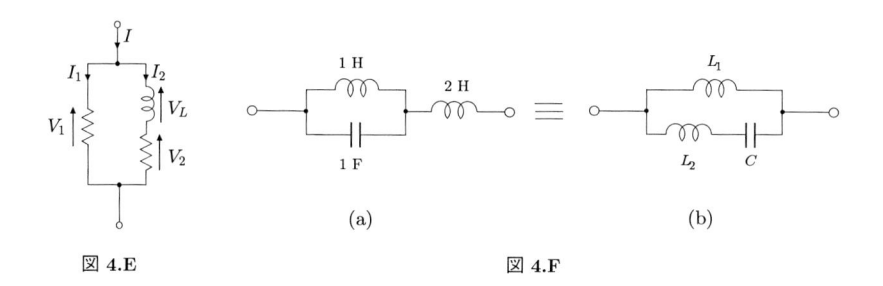

図 4.E

図 4.F

5. 直並列回路と共振回路

直列回路および並列回路の計算を繰り返せばインピーダンスが得られるような2ポートを**直並列回路**と呼ぶ．この種類の回路が実際に使われる．本章では，応用上重要な**フィルタ**の原型である**共振回路**とその各種の用語について学ぶ．特にこれらの回路の電圧フェーザや電流フェーザのフェーザ図を理解することにしよう．

5.1 直並列回路

図 5.1 のような二端子網のインピーダンスは，インピーダンスの直列接続やアドミタンスの並列接続を繰り返すことにより求められる，**直並列回路** (series-parallel circuit) である．図 5.2～5.4 の回路は，特に**はしご形回路** (ladder type circuit) と呼ばれる．すなわち図 5.2 の回路のインピーダンスは

$$Z = Z_1 + \cfrac{1}{Y_2 + \cfrac{1}{Z_3 + \cfrac{1}{Y_4 + \cdots}}} \tag{5.1}$$

と書けるが，あるいは**連分数**の表記法によれば，

$$Z = Z_1 + \frac{1}{Y_2 +}\frac{1}{Z_3 +\cdots+}\frac{1}{Y_{n-1} +}\frac{1}{Z_n} \tag{5.2}$$

と記す．

5.1.1 R–L 直列回路

図 5.5(a),(b) のインピーダンスは

$$Z_L = R + jX_L, \quad X_L = \omega L \tag{5.3}$$

5.1 直並列回路

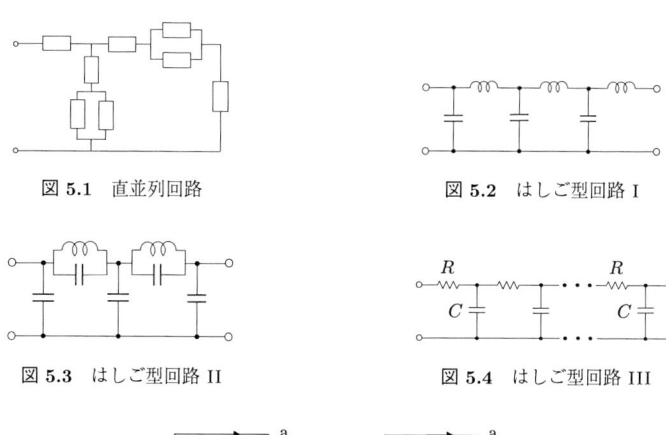

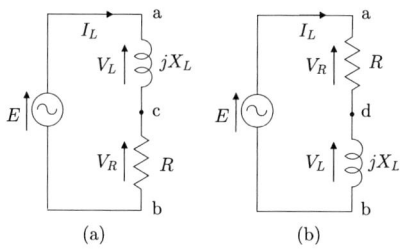

図 5.1 直並列回路

図 5.2 はしご型回路 I

図 5.3 はしご型回路 II

図 5.4 はしご型回路 III

図 5.5 R–L 直列回路

であるので,

$$|Z_L| = \sqrt{R^2 + X_L^2}, \tag{5.4}$$

$$\arg Z_L = \tan^{-1}\frac{X_L}{R} = \tan^{-1}\frac{\omega L}{R} \tag{5.5}$$

と求められる.図において

$$E = V_R + V_L = Z_L I_L$$

$$V_R = R I_L,\ V_L = j X_L I_L$$

である.I_L を基準にしたフェーザ図を描くと図 5.6(a),(b) が得られる.E は I_L に比べ,$\arg Z_L$ だけ進んでいる.図には a, b, c, d 点の電位 V^a, V^b, V^c, V^d も併記している.$V^b = 0$ とすると $V^c = V_R, V^d = V_L$ であるが,V^c, V^d を問題にしない限り,図 (a),(b) を区別する必要はない.図 5.5(a),(b) の負荷回路を並列接続すれば図 5.7 の負荷回路が得られる.(a),(b) を合わせれば,E を基

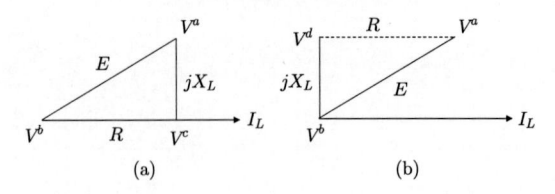

図 5.6　図 5.5(a),(b) の I_L を基準としたフェーザ図

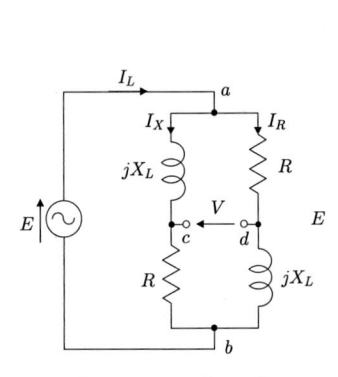

図 5.7　$|V|$ 一定の回路

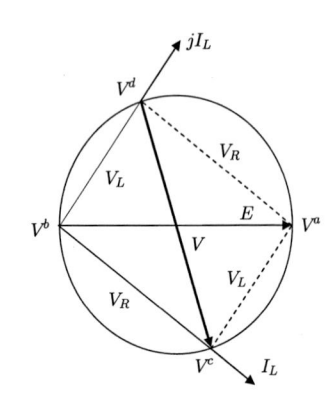

図 5.8　E を基準としたフェーザ図

準とした，図 5.8 のフェーザ図が得られる．V^c, V^d は E を直径とする円周上反対の位置にある．フェーザ図から直ちに $|V|=|E|$ がいえる．

実際，$I_X = I_R = I_L/2$ より $E = (R+jX_L)I_X$, $V = RI_X - jX_LI_R = (R-jX_L)I_R$ から $V/E = (R-jX_L)/(R+jX_L)$ より，$|V|=|E|$ である．(複素数 z に対する恒等式 $|z/\bar{z}|=1$ を用いた．) 一方，$\arg(V/E) = -2\tan^{-1}(X_L/R)$ であるので，V は位相が $R, X_L = \omega L$ の値により変化し，その大きさは一定である．このような回路は**移相回路**という．たとえば，$\arg(V/E) = -\pi/3$ のとき比 $X_L/R = 1/\sqrt{3}$ が得られる．

5.1.2　R–C 直列回路

図 5.9 の R–C 直列回路では

$$Z_C = R - jX_C, X_C = \frac{1}{\omega C} \tag{5.6}$$

$$|Z_C| = \sqrt{R^2 + X_C^2}, \arg Z_C = -\tan^{-1}\frac{X_C}{R} = -\tan^{-1}\frac{1}{\omega CR} \tag{5.7}$$

5.1 直並列回路   77

図 5.9 R–C 直列回路による移相回路

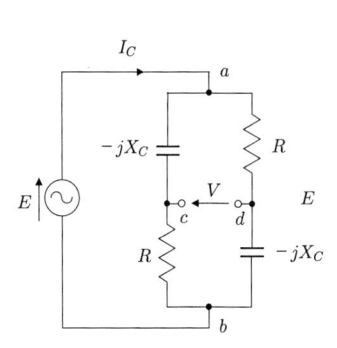

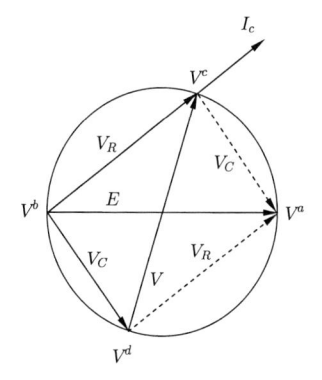

図 5.10 図 5.9 の回路のフェーザ図

となる．図 5.7 の L を C (X_L を $-X_C$) に置き換えると図 5.9 の R–C 直列回路による移相回路が実現できる．実際，$(V_C/E) = (R + jX_C)/(R - jX_C)$, $\arg(V_C/E) = 2\tan^{-1}(X_C/R)$ となる．この場合，図 5.10 のフェーザ図が得られる．I_C は E に比べ $\arg Z_C$ だけ遅れている ($-\arg Z_C$ だけ進んでいる) ことがわかる．

5.1.3 R–L 並列回路

図 5.11(a) の R–L 並列回路では

$$Y_L = \frac{1}{R} + \frac{1}{j\omega L} \tag{5.8}$$

$$|Y_L| = \sqrt{R^{-2} + (\omega L)^{-2}},\ \arg Y_L = -\tan^{-1}\frac{R}{\omega L} \tag{5.9}$$

となり，

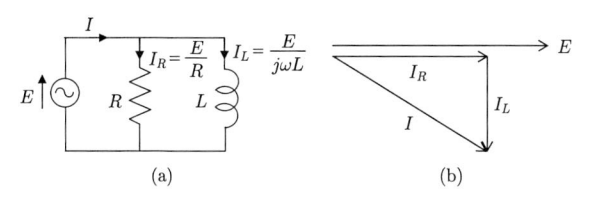

図 5.11 (a) R–L 並列回路と (b) フェーザ図

$$I = I_R + I_L = Y_L E \tag{5.10}$$
$$I_R = \frac{E}{R}, \ I_L = \frac{E}{j\omega L}$$

となるので，I は E に比べ $\arg Y_L$ だけ進んでいる ($-\arg Y_L$ だけ遅れている).

5.1.4 R–C 並列回路

図 5.12(a) の回路では

$$Y_C = \frac{1}{R} + j\omega C \tag{5.11}$$
$$|Y_C| = \sqrt{R^{-2} + (\omega C)^2}, \arg Y_C = \tan^{-1} \omega C R \tag{5.12}$$

となり，

$$I = I_R + I_C = Y_C E \tag{5.13}$$
$$I_R = \frac{E}{R}, \ I_C = j\omega C E$$

となるので，I は E に比べ $\arg Y_C$ だけ進んでいる．

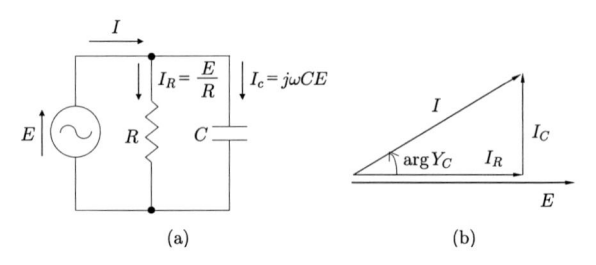

図 5.12 (a) R–C 並列回路と (b) フェーザ図

例題 5.1 図 5.13(a) の回路において，電圧 E, V，電流 I_1, I_2 の関係を電圧 E を基準として，フェーザ図により表せ．また，$\arg(R + jX) = \pi/6$ であるとき，$|E|$ と $|V|$ との比を求めよ．

[解] フェーザ図は図 (b) の通り．$\arg(R + jX) = \pi/6$ のとき，$|E| : |V| = 2 : 1$.

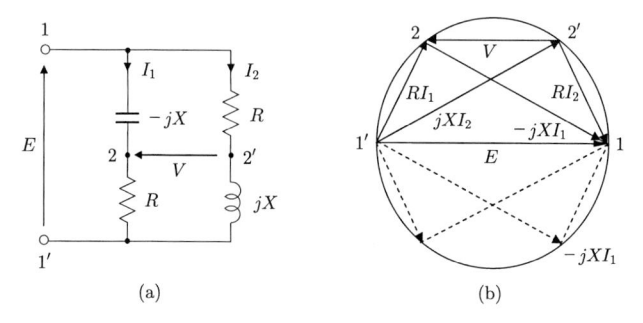

図 5.13 (a) 例 5.1 の回路と (b) フェーザ図

5.2 共振回路

5.2.1 直列共振

図 5.14 のインピーダンス Z_s は

$$Z_s(\omega) = R + j\left(\omega L - \frac{1}{\omega C}\right), |Z_s(\omega)| = \sqrt{R^2 + \left(\omega L - \frac{1}{\omega C}\right)^2} \quad (5.14)$$

となるので，$|Z_s(\omega)|$ は共振角周波数

$$\omega = \omega_0 = 1/\sqrt{LC} \quad (5.15)$$

で極小値

$$|Z_s(\omega_0)| = |Z_s|_{\min} = R \quad (5.16)$$

をとる．ゆえに，$E(\omega)$ が振幅一定，角周波数 ω 可変の正弦波電圧源の場合，

$$|I(\omega)| = \frac{|E(\omega)|}{|Z_s(\omega)|} \quad (5.17)$$

より，$|I(\omega)|$ は図 5.15 のように，$\omega = \omega_0$ で最大となる．このとき，図 5.14 の V_C は

$$|V_C| = \frac{|I|}{\omega_0 C} = \omega_0 L|I| = \omega_0 L\frac{|E|}{R} = |V_L| = |E|Q_L \quad (5.18)$$

ただし，Q_L はリアクタンスと抵抗の比

図 5.14 直列共振回路   図 5.15 同調曲線

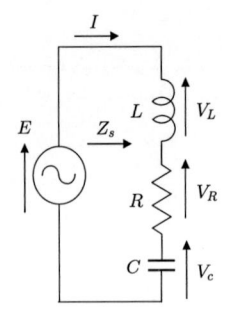

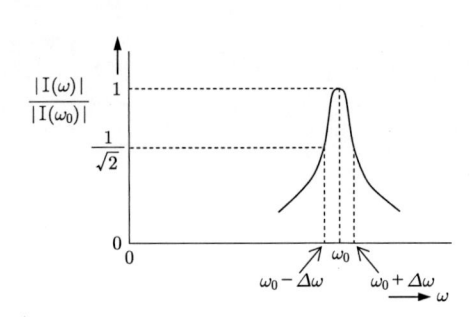

$$Q_L = \frac{\omega_0 L}{R} \tag{5.19}$$

とおいた．すなわち，Q_L は**電圧上昇比**を表す．

次に，$Z_s(\omega)$ を評価しよう．式 (5.14) の R に式 (5.19) を代入すると，

$$Z_s(\omega) = \frac{\omega_0 L}{Q_L} + j\left(\frac{\omega}{\omega_0}\omega_0 L - \frac{\omega_0}{\omega}\cdot\frac{1}{\omega_0 C}\right) = \frac{\omega_0 L}{Q_L} + j\omega_0 L\left(\frac{\omega}{\omega_0} - \frac{\omega_0}{\omega}\right) \tag{5.20}$$

となる．以下複号同順として

$$\omega = \omega_0 \pm \delta\omega,\ 0 < \delta\omega \ll \omega_0 \tag{5.21}$$

を考えると，上式中の括弧の中の各成分は

$$\frac{\omega}{\omega_0} = 1 \pm \frac{\delta\omega}{\omega_0},\ \frac{\omega_0}{\omega} = \frac{1}{\dfrac{\omega_0 \pm \delta\omega}{\omega_0}} = \frac{1}{1 \pm \dfrac{\delta\omega}{\omega_0}} = 1 \mp \frac{\delta\omega}{\omega_0} \tag{5.22}$$

となる．ただし，上式の第二式では，$f(x) = \dfrac{1}{1+x}$ に対する $x \ll 1$ のときの $x = 0$ の周りでの $f(x)$ の**テイラー展開**:

$$f(x) \simeq f(0) + f'(0)x + |x|^2 \text{の微小量} \simeq 1 - x \tag{5.23}$$

を用いた[†]．結局

[†] テイラー展開は解析の際の強力な武器となる．x の一次の項，すなわち一階の微係数だけで十分事足りる場合が多いので習得して欲しい．

が得られる．いま $\delta\omega$ を

$$\frac{1}{Q_L} = \frac{2\delta\omega}{\omega_0}, \quad Q_L = \frac{\omega_0}{2\delta\omega} \tag{5.25}$$

を満たすように定義すれば

$$Z_s(\omega) = \omega_0 L \left(\frac{1}{Q_L} \pm j\frac{2\delta\omega}{\omega_0} \right) \tag{5.24}$$

$$\frac{|Z_s(\omega_0)|}{|Z_s(\omega)|} = \frac{1}{|1 \pm j|} = \frac{1}{\sqrt{2}} \tag{5.26}$$

となる．$E(\omega)$ 一定で ω 可変にすると，電流の最大値に対する周波数特性，同調曲線は図 5.15 のようになる．なお，R が一般にコイルと容量両方の損失を表す場合

$$Q = \frac{\omega_0 L}{R} = \frac{1}{R}\sqrt{\frac{L}{C}} \tag{5.27}$$

を共振回路の Q という．

5.2.2 並列共振

図 5.16 の並列共振回路を考えよう．図のインピーダンスは

$$Z_p(\omega) = \frac{1}{G + j\omega C + \dfrac{1}{j\omega L}} = \frac{L}{C} \cdot \frac{1}{\dfrac{GL}{C} + j\omega L + \dfrac{1}{j\omega C}} \tag{5.28}$$

であるから，もし，

$$\frac{GL}{C} = R \tag{5.29}$$

ならば，

$$Z_p(\omega) = \frac{L}{C} \cdot \frac{1}{Z_s(\omega)} \tag{5.30}$$

となり，$Z_p(\omega)$ と $Z_s(\omega)$ と逆数関係にある．$\omega = \omega_0$ で $|Z_p(\omega)|$ は最大となり，

$$|Z_p(\omega_0)| = \frac{1}{G} \tag{5.31}$$

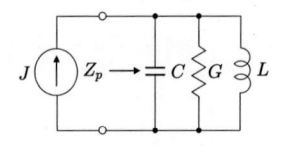

図 5.16 並列共振回路

が得られる．なお，図 5.16 の G は C の損失分を代表していると考え，C のよさ

$$Q_C = \frac{\omega_0 C}{G} \tag{5.32}$$

を考えることができる．通常 $Q_L \ll Q_C$ とされている．

5.3 ブリッジと定抵抗回路

5.3.1 ブリッジ

例題 5.2 図 5.17 で bc 間の電圧 $V_{bc} = 0$ となる条件を求めよ．

[解] 図のように端子電圧を決めれば，$V_{bc} = V_3 - V_4$ である．
式 (1.42) より $V_3 = \dfrac{Z_3}{Z_1 + Z_3} E, V_4 = \dfrac{Z_4}{Z_2 + Z_4} E$ となるので

$$Z_1 Z_4 = Z_2 Z_3 \tag{5.33}$$

が得られる．$V_{bc} = 0$ ならば，b,c 間に任意の抵抗を接続してもそれには電流は流れない．図 5.17 の回路は $Z_i = R_i$ (抵抗) のとき**ホイートストンブリッジ**

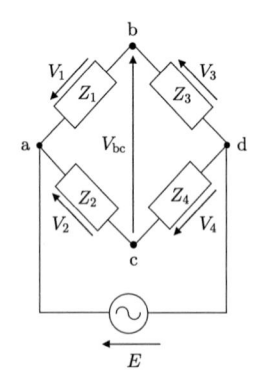

図 5.17 例題 5.2 のブリッジ回路

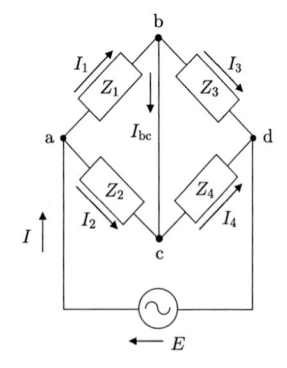

図 5.18 例題 5.3 のブリッジ回路

(Wheatstone bridge) と呼ばれる．B,C 間に検流計を接続して未知の抵抗 (たとえば Z_4 とする) を $Z_4 = \dfrac{Z_2 Z_3}{Z_1}$ として決定できる．

例題 5.3 図 5.18 で bc 間に流れる電流 $I_{bc} = 0$ となる条件を求めよ．

[解] 図のように電流を決めれば，$I_{bc} = I_1 - I_3$ である．
式 (1.47) より $I_1 = \dfrac{Z_2}{Z_1 + Z_2} I$, $I_3 = \dfrac{Z_4}{Z_3 + Z_4} I$ となるので式 (5.33) が得られる．いずれにしろ，ブリッジの**平衡条件**の式 (5.33) を記憶しておくと便利がよい．

図 5.19 の形の回路はブリッジといわれ，I_5 を求めようとすると，直並列回路の知識だけでは不十分であるので，10 章で取り上げる．しかし，$I_5 = 0$ あるいは $V_5 = 0$ となる平衡条件は Z_5 に関係なく，例題 5.2，5.3 と同じ計算で

$$Z_1 Z_4 = Z_2 Z_3 \qquad (5.34)$$

と求められる．ただし，上式 (5.34) は複素数値であるので，二つの独立した式からなる．このことを具体例を通して確認しよう．図 5.20 のウイーンブリッジ (Wien bridge) では，Z_5 の位置に平衡をみるための器具 (例えば**検流器**)R が置かれている．

$$\left. \begin{array}{l} Z_1 = R_1, \quad Z_2 = R_2 \\ Z_3 = R_3 + \dfrac{1}{j\omega C_3}, \quad Z_4 = \dfrac{1}{R_4^{-1} + j\omega C_4} \end{array} \right\} \qquad (5.35)$$

とおくと平衡条件は

$$\left(R_3 + \dfrac{1}{j\omega C_3} \right) \left(\dfrac{1}{R_4} + j\omega C_4 \right) = \dfrac{R_1}{R_2} \qquad (5.36)$$

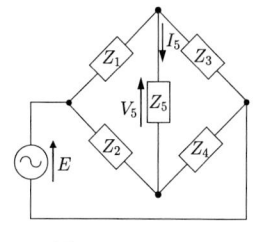

図 5.19 ブリッジ

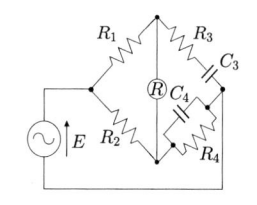

図 5.20 ウイーンブリッジ

となるので，

$$\frac{R_3}{R_4} + \frac{C_4}{C_3} + j\left(\omega R_3 C_4 - \frac{1}{\omega R_4 C_3}\right) = \frac{R_1}{R_2} \tag{5.37}$$

両辺の実部，虚部をそれぞれ等しくおくと

$$\frac{R_3}{R_4} + \frac{C_4}{C_3} = \frac{R_1}{R_2}, \quad \omega R_3 C_4 - \frac{1}{\omega R_4 C_3} = 0 \tag{5.38}$$

が得られる．特に

$$R_1 = 2R_2, \quad R_3 = R_4, \quad C_3 = C_4 \tag{5.39}$$

のとき

$$\omega = \frac{1}{R_3 C_3} \tag{5.40}$$

で平衡条件が成立する．

5.3.2 逆回路と定抵抗回路

a. 逆回路

二つの回路のインピーダンス Z_1, Z_2 の間に角周波数 ω と無関係に

$$Z_1 Z_2 = R_0^2, \quad Z_2 = \frac{R_0^2}{Z_1} \tag{5.41}$$

が成立するとき，二つの回路は $R_0 > 0$ に関して互いに**逆回路** (inverse) であるという．したがって，逆回路のインピーダンス Z_2 は ω に関係なく元の回路のアドミタンス Z_1^{-1} に比例する．図 5.21 の (a) の直列共振回路と (b) の並列共振回路はその典型例である．図 5.22 は直並列回路の逆回路である．図 5.23 は図 5.22 のリアクタンス $X(\omega)$ の ω 依存性を図示している．$X(\omega) = 0$, $X(\omega) = \infty$ を満たす ω はそれぞれ $X(\omega)$ の**零点**，**極**と呼ばれる．図から零点と極は交互に現れ，互いに分離していることがわかる．

5.3 ブリッジと定抵抗回路

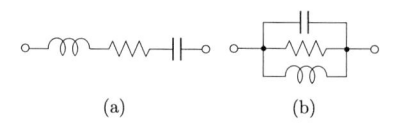

(a)   (b)

図 5.21 逆回路の例 I

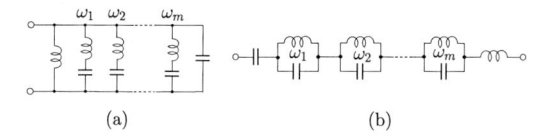

(a)   (b)

図 5.22 逆回路の例 II

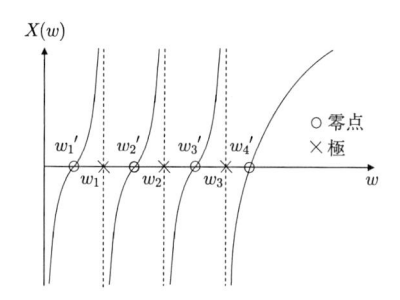

図 5.23 リアクタンスの周波数特性

b. 定抵抗回路

逆回路を用いるとLやCを含みながらωに無関係な二端子網が得られる．これを**定抵抗回路**という．

図 5.24(a) のブリッジ回路の出力ポート $2, 2'$ を開放した場合，入力ポート $1, 1'$ からみた入力アドミタンス y_{in} は

$$y_{\text{in}} = \frac{1}{R + j\omega L} + \frac{1}{R + \frac{1}{j\omega C}} = \frac{\frac{1}{R}}{1 + j\omega \frac{L}{R}} + \frac{j\omega C}{1 + j\omega CR} \tag{5.42}$$

となり，関係式

$$\frac{L}{R} = CR, \text{ すなわち } \frac{L}{C} = R^2 \tag{5.43}$$

が成立すれば

$$y_{\text{in}} = \frac{\frac{1}{R} \cdot (1 + j\omega CR)}{1 + j\omega CR} = \frac{1}{R} \tag{5.44}$$

が得られる．一方，図 5.24(b) のブリッジ回路の出力ポート $2, 2'$ を短絡した場合，入力ポート $1, 1'$ からみた入力インピーダンス z'_{in} は

$$z'_{\text{in}} = \frac{1}{R^{-1} + j\omega C} + \frac{1}{R^{-1} + \frac{1}{j\omega L}} = \frac{R}{1 + j\omega CR} + \frac{j\omega L}{1 + j\omega \frac{L}{R}} \quad (5.45)$$

となり，関係式 (5.43) が成立すれば

$$z'_{\text{in}} = \frac{R \cdot \left(1 + j\omega \frac{L}{R}\right)}{1 + j\omega CR} = R \quad (5.46)$$

が得られる．図 5.24 の回路の入力インピーダンス z_{in} はどれも R に等しい．図 5.25 の (a) の回路と (b) のそれとは逆回路の関係にある．

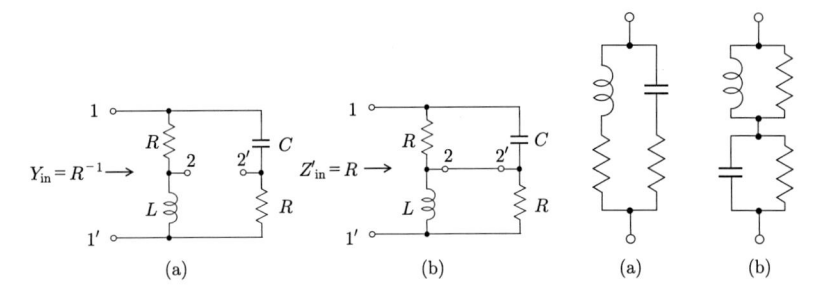

図 5.24 ブリッジ回路による定抵抗回路

図 5.25 簡単な定抵抗回路

演習問題

5.1 図 5.A の回路における電圧 V, V'，電流 I の間の関係を計算式によらずフェーザ図によって表せ．ただし，r, R は正数とする．

5.2 図 5.B の電流 $I, J, I_{R_1}, I_{R_2}, I_{L_1}, I_{L_2}$ の間の関係を表すフェーザ図を描け (J を基準とせよ)．また，図から $|I|$ が最大となる R_1, R_2, L_1, L_2 に対する条件および

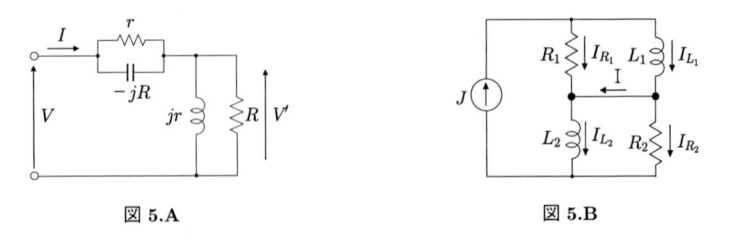

図 5.A

図 5.B

$|I|$ の最大値を求めよ (図から求めよ). ただし, 角周波数は ω とする.

5.3 図 5.C の回路において, Z はインピーダンス, r は抵抗である. V は E に比べ大きさが 1/5 で位相は $\pi/3$ 遅れであるとする. Z を求めよ.

5.4 図 5.D の回路において, インピーダンス Z_1, Z_2 は $Z_1 Z_2 = 1$ を満たす. また, I_2 は J に比べ大きさが 1/4 で位相は $\pi/4$ 遅れであるとする. Z_2 を求めよ.

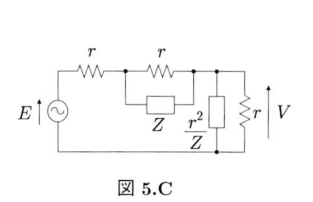

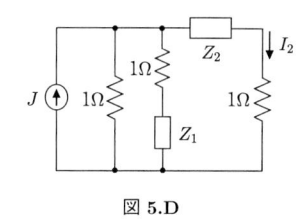

図 5.C

図 5.D

6. 2ポートとその基本的表現法

　本章では1ポートから2ポートへと拡張する．それに伴い，端子電圧，端子電流は2個ずつとなるので複素数値のベクトルになる．スカラーのインピーダンスは2ポートを特徴付ける2×2のインピーダンス行列へと拡張される．端子電圧ベクトル，端子電流ベクトルを関係つける他の2×2の行列も導入される．それぞれの求め方を学ぶことにより，回路理論は複素係数の線形代数の範疇であることを知る．なお，この章で**端子対の取り方**の約束を学ぶ．

6.1　2ポート

　前章の直並列回路で登場したように，複数個の素子を含む回路では図6.1のように端子対を2個にした**2ポート (二端子対網)** で考えると都合がよい．図6.1の枠で示した部分は**暗箱** (black box) といわれ，電気回路だけではなく，一般にある**系** (system) について外部との関わりを表現する場合に用いられる．

　一方の対$1,1'$を**入力端子対** (input terminals)，他方のそれ$2,2'$を**出力端子対** (output terminals) といい，それぞれ電源側，負荷側に用いられる．端子対が2個になると，端子対に応じてそれぞれ電圧フェーザV_1, V_2，電流フェーザI_1, I_2が定義される．なお，各フェーザの矢印の向きに注意されたい．すなわち，端子対$2,2'$を暗箱の部分に入れ，端子対$1,1'$だけにすると，図6.2となり，これは図1.1の1ポートと同じである．また，端子対$2,2'$の電圧，電流の矢印の向きも端子対$1,1'$のそれらと**対称性**を有している．なお，これまでの議論では正確な定義を与えずに**端子対**という術語を用いてきたが，ここで明確にしたい．図6.3のように2ポートは外部回路と接続されるときは，2ポートとして動作するように端子1と2から入った電流はそれぞれそのまま端子$1'$と$2'$に出る形でないといけない．すなわち，端子対の定義を

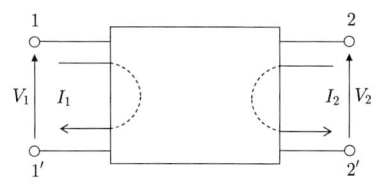

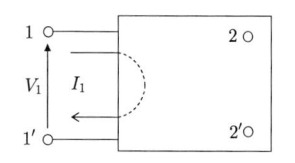

図 6.1 2 ポートにおける電圧，電流

図 6.2 1 ポート

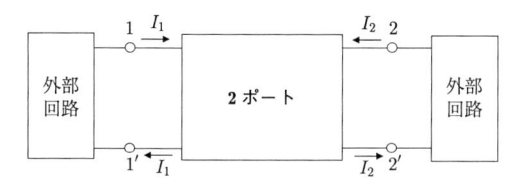

図 6.3 2 ポートと外部回路との接続

端子対は入力端子 $1, 2$ に入る電流と出力端子 $1', 2'$ から出る電流が等しくなるように入出力端子が取れるとき，およびそのときに限る． (6.1)

とする．

6.2 変成器

2 ポートの典型例として，二つのコイルがある場合に生じる相互インダクタンスを含む回路を学ぶ．さらに，その 2 ポートの素子としての変成器の性質・役割を紹介する．

6.2.1 相互インダクタンス

図 6.4 のように空間に 2 個のコイルがあれば，相互の間に電磁的な結合すなわち**相互誘導**がある．これを積極的に利用するために，複数個のコイルを組み合わせたものを**変成器**あるいは**変圧器** (トランス) という．

a. 変成器

図 6.4 の L_1 や L_2 はコイル 1 やコイル 2 が単独に存在する場合のインダクタンスであるので，それぞれコイル 1, 2 の**自己インダクタンス** (self inductance) と呼ばれる．一方，i_1 (または i_2) による磁束がコイル 2(またはコイル 1) と鎖交することによりコイル 2(またはコイル 1) に生じる電圧の寄与分の係数，M は**相互インダクタンス** (mutual inductance) と呼ばれる．このとき，端子電圧，

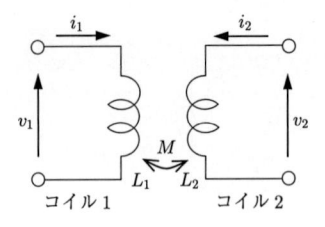

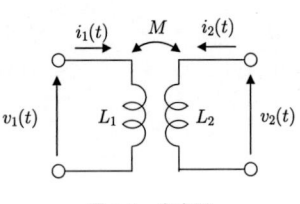

図 6.4 2個の間のコイルの相互誘導　　　図 6.5 変成器

電流の間に次の関係式

$$\left.\begin{array}{rcl} v_1(t) &=& L_1 \dfrac{di_1(t)}{dt} + M \dfrac{di_2(t)}{dt} \\ v_2(t) &=& M \dfrac{di_1(t)}{dt} + L_2 \dfrac{di_2(t)}{dt} \end{array}\right\} \quad (6.2)$$

が成立する[†]．これは，**変成器** (transformer) と呼ばれる素子であり，図 6.5 の記号で表現する．なお，コイル 1, 2 の**鎖交磁束**を ϕ_1, ϕ_2 とすると

$$\left.\begin{array}{ll} \phi_1(t) = L_1 i_1(t) + M i_2(t), & v_1(t) = \dfrac{d\phi_1(t)}{dt} \\ \phi_2(t) = M i_1(t) + L_2 i_2(t), & v_2(t) = \dfrac{d\phi_2(t)}{dt} \end{array}\right\} \quad (6.3)$$

が成立する．1章から5章で考えた，1ポート (2端子素子) とは異なり，式 (6.2), (6.3) から明らかなように変成器の物理量は4個であり，2ポート (4端子回路素子または2端子対素子) の例である．

1.4節で学んだインダクタンスの電力や電磁エネルギーにならい，変成器に対しては1次側，2次側の電力を

$$p_1(t) = v_1(t) i_1(t), \, p_2(t) = v_2(t) i_2(t) \quad (6.4)$$

とすれば変成器に入る電力は

$$p_M(t) = p_1(t) + p_2(t) \quad (6.5)$$

であり，式 (6.2) を用いれば

[†] 式 (6.2) は7章で与える "重ね合わせの理" の原点である．

$$p_M(t) = v_1(t)i_1(t) + v_2(t)i_2(t) = L_1 \frac{di_1(t)}{dt} i_1(t)$$
$$+ M\left[\frac{di_2(t)}{dt}i_1(t) + \frac{di_1(t)}{dt}i_2(t)\right] + L_2 \frac{di_2(t)}{dt}i_2(t)$$
$$= \frac{d}{dt}\left[\frac{1}{2}(L_1 i_1^2(t) + 2M i_1(t)i_2(t) + L_2 i_2^2(t))\right] \quad (6.6)$$

となるので，
$$W_M(t) = \int_{-\infty}^{t} p_M(t)dt \quad (6.7)$$
を求めると
$$W_M(t) = \frac{1}{2}(L_1 i_1^2(t) + 2M i_1(t)i_2(t) + L_2 i_2^2(t)) \quad (6.8)$$

は変成器に蓄えられる電磁エネルギーで，変成器はリアクタンス素子であるので負になることはない．$W_M(t)$ が $i_1(t), i_2(t)$ の値に無関係に非負となる条件を求めておく．式 (6.8) は初等線形代数でしばしば登場する **2 次形式**

$$W_M(t) = \frac{1}{2}(i_1(t), i_2(t))\begin{pmatrix} L_1 & M \\ M & L_2 \end{pmatrix}\begin{pmatrix} i_1(t) \\ i_2(t) \end{pmatrix} \quad (6.9)$$

に書き換えられる．式 (6.9) の**非負値条件**は係数行列の**固有値**が非負であることと等価である．係数行列の特性方程式

$$\left|\lambda\begin{pmatrix} 1 & 0 \\ 0 & 1 \end{pmatrix} - \begin{pmatrix} L_1 & M \\ M & L_2 \end{pmatrix}\right| = \lambda^2 - (L_1 + L_2)\lambda + L_1 L_2 - M^2 \quad (6.10)$$

において自己インダクタンス L_1, L_2 の非負性
$$L_1 > 0, \ L_2 > 0 \quad (6.11)$$
を用いると
$$L_1 L_2 \geq M^2 \quad (6.12)$$

が得られる．ここで注意すべきは，M の符号は定まらないことである．何故ならば，式 (6.2) で $v_2(t) \to -v_2(t), i_2(t) \to -i_2(t)$ とすれば (コイル 2 を反転させることに対応)

$$\left.\begin{array}{rcl} v_1(t) &=& L_1 \dfrac{di_1(t)}{dt} - M \dfrac{di_2(t)}{dt} \\ v_2(t) &=& -M \dfrac{di_1(t)}{dt} + L_2 \dfrac{di_2(t)}{dt} \end{array}\right\} \quad (6.13)$$

が成立する．コイル2を反転させた結果，$M \to -M$ となること，および自己インダクタンス L_1, L_2 の符号は不変であり，$W_M(t)$ 中の $2Mi_1(t)i_2(t)$ も不変であることが判る．したがって，相互インダクタンスを符号まで含めて定義するには二つのコイルの極性(向き)を●印で指定しなければならない．図6.6(a) では一つの磁心に二つのコイルが巻いてある．コイル1を通る磁束を考えると，$i_1 > 0$ によるものと，$i_2 > 0$ によるものとの向きが同じであるので，$M > 0$ である．(b) ではコイル2を反転させている．●印は本来 M の符号と無関係であるが，図6.7(a),(b) は，コイル2を反転させたこと ($M \to -M$ となること) がひと目で判るので便利である．通常，コイルが2個の場合，図6.7のように $M > 0$ となるように●印を付ける．

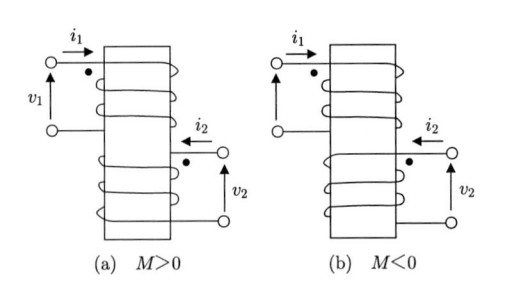

図 6.6 一つの磁心に巻かれている二つのコイル

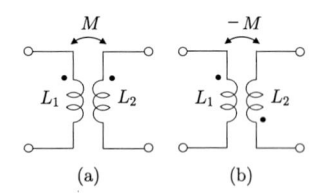

図 6.7 相互誘導コイル

6.2.2 密結合変成器

式 (6.12) より $M^2 \le L_1 L_2$ であるので，

$$M = k\sqrt{L_1 L_2} \quad (6.14)$$

と置くと $|k|$ は**結合係数** (coupling coefficient) といわれ

$$|k| \le 1 \quad (6.15)$$

である．$|k| = 1$ のとき，すなわち

$$L_1 L_2 = M^2, \text{すなわち } \frac{M}{L_1} = \frac{L_2}{M} \tag{6.16}$$

ならば式 (6.2) より

$$\begin{aligned} v_2(t) &= M\frac{di_1(t)}{dt} + L_2\frac{di_2(t)}{dt} \\ &= \frac{M}{L_1}\left(L_1\frac{di_1(t)}{dt} + M\frac{di_2(t)}{dt}\right) = \frac{M}{L_1}v_1(t) \end{aligned} \tag{6.17}$$

となる．すなわち，$v_1(t)$ と $v_2(t)$ は常に比例関係にある．このような変成器を**密結合変成器**という．$|k| = 1$ は磁束の漏れが無いことを意味し，これは透磁率の大きい磁心を用いることにより近似的に実現できる．式 (6.16) より

$$v_1(t) : v_2(t) = L_1 : M = M : L_2 = 1 : n \tag{6.18}$$

となる．ここで n はコイル 1 とコイル 2 の巻き線数比に M の符号をつけたものである．このとき，式 (6.9) は

$$\begin{aligned} W_M(t) &= \frac{1}{2}(L_1 i_1^2(t) + 2M i_1(t) i_2(t) + L_2 i_2^2(t)) \\ &= \frac{1}{2}L_1(i_1(t) + n i_2(t))^2 \end{aligned} \tag{6.19}$$

となる．すなわち，

$$i_1(t) + n i_2(t) = 0 \tag{6.20}$$

のとき，$W_M(t) = 0$ となり，式 (6.3) において，$\frac{M}{L_1} = \frac{L_2}{M} = n$ から $\phi_1(t) = 0$，$\phi_2(t) = 0$ となる．

6.2.3　2 ポートとしての変成器

式 (6.2) は v_1, v_2, i_1, i_2 のフェーザ V_1, V_2, I_1, I_2 を用いて表現すると**変成器の交流の基礎式**

$$\left. \begin{aligned} V_1 &= j\omega L_1 I_1 + j\omega M I_2 \\ V_2 &= j\omega M I_1 + j\omega L_2 I_2 \end{aligned} \right\} \tag{6.21}$$

あるいはベクトル，行列で表現すると

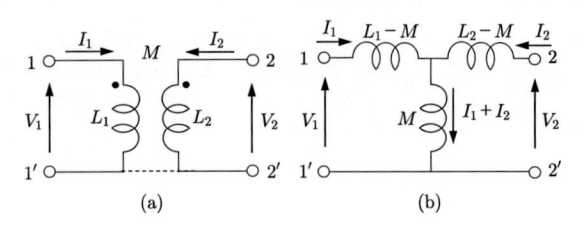

図 6.8 変成器とその等価回路

$$\begin{pmatrix} V_1 \\ V_2 \end{pmatrix} = \begin{pmatrix} j\omega L_1 & j\omega M \\ j\omega M & j\omega L_2 \end{pmatrix} \begin{pmatrix} I_1 \\ I_2 \end{pmatrix} \qquad (6.22)$$

が得られる†.これを図 6.8(a) で表す.端子対 $1, 1'$ を一次側,$2, 2'$ を 2 次側と呼ぶ.図 (a) の点線部分がつながっているかついないでも差支えがない場合,(a) の変成器は図 (b) のように相互誘導のない 3 個のコイルからなる回路と等価になる.これは上式を書き換えて

$$\left. \begin{array}{rcl} V_1 &=& j\omega(L_1 - M)I_1 + j\omega M(I_1 + I_2) \\ V_2 &=& j\omega(L_2 - M)I_2 + j\omega M(I_1 + I_2) \end{array} \right\} \qquad (6.23)$$

とすることにより得られる.この回路はどれか一つのコイルのインダクタンスが負となり,正のインダクタンスとしての実在は保証されない場合がある.実際,$M = k\sqrt{L_1 L_2} < 0$ のとき自明であるが,$M = k\sqrt{L_1 L_2} > 0$ の場合に対しては

$$\left. \begin{array}{l} L_1 - M = \sqrt{L_1 L_2}\left(\sqrt{\dfrac{L_1}{L_2}} - k\right) < 0, \qquad k \geq \sqrt{\dfrac{L_1}{L_2}} \text{のとき} \\ L_2 - M = \sqrt{L_1 L_2}\left(\sqrt{\dfrac{L_2}{L_1}} - k\right) < 0, \qquad k \geq \sqrt{\dfrac{L_2}{L_1}} \text{のとき} \end{array} \right\} \qquad (6.24)$$

となることから明らか.なお,密結合条件 $k = 1$ の場合,$L_1 - M, L_2 - M$ の一方が必ず負となる.

6.2.4 理想変成器

式 (6.16),(6.17) の密結合変成器において,コイルをそのままにして磁心の透磁率を無限大に近づけると式 (6.19) の $L_1 \to \infty$ になる.$W_M(t)$ が有限であ

---

† 式 (6.22) の 2×2 の係数行列は次節で定義するインピーダンス行列の例である.

6.2 変成器

るためには $i_1(t) + ni_2(t) \to 0$ とならなければならない．これと式 (6.18) とを併せた

$$v_2(t) = nv_1(t),\ i_1(t) + ni_2(t) = 0 \tag{6.25}$$

となる変成器を**理想変成器 (変圧器)** といい，図 6.9 の記号で表す．式 (6.25) のフェーザ版は

$$V_2 = nV_1,\ I_2 = -\frac{1}{n}I_1 \tag{6.26}$$

であり，図 6.10 に示している．式 (6.25) から変成器に入る瞬時電力は

$$\begin{aligned}p_M(t) &= v_1(t)i_1(t) + v_2(t)i_2(t) = v_1(t)i_1(t) + nv_1(t)i_2(t) \\ &= v_1(t)(i_1(t) + ni_2(t)) = 0\end{aligned} \tag{6.27}$$

となるので，電力は理想変成器を素通りし，消費・蓄積されることはない．

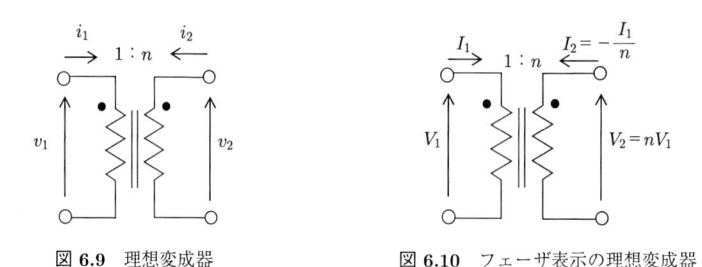

図 **6.9**　理想変成器

図 **6.10**　フェーザ表示の理想変成器

例題 6.1　図 6.11 の理想変成器における入力インピーダンスを求めよ．
[解] 一次側から見た入力インピーダンスは式 (6.26) から

$$Z_1 = \frac{V_1}{I_1} = \frac{V_2/n}{-nI_2} = \frac{1}{n^2}Z_2 \tag{6.28}$$

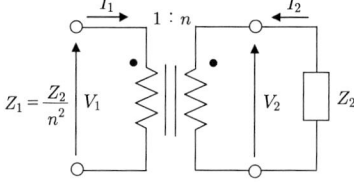

図 **6.11**　理想変成器の入力インピーダンス

となるので，理想変成器はインピーダンスを定数倍変えることができる．

例題 6.2 図 6.12(a) と (b) の回路が等価となるように，(b) の L_1, L_2, C を定めよ．ただし，図 (b) で相互誘導はないものとする．(演習問題 4.6 と比較せよ．)

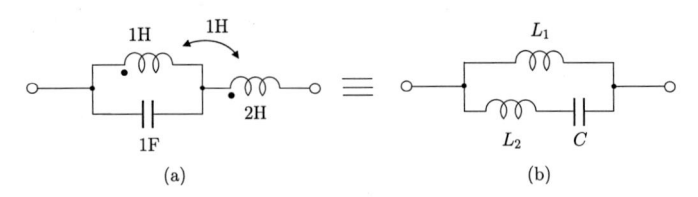

図 6.12 例 6.2 の 1 ポート素子

[解] 図 (a) のインピーダンス Z_a を求める．$L = 1\mathrm{H}, C = 1\mathrm{F}$ の素子に左から右に流れる電流を各々 $I_L, 1-I_L$ とし，これらの素子の端子間電圧を V_1，$L = 2\mathrm{H}$ の素子の端子間電圧を V_2 とする．$V_1 = j\omega(1 \cdot I_L + 1 \cdot 1) = \dfrac{1-I_L}{j\omega}$ より，$I_L = \dfrac{1+\omega^2}{1-\omega^2}$ が得られ，$V_2 = j\omega(2 \cdot 1 + 1 \cdot I_L)$ より $Z_a = Z_a \cdot 1 = V_1 + V_2 = j\omega(I_L + 1 + 2 + I_L) = j\omega \dfrac{5-\omega^2}{1-\omega^2}$．一方，図 (b) のインピーダンス Z_b は簡単で $Z_b = \dfrac{j\omega L_1 \cdot \left(j\omega L_2 + \dfrac{1}{j\omega C}\right)}{j\omega L_1 + j\omega L_2 + \dfrac{1}{j\omega C}} = \dfrac{j\omega(L_1 - \omega^2 L_1 L_2 C)}{1 - \omega^2 C(L_1 + L_2)}$ より，各係数比較：$C(L_1 + L_2) = 1, L_1 = 5, L_1 L_2 C = 1$ から $L_1 = 5, L_2 = 5/4, C = 4/25$ を得る．

例題 6.3 図 6.13 の負荷に電圧源 $20\sin(3t + \pi/3)$ をつないだときの負荷電流を求めよ．さらにこの回路の消費電力，皮相電力，無効電力，力率を求めよ．

[解] 変成器を等価回路で書き直すと図 (b) が得られる．回路の入力インピーダンス Z は次のようになる．

$$\left.\begin{aligned}
Z &= j\omega(L_1 - M) + \frac{(R_1 + j\omega M)\{R_2 + j\omega(L_2 - M)\}}{R_1 + R_2 + j\omega L_2} \\
&= \frac{R_1 R_2 + \omega^2(M^2 - L_1 L_2) + j\omega\{R_1(L_1 + L_2 - 2M) + R_2 L_1\}}{R_1 + R_2 + j\omega L_2}
\end{aligned}\right\} \quad (6.29)$$

$\omega = 3$ であるから，

$$\left.\begin{aligned}|Z| &= \sqrt{\frac{\{R_1R_2+9(M^2-L_1L_2)\}^2+9\{R_1(L_1+L_2-2M)+R_2L_1\}^2}{(R_1+R_2)^2+9L_2^2}}\\ \arg Z &= \tan^{-1}\left(\frac{3\{R_1(L_1+L_2-2M)+R_2L_1\}}{R_1R_2+9(M^2-L_1L_2)}\right)-\tan^{-1}\left(\frac{3L_2}{R_1+R_2}\right)\end{aligned}\right\}$$
(6.30)

よって負荷電流は，$I=\dfrac{10\sqrt{2}}{|Z|}\sin\left(3t+\dfrac{\pi}{3}-\arg Z\right)$ となる．また，この回路の消費電力，皮相電力，無効電力，力率はそれぞれ，$200\cos(\arg Z)/|Z|$ W，$200/|Z|$ VA，$-200\sin(\arg Z)/|Z|$ var，$\cos(\arg Z)$ である．

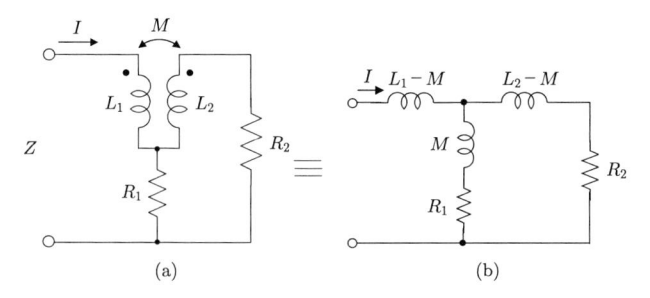

図 6.13 (a) 例 6.3 の回路と (b) その等価回路

6.3 インピーダンス行列 (Z 行列)

本節では一般的な 2 ポートを考察する．図 6.1 において

$$\left.\begin{aligned}V_1 &= z_{11}I_1+z_{12}I_2\\ V_2 &= z_{21}I_1+z_{22}I_2\\ z_{12} &= z_{21}\end{aligned}\right\} \quad (6.31)$$

が成立するとする．なお，第三式は次章で定義する，**回路の相反性**

$$V_1|_{I_1=0,I_2=1}=V_2|_{I_1=1,I_2=0} \quad (6.32)$$

と等価であり，R,L,M,C だけからなる回路では常に成立する．

1) z_{11},z_{21} の物理的意味とその基本操作： 1–1' に 1 A の電流源を接続し $(I_1=1)$，2–2' を開放した $(I_2=0)$ 時の 1–1'，2–2' 間電圧は

$$V_1 = z_{11}, \text{開放駆動点インピーダンス} \atop V_2 = z_{21}, \text{開放伝達インピーダンス} \Bigg\} \quad (6.33)$$

2) z_{12}, z_{22} の物理的意味とその基本操作: 1–1' を開放し $(I_1 = 0)$，2–2' に $1A$ の電流源を接続した $(I_2 = 1)$ 時の 1–1', 2–2' 間電圧は

$$V_1 = z_{12}, \text{開放伝達インピーダンス} \atop V_2 = z_{22}, \text{開放駆動点インピーダンス} \Bigg\} \quad (6.34)$$

なお，R, L, M, C だけからなる回路では $z_{12} = z_{21}$ が成立するので，行列 Z の実質的パラメタは，三種類だけである．

式 (6.31) を行列表示すると

$$Z = \begin{bmatrix} z_{11} & z_{12} \\ z_{21} & z_{22} \end{bmatrix} \quad (6.35)$$

$$V = \begin{bmatrix} V_1 \\ V_2 \end{bmatrix}, \ I = \begin{bmatrix} I_1 \\ I_2 \end{bmatrix} \quad (6.36)$$

$$V = ZI, \ Z = Z^t (\text{上添え字}\ ^t \text{は行列の転置を表す}) \quad (6.37)$$

例題 6.4 図 6.14 の Z 行列の要素を陽に含む T 型回路の Z 行列を求めよ．

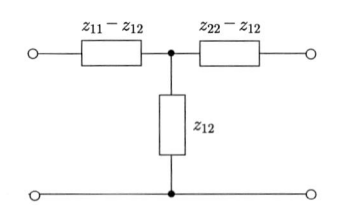

図 6.14 　Z 行列の要素を陽に含む T 型回路

[解] 回路の Z 行列が定義式そのものである．すなわち，

$$Z = \begin{bmatrix} z_{11} & z_{12} \\ z_{12} & z_{22} \end{bmatrix}. \quad (6.38)$$

これは $z_{ij}, 1 \leq i, j \leq 2$ の物理的意味での**基本操作**を行うことにより容易に確認できる．

例題 6.5 図 6.15 の Z 行列を求めよ．

[解] 図 (a) の回路の場合，上記の z_{ij} の計算法に従えば直ちに

$$Z = \begin{bmatrix} z & z \\ z & z \end{bmatrix} = z \begin{bmatrix} 1 & 1 \\ 1 & 1 \end{bmatrix}. \tag{6.39}$$

一方図 (b) の回路の場合も同様に

$$Z = z \begin{bmatrix} 1 & n \\ n & n^2 \end{bmatrix}. \tag{6.40}$$

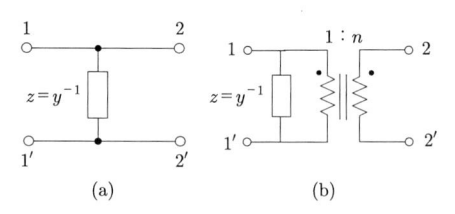

図 **6.15** 例題 6.5 の回路

例題 6.6 図 6.16(a) のブリッジ回路 (**格子回路**) の Z 行列を求めよ．

[解] 端子対 1–1′ に 1 A を流した時の図 (b) の電流 I_{13}, I_{24} の関係を求めると，

$$\left.\begin{aligned} 1 &= I_{13} + I_{24} \\ V_1 &= I_{13}(Z_1 + Z_3) \\ &= I_{24}(Z_2 + Z_4) \end{aligned}\right\} \tag{6.41}$$

から直ちに

$$\left.\begin{aligned} I_{13} &= \frac{Z_2 + Z_4}{\sum_{i=1}^{4} Z_i} \\ V_1 &= \frac{(Z_1 + Z_3)(Z_2 + Z_4)}{\sum_{i=1}^{4} Z_i} \end{aligned}\right\} \tag{6.42}$$

となるので

$$\begin{aligned} V_2 &= (1 - I_{13})Z_2 - I_{13}Z_1 = Z_2 - I_{13}(Z_1 + Z_2) \\ &= Z_2 - \frac{(Z_2 + Z_4)(Z_1 + Z_2)}{\sum_{i=1}^{4} Z_i} = \frac{Z_2 Z_3 - Z_1 Z_4}{\sum_{i=1}^{4} Z_i} \end{aligned} \tag{6.43}$$

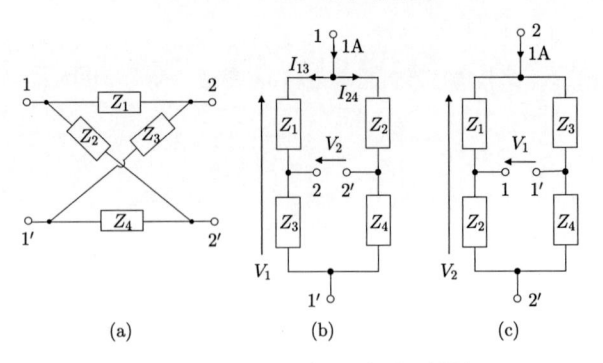

図 **6.16** ブリッジ回路の Z 行列の計算法

を得る．一方，図 (c) のように，端子対 2–2′ に 1 A を流した時の電圧 V_1, V_2 は，図 (b) の場合の V_1 と V_2，および Z_2 と Z_3 を互いに交換すればよいので

$$\left.\begin{aligned} V_1 &= \frac{Z_2 Z_3 - Z_1 Z_4}{\sum_{i=1}^{4} Z_i} \\ V_2 &= \frac{(Z_1 + Z_2)(Z_3 + Z_4)}{\sum_{i=1}^{4} Z_i} \end{aligned}\right\} \quad (6.44)$$

が得られる．結局

$$Z = \frac{1}{\sum_{i=1}^{4} Z_i} \cdot \begin{bmatrix} (Z_1 + Z_3)(Z_2 + Z_4) & Z_2 Z_3 - Z_1 Z_4 \\ Z_2 Z_3 - Z_1 Z_4 & (Z_1 + Z_2)(Z_3 + Z_4) \end{bmatrix} \quad (6.45)$$

が得られる．図 6.17 の**対称格子回路**

$$Z_1 = Z_4, \; Z_2 = Z_3 \quad (6.46)$$

の場合

$$\begin{aligned} Z &= \frac{1}{2 \sum_{i=1}^{2} Z_i} \cdot \begin{bmatrix} (Z_1 + Z_2)^2 & Z_2^2 - Z_1^2 \\ Z_2^2 - Z_1^2 & (Z_1 + Z_2)^2 \end{bmatrix} \\ &= \frac{1}{2} \cdot \begin{bmatrix} Z_1 + Z_2 & Z_2 - Z_1 \\ Z_2 - Z_1 & Z_1 + Z_2 \end{bmatrix} \end{aligned} \quad (6.47)$$

6.3 インピーダンス行列 (Z 行列)

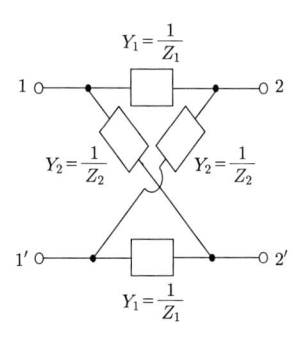

図 6.17 対称格子回路

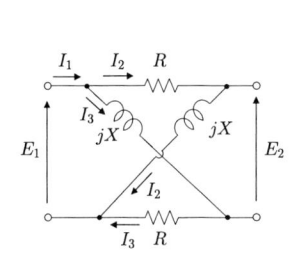

図 6.18 例 6.7 の回路

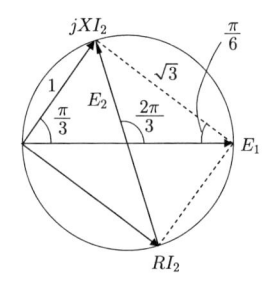

図 6.19 例 6.7 のフェーザ図

例題 6.7 図 6.18 の回路において $E_1 = 100\,\text{V}, I_1 = 1\,\text{A}, E_2 = E_1 e^{j\frac{2\pi}{3}}\,\text{V}$ とする．フェーザ図を利用してインピーダンス R, X を求めよ．

[解] 図 6.18 のように I_2, I_3 をおく．このとき，明らかに $I_2 = I_3 = I_1/2$ である．また，図より次の関係が得られる．

$$\left.\begin{array}{l} E_1 = \phantom{-RI_3 +{}} RI_2 + jXI_2, \\ E_2 = -RI_3 + jXI_2 = -RI_2 + jXI_2 \end{array}\right\} \quad (6.48)$$

E_1, E_2, RI_2, jXI_2 の関係はフェーザ図の図 6.19 で与えられる．図より，

$$X|I_2| = |E_1| \times \frac{1}{2},\ R|I_2| = |E_1| \times \frac{\sqrt{3}}{2} \quad (6.49)$$

が成り立つ．X, R を求めると，$X = 100, R = 100\sqrt{3}$ を得る．

例題 6.8 図 6.20 の回路の Z 行列を求めよ．

[解] Z 行列の二つの直列接続と考え，図 6.14，式 (6.38) において $z_{11} \to z_1, z_{22} \to z_2, z_{12} \to 0$ を代入した Z 行列と Z 行列の和として

$$Z = Z' + \begin{bmatrix} z_1 & 0 \\ 0 & z_2 \end{bmatrix} = \begin{bmatrix} z'_{11} + z_1 & z'_{12} \\ z'_{21} & z'_{22} + z_2 \end{bmatrix}. \quad (6.50)$$

なお，一般に 2 ポートを直列接続する場合，合成 2 ポートの端子電圧，端子電流の約束を守るために，図 6.21 のように，ポート対 $1\text{–}1', 2\text{–}2', \widehat{1}\text{–}\widehat{1'}, \widehat{2}\text{–}\widehat{2'}$ のいずれか一方に理想変成器が必要となることを注意しておく．

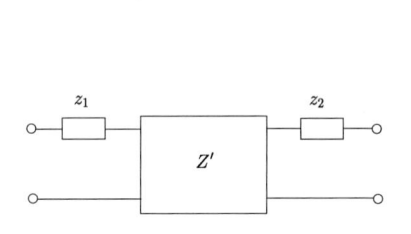

図 6.20　例題 6.8 の回路

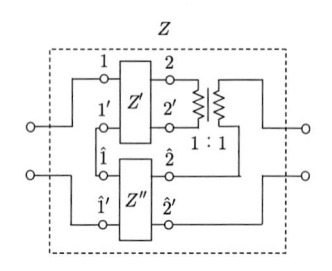

図 6.21　直列接続された 2 ポート

6.4　アドミタンス行列 (Y 行列)

図 6.1 を参照して (6.37) を I について解くと

$$I = YV, \ Y = Z^{-1}, \ Y = Y^t \quad (6.51)$$

$$Y = \begin{bmatrix} y_{11} & y_{12} \\ y_{21} & y_{22} \end{bmatrix} = Z^{-1} = \begin{bmatrix} \dfrac{z_{22}}{|Z|} & -\dfrac{z_{12}}{|Z|} \\ -\dfrac{z_{21}}{|Z|} & \dfrac{z_{11}}{|Z|} \end{bmatrix} \quad (6.52)$$

$$\left. \begin{aligned} I_1 &= y_{11}V_1 + y_{12}V_2 \\ I_2 &= y_{21}V_1 + y_{22}V_2 \\ y_{12} &= y_{21} \end{aligned} \right\} \quad (6.53)$$

が得られる．なお，第三式は次章で定義する，**回路の相反性**

$$I_1|_{V_1=0, V_2=1} = I_2|_{V_1=1, V_2=0} \quad (6.54)$$

と等価であり，R, L, M, C だけからなる回路では常に成立する．

以下に，与えられた 2 ポートのアドミタンス行列の各要素の意味とその求め方を列挙する．

6.4 アドミタンス行列 (Y 行列)

1) y_{11}, y_{21} の物理的意味とそれらを求めるための基本操作: 端子対 1–1′ に $1\,\mathrm{V}$ の電圧源を接続し ($V_1 = 1$), 端子対 2–2′ を短絡した ($V_2 = 0$) 時に端子 1, 2 に流れる電流は各々

$$I_1 = y_{11},\ I_2 = y_{21} \tag{6.55}$$

となるので, y_{11}, y_{21} はそれぞれ**短絡駆動点アドミタンス**, **短絡伝達アドミタンス**と呼ばれる.

2) y_{12}, y_{22} の物理的意味とそれらを求めるための基本操作: 端子対 1–1′ を短絡し ($V_1 = 0$), 端子対 2–2′ に $1\,\mathrm{V}$ の電圧源を接続した ($V_2 = 1$) 時に端子 1, 2 に流れる電流は各々

$$I_1 = y_{12},\ I_2 = y_{22} \tag{6.56}$$

となるので, y_{12}, y_{22} はそれぞれ**短絡伝達アドミタンス**, **短絡駆動点アドミタンス**と呼ばれる. 相反回路の場合, 次式で定義する 2×2 のアドミタンス行列 Y の実質的パラメタは, 三種類だけである.

例題 6.9 図 6.22 の Y 行列の要素を陽に含む π 型回路の Y 行列を求めよ.

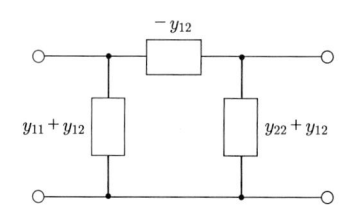

図 6.22 Y 行列の要素を陽に含む π 型回路

[解] 図 6.22 の回路の Y 行列は

$$Y = \begin{bmatrix} y_{11} & y_{12} \\ y_{21} & y_{22} \end{bmatrix} \tag{6.57}$$

であり, 定義式 (6.53) そのものであることは $y_{ij}, 1 \leq i, j \leq 2$ の物理的意味での基本操作を行うことにより容易に確認できる.

例題 6.10 図 6.23(a),(b) の Y 行列を求めよ.

[解] (a) の計算は容易である.

$$Y = \begin{bmatrix} y & -y \\ -y & y \end{bmatrix}. \tag{6.58}$$

(b) の回路では

1) 1–1′ に 1 V の電圧源を接続し, 2–2′ を短絡: 1–1′ からみた入力インピーダンス $z_{in}(11')$ は変成器の 1 次側の入力インピーダンス $z_{in}(trans) = \dfrac{1}{n^2} \times 0 = 0$ ($1:n$ の理想変成器の定義より) と z との直列接続より $z_{in}(11') = 0 + z = z$ となるので, 電流 $I_1 = y_{11} = \dfrac{1}{z} = y$ が流れ, この時 $I_2 = y_{21} = -\dfrac{I_1}{n} = -\dfrac{y}{n}$.

2) 1–1′ を短絡し, 2–2′ に 1 V の電圧源を接続: 1 次側の端子間電圧は $1 \times \dfrac{1}{n}$ V であるので, 1 次側には $I_1 = y_{12} = -\dfrac{1}{n} \times y = -\dfrac{y}{n}$ A の電流が流れ, この時 $I_2 = y_{22} = -\dfrac{I_1}{n} = \dfrac{y}{n^2}$ A.

ゆえに, $Y = \begin{bmatrix} y & -\dfrac{y}{n} \\ -\dfrac{y}{n} & \dfrac{y}{n^2} \end{bmatrix} = y \begin{bmatrix} 1 & -\dfrac{1}{n} \\ -\dfrac{1}{n} & \dfrac{1}{n^2} \end{bmatrix}. \tag{6.59}$

図 6.23(a),(b) の回路はいずれもインピーダンス行列 $Z = Y^{-1}$ が存在しない. これは $|Y| = 0$ から明らかであろう.

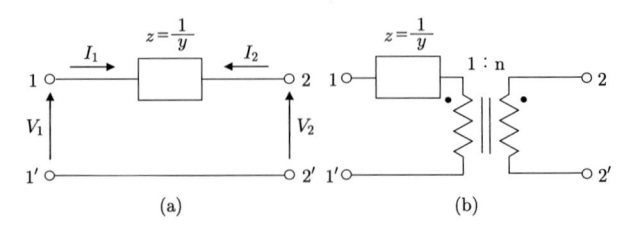

図 6.23 例題 6.10 の回路 ($Y^{-1} = Z$ 行列が定義できない 2 ポート)

例題 6.11 図 6.15(a),(b) の回路は Y 行列が定義できない典型例である. それは上記の基本操作において, $V_2 = 0$ とすると端子 1, 1′ からみたアドミタン

スは z に無関係に無限大となるからである.

例題 6.12 図 6.24(a) の格子回路の Y 行列を求めよ.

[解] 例 6.6 の解と同様に Y 行列の定義に戻り, 1–1′ に 1 V の電圧源をつなぎ, 2–2′ 間を短絡したときに 1–1′, 2–2′ に流れる電流を各々 $I_1 = y_{11}, I_2 = y_{21}$ とする. これらを求めるために図 6.24(b) のように, 1–2, 2–1′ 間の電圧を V_{12}, V_{34} とすれば

$$\left.\begin{aligned} 1 &= V_{12} + V_{34} \\ I_1 &= V_{12}(Y_1 + Y_2) \\ &= V_{34}(Y_3 + Y_4) \end{aligned}\right\} \tag{6.60}$$

から直ちに

$$\left.\begin{aligned} V_{12} &= \frac{Y_3 + Y_4}{\sum_{i=1}^{4} Y_i} \\ I_1 &= \frac{(Y_1 + Y_2)(Y_3 + Y_4)}{\sum_{i=1}^{4} Y_i} \end{aligned}\right\} \tag{6.61}$$

となるので, 2′ 点での KCL を考えれば

$$\begin{aligned} I_2 &= Y_2 V_{12} - (1 - V_{12})Y_4 = -Y_4 + (Y_2 + Y_4)V_{12} \\ &= -Y_4 + \frac{(Y_2 + Y_4)(Y_3 + Y_4)}{\sum_{i=1}^{4} Y_i} = \frac{-Y_1 Y_4 + Y_2 Y_3}{\sum_{i=1}^{4} Y_i} \end{aligned} \tag{6.62}$$

が得られる. 一方, 図 6.24(c) のように, 端子対 1–1′ を短絡し, 端子対 2–2′ に 1 V の電圧をかけた時に 1–1′, 2–2′ 間に流れる電流 $I_1 = y_{12}, I_2 = y_{22}$ は, 図 (b) の場合の I_1 と I_2, および Y_2 と Y_3 を互いに交換すればよいので

$$\left.\begin{aligned} I_1 &= \frac{Y_2 Y_3 - Y_1 Y_4}{\sum_{i=1}^{4} Y_i} \\ I_2 &= \frac{(Y_1 + Y_3)(Y_2 + Y_4)}{\sum_{i=1}^{4} Y_i} \end{aligned}\right\} \tag{6.63}$$

が得られる. 結局

$$Y = \frac{1}{\sum_{i=1}^{4} Y_i} \cdot \begin{bmatrix} (Y_1 + Y_2)(Y_3 + Y_4) & Y_2 Y_3 - Y_1 Y_4 \\ Y_2 Y_3 - Y_1 Y_4 & (Y_1 + Y_3)(Y_2 + Y_4) \end{bmatrix} \tag{6.64}$$

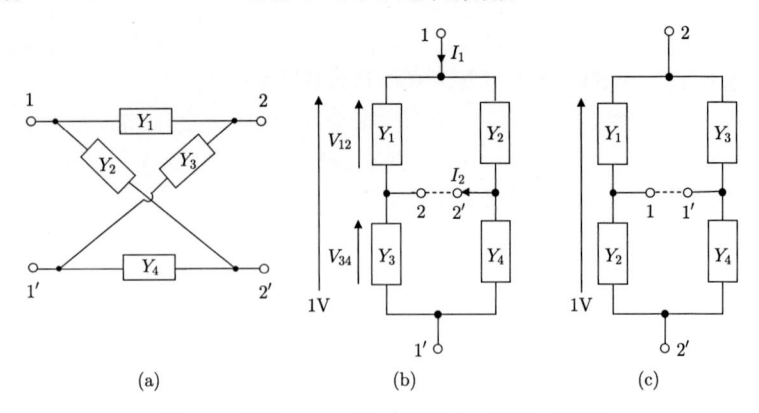

図 6.24 例題 6.12 ブリッジ回路の Y 行列の計算法

を得る．図 6.17 の対称格子回路の Y 行列は上式に $Y_1 = Y_4$, $Y_2 = Y_3$ を代入しても直ちに得られるが，このあたりで，ベクトルや行列の表記および逆行列を含む簡単な計算に慣れる必要がある．式 (6.47) の Z の逆行列の練習問題として確認しよう．

$$Y = Z^{-1} = 2 \begin{bmatrix} Z_1 + Z_2 & Z_2 - Z_1 \\ Z_2 - Z_1 & Z_1 + Z_2 \end{bmatrix}^{-1} \tag{6.65}$$

$$= \frac{1}{2Z_1 Z_2} \begin{bmatrix} Z_1 + Z_2 & Z_1 - Z_2 \\ Z_1 - Z_2 & Z_1 + Z_2 \end{bmatrix} = \frac{1}{2} \begin{bmatrix} Y_1 + Y_2 & Y_2 - Y_1 \\ Y_2 - Y_1 & Y_1 + Y_2 \end{bmatrix}. \tag{6.66}$$

例題 6.13 図 6.25 の**三端子回路**の並列接続の Y 行列を求めよ．

[解] 図より直ちにアドミタンス行列の和

$$Y = Y' + Y'' \tag{6.67}$$

で与えられる．

なお，一般に 2 ポートを並列接続する場合，合成 2 ポートの端子電圧，端子電流の約束を守るために，図 6.26 のように，ポート対 1–1′, 2–2′, $\widehat{1\text{–}1'}$, $\widehat{2\text{–}2'}$ のいずれか一方に理想変成器が必要となることを注意しておく．

例題 6.14 図 6.27 の回路の Y 行列を求めよ．

[解] 図より二つのアドミタンス行列の和として式 (6.57) ($y_{11} \to y_1$, $y_{22} \to y_2$, $y_{12} \to 0$ とおく) から直ちに

6.4 アドミタンス行列 (Y 行列)

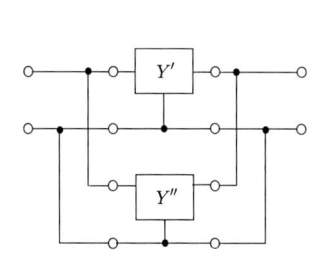

図 6.25 並列接続された 2 ポート

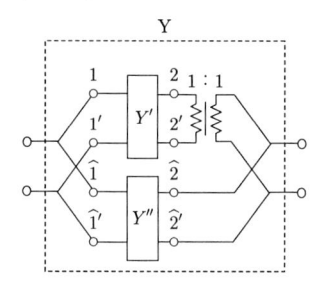

図 6.26 常に並列接続可能な三端子回路

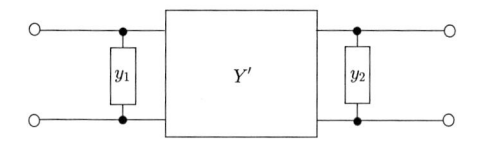

図 6.27 例題 6.14 の回路

$$Y = Y' + \begin{bmatrix} y_1 & 0 \\ 0 & y_2 \end{bmatrix}$$
$$= \begin{bmatrix} y'_{11} + y_1 & y'_{12} \\ y'_{21} & y'_{22} + y_2 \end{bmatrix}. \tag{6.68}$$

例題 6.15 図 6.15 の Y 行列を求めよ．(例題 6.11 再論)

[解] 図 6.15(a) の回路のアドミタンス行列 $Y = Z^{-1}$ が存在しないことは $|Z| = 0$ から明らかであろう．図 6.15(b) の回路の場合も式 (6.40) から $|Z| = 0$ であるので，この回路のアドミタンス行列 $Y = Z^{-1}$ も存在しない．

例題 6.16 図 6.28 の π 型回路 (または Δ 型回路と呼ばれる) の Z 行列を求めよ．

[解] Z の求め方の**基本操作**で

$$z_{11} = \frac{Z_{31}(Z_{12} + Z_{23})}{Z_{12} + Z_{23} + Z_{31}},\; z_{12} = \frac{Z_{23}Z_{31}}{Z_{12} + Z_{23} + Z_{31}},\; z_{22} = \frac{Z_{23}(Z_{12} + Z_{31})}{Z_{12} + Z_{23} + Z_{31}} \tag{6.69}$$

が得られる．ただし，$Z_{ij} = Y_{ij}^{-1}$ とした．一方図 6.29 の T 型回路の Z 行列は，Z 行列の要素を陽に含む回路 (図 6.14) との対応関係

$$Z_1 = z_{11} - z_{12},\ Z_2 = z_{22} - z_{12},\ Z_3 = z_{12} \qquad (6.70)$$

に式 (6.69) を代入すれば π 型インピーダンスから T 型インピーダンスへの変換式

$$Z_1 = \frac{Z_{31}Z_{12}}{Z_{12} + Z_{23} + Z_{31}},\ Z_2 = \frac{Z_{12}Z_{23}}{Z_{12} + Z_{23} + Z_{31}},\ Z_3 = \frac{Z_{23}Z_{31}}{Z_{12} + Z_{23} + Z_{31}} \qquad (6.71)$$

が得られる.

図 **6.28** π 型回路 (または Δ 型回路)　　図 **6.29** T 型回路 (または Y 型回路)

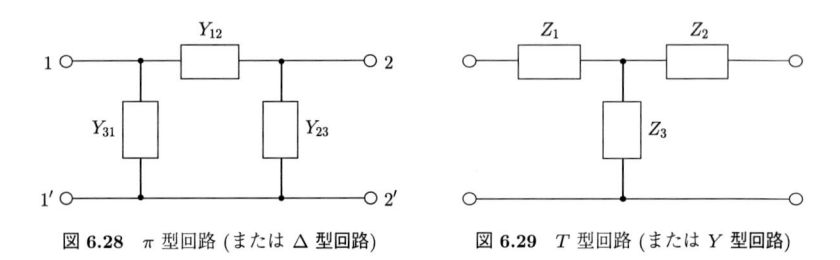

例題 6.17　図 6.29 の T 型回路 (または Y 型回路と呼ばれる) の Y 行列を求めよ.

[解]　Y の求め方の**基本操作**で

$$y_{11} = \frac{Y_1(Y_2 + Y_3)}{Y_1 + Y_2 + Y_3},\ y_{22} = \frac{Y_2(Y_1 + Y_3)}{Y_1 + Y_2 + Y_3},\ y_{12} = \frac{-Y_1Y_2}{Y_1 + Y_2 + Y_3} \qquad (6.72)$$

が得られる. ただし, $Y_i = Z_i^{-1}$ とした. 一方, 図 6.28 の π 型回路の Y 行列は, Y 行列の要素を陽に含む回路 (図 6.22) との対応関係

$$Y_{31} = y_{11} + y_{12},\ Y_{12} = -y_{12},\ Y_{23} = y_{22} + y_{12} \qquad (6.73)$$

に式 (6.72) を代入すれば T 型アドミタンスから π 型アドミタンスへの変換式

$$Y_{12} = \frac{Y_1Y_2}{Y_1 + Y_2 + Y_3},\ Y_{23} = \frac{Y_2Y_3}{Y_1 + Y_2 + Y_3},\ Y_{31} = \frac{Y_3Y_1}{Y_1 + Y_2 + Y_3} \qquad (6.74)$$

が得られる.

なお，式 (6.71) や (6.74) は T–π 変換 (または**スター・デルタ変換**) と呼ばれる．これは 11 章の三相回路の対称負荷

$$\left.\begin{array}{l} Z_1 = Z_2 = Z_3 = Z_s = Y_s^{-1} \\ Z_{12} = Z_{31} = Z_{23} = Z_d = Y_d^{-1} \end{array}\right\} \tag{6.75}$$

の場合，簡単に

$$Z_s = \frac{Z_d}{3}, Y_d = \frac{Y_s}{3} \tag{6.76}$$

となるので，この結果は記憶しやすい．

6.5 縦続行列 (K 行列)

図 6.30 において，

$$\left.\begin{array}{l} V_1 = AV_2 + B(-I_2) \\ I_1 = CV_2 + D(-I_2) \end{array}\right\} \tag{6.77}$$

$$\begin{pmatrix} V_1 \\ I_1 \end{pmatrix} = K \begin{pmatrix} V_2 \\ -I_2 \end{pmatrix} \tag{6.78}$$

ただし，$-I_2$ の**負符号**に注意しなければならない．ただし，

$$K = \begin{bmatrix} A & B \\ C & D \end{bmatrix} \tag{6.79}$$

であり，K は**縦続行列**または K 行列と呼ばれる．

例題 6.18 理想変成器の K 行列を求めよ．

[解] $1:n$ の理想変成器の定義式 $V_2 = nV_1$, $I_2 = -\dfrac{I_1}{n}$ より直ちに

$$K = \begin{bmatrix} \dfrac{1}{n} & 0 \\ 0 & n \end{bmatrix}. \tag{6.80}$$

例題 6.19 相反回路の場合の K 行列の行列式 $|K|$ を求めよ．

[解] **相反定理**から

$$I_1|_{V_1=0, V_2=1} = I_2|_{V_1=1, V_2=0} \tag{6.81}$$

が成立するので

$$C + D \cdot \frac{-A}{B} = \frac{-1}{B} \tag{6.82}$$

から

$$AD - BC = |K| = 1 \tag{6.83}$$

が成立する．

例題 6.20 図 6.31 のような縦続接続の場合の K 行列を求めよ．

[解]

$$\begin{pmatrix} V_1' \\ I_1' \end{pmatrix} = K' \begin{pmatrix} V_2' \\ -I_2' \end{pmatrix} = K' \begin{pmatrix} V_1'' \\ I_1'' \end{pmatrix} = K'K'' \begin{pmatrix} V_2'' \\ -I_2'' \end{pmatrix} \tag{6.84}$$

から

$$K = K'K'' \tag{6.85}$$

が得られる．

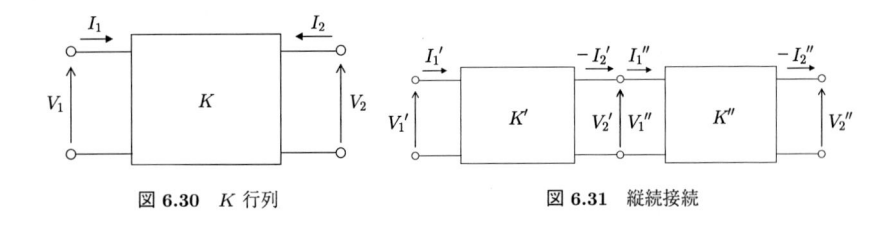

図 6.30 K 行列

図 6.31 縦続接続

6.6 ハイブリッド行列 (H 行列)

定義式だけを与えると

$$\begin{pmatrix} V_1 \\ I_2 \end{pmatrix} = H \begin{pmatrix} I_1 \\ V_2 \end{pmatrix}, \ H = \begin{pmatrix} h_{11} & h_{12} \\ h_{21} & h_{22} \end{pmatrix} \tag{6.86}$$

$$\left. \begin{array}{rcl} V_1 &=& h_{11}I_1 + h_{12}V_2 \\ I_2 &=& h_{21}I_1 + h_{22}V_2 \end{array} \right\} \tag{6.87}$$

である．この具体例は 9 章のトランジスタ回路で与える．

6.7 分布定数線路と散乱行列 (S 行列)

6.7.1 集中定数回路対分布定数回路

集中定数回路の特徴は，(i) 端子対における電圧，電流は素子 (L,C,R 等) の大きさ・形状に無関係で，(ii) 回路の構造はグラフで表現可能で，(iii) 回路の状態は，KCL, KVL で決定されることなどが挙げられる．一方，分布定数線路は，マクスウェルの方程式が成立しているので，電磁気学の立場から回路を議論できるはずである．実際 回路のサイズが波長 $\lambda = c/f = (3 \times 10^8 \text{m/sec})/f$ に比べ微小となる，準定常条件を満たす場合 (c は光速)，集中定数回路として取り扱える．分布定数線路の構造を有する例として，レッヘル線や搬送用架空裸線に見られる図 6.32(a) の往復二本線路と高周波用同軸ケーブル，マイクロ波用ストリップ線路，集積回路の分布 RC 線路のような (b) の接地上の一本線路等がある．

図 6.33 は図 6.32 の線路の模式図である．ただし，線路の始端 ($x = 0$) に電源インピーダンス Z_G，角周波数 ω の電圧源 $e(t)$，終端 ($x = l$) に負荷インピーダンス Z_L が接続されている．また，線路上の一点 ($x = x$) の線路間の電圧，電流

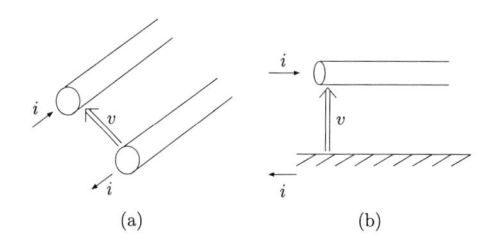

図 6.32 (a) 往復二本線路 (b) 接地上の一本線路

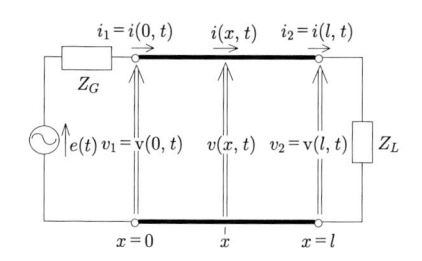

図 6.33 平衡線路の電圧と電流

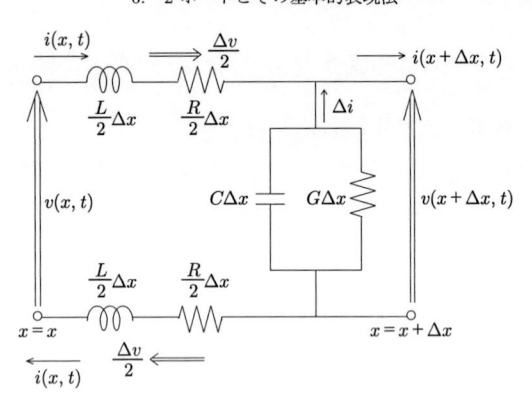

図 6.34 平衡線路の微小区間

をそれぞれ $v(x,t)$, $i(x,t)$ としている．図 6.34 は図 6.33 の線路の x 点の微小区間 $[x, x+\Delta x]$ の等価回路図である．図の電圧 $v(x+\Delta x, t)$，電流 $i(x+\Delta x, t)$ をそれぞれ $v(x,t)$, $i(x,t)$ の周りでテイラー (Taylor) 展開して $(\Delta x)^2$ 以上の項を無視し[†]，図 6.34 の微小区間で KVL と KCL を適用すると

$$\left.\begin{aligned}v(x,t) - v(x+\Delta x, t) &= -\Delta x \frac{\partial v}{\partial x} = \Delta x R i + \Delta x L \cdot \frac{\partial i}{\partial t} \\ i(x,t) - i(x+\Delta x, t) &= -\Delta x \frac{\partial i}{\partial x} \\ &= \Delta x G \cdot v(x+\Delta x) + \Delta x C \cdot \frac{\partial v(x+\Delta x)}{\partial t}\end{aligned}\right\} \quad (6.88)$$

が得られる．さらに，$(\Delta x)^2$ や $\Delta x \cdot \Delta v$ の項を無視すると，

$$\left.\begin{aligned}-\frac{\partial v}{\partial x} &= Ri + L\frac{\partial i}{\partial t} \\ -\frac{\partial i}{\partial x} &= Gv + C\frac{\partial v}{\partial t}\end{aligned}\right\} \quad (6.89)$$

が得られる．上式で i, v をそれぞれ消去すると**電信方程式** (telegraphic equation)

$$\left.\begin{aligned}\frac{\partial^2 v}{\partial x^2} &= LC\frac{\partial^2 v}{\partial t^2} + (GL+RC)\frac{\partial v}{\partial t} + GRv \\ \frac{\partial^2 i}{\partial x^2} &= LC\frac{\partial^2 i}{\partial t^2} + (GL+RC)\frac{\partial i}{\partial t} + GRi\end{aligned}\right\} \quad (6.90)$$

[†] 物理現象の多くは Taylor 展開の一次の項，一回微分だけで説明できるので Taylor 展開は強力な解析手段の一つである．

が得られる．$R = G = 0$ のとき，伝送線路は**無損失** (lossless) といわれ，この時の式 (6.90) は**波動方程式**

$$\frac{\partial^2 v}{\partial x^2} = LC\frac{\partial^2 v}{\partial t^2}, \quad \frac{\partial^2 i}{\partial x^2} = LC\frac{\partial^2 i}{\partial t^2} \quad (6.91)$$

となる[†1]．

6.7.2　線路方程式の定常解

図 6.33 において角周波数 ω の正弦波電圧 $e(t)$ に対する式 (6.89) の $v(x,t), i(x,t)$ の定常解は，電圧フェーザ，電流フェーザ $V(x), I(x)$

$$v(x,t) = \sqrt{2}\,\mathrm{Im}[V(x)e^{j\omega t}],\ i(x,t) = \sqrt{2}\,\mathrm{Im}[I(x)e^{j\omega t}] \quad (6.92)$$

を導入すると，$V(x), I(x)$ の満たすべき方程式

$$\left.\begin{array}{l} -\dfrac{dV}{dx} = ZI,\ Z = R + j\omega L \\[2mm] -\dfrac{dI}{dx} = YV,\ Y = G + j\omega C \end{array}\right\} \quad (6.93)$$

を得る[†2]．ただし，Z, Y は図 6.35 のようにそれぞれ単位長当たりの**直列インピーダンス**，**並列アドミタンス**であり，**線路の一次定数**と呼ばれる．

a. 伝播定数と特性インピーダンス

上式で I, V をそれぞれ消去すると

$$\left.\begin{array}{l} \dfrac{d^2 V}{dx^2} = \gamma^2 V \\[2mm] \dfrac{d^2 I}{dx^2} = \gamma^2 I \end{array}\right\} \quad (6.94)$$

が得られる．ただし，γ は**伝播定数**

$$\gamma = \sqrt{ZY} = \sqrt{(R + j\omega L)(G + j\omega C)} = \alpha + j\beta,\ \alpha \geq 0 \quad (6.95)$$

[†1] L, C の値が一定でない非一様 LC 線路は，ヒトの調音器官による音声の生成過程を記述する方程式となる．一方，Z がコイル L，Y が異なる共振周波数の直列 LC 回路の場合，音刺激の聴覚器官の内耳蝸牛の周波数分析を記述する方程式となる．また，$L = G = 0$ の場合 (図 5.4)，**熱伝導方程式**，粒子の**拡散方程式**と同一形となる．

[†2] 2 変数の**偏微分方程式**の問題が 1 変数の**常微分方程式**のそれへと帰着されるので，フェーザによる**変数分離法** (x の関数 $V(x), I(x)$ と t の関数 $e^{j\omega t}$ とに分離) は有用な解析手段である．

であり，その実部 α，虚部 β はそれぞれ，**減衰定数**，**位相定数**と呼ばれる．また，**特性 (波動) インピーダンス**

$$Z_0 = \sqrt{\frac{Z}{Y}} = \sqrt{\frac{R+j\omega L}{G+j\omega C}} \qquad (6.96)$$

を導入すると，(6.94) の解は A,B を定数として

$$V(x) = Ae^{-\gamma x} + Be^{\gamma x}, \ Z_0 I(x) = Ae^{-\gamma x} - Be^{\gamma x} \qquad (6.97)$$

となる．

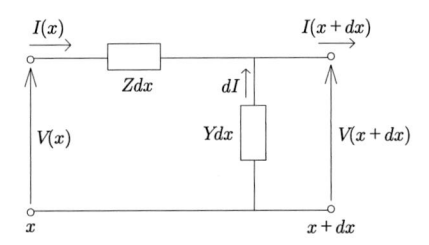

図 6.35 直列インピーダンス Z，並列アドミタンス Y を有する線路の微小区間

$V(x)$ の第一項は x の正方向に進む**入射波** (incident wave) $V_\mathrm{i}(x) = Ae^{-\gamma x}$ であり，第二項は負方向に進む**反射波** (reflective wave) $V_\mathrm{r}(x) = Be^{\gamma x}$ である．両者は上二式の和と差から

$$V_\mathrm{i}(x) = \frac{1}{2}(V(x) + Z_0 I(x)), \ V_\mathrm{r}(x) = \frac{1}{2}(V(x) - Z_0 I(x)). \qquad (6.98)$$

一方，$Z_0 I(x) = V_\mathrm{i}(x) - V_\mathrm{r}(x)$ である．定数 A, B は図 6.33 の線路の始端 (送端) の電圧，電流 $V(0), I(0)$ または終端 (受端) の値 $V(\ell), I(\ell)$ により定まる．
たとえば，終端の値 $V(\ell), I(\ell)$ が与えられている場合，

$$\left.\begin{aligned} V(x) &= \frac{V(\ell) + Z_0 I(\ell)}{2} \cdot e^{\gamma(\ell-x)} + \frac{V(\ell) - Z_0 I(\ell)}{2} \cdot e^{-\gamma(\ell-x)} \\ I(x) &= \frac{V(\ell) + Z_0 I(\ell)}{2 Z_0} \cdot e^{\gamma(\ell-x)} - \frac{V(\ell) - Z_0 I(\ell)}{2 Z_0} \cdot e^{-\gamma(\ell-x)} \end{aligned}\right\} \quad (6.99)$$

が得られる．双曲線関数 $\cosh z = \dfrac{e^z + e^{-z}}{2}, \sinh z = \dfrac{e^z - e^{-z}}{2}$ を用いると線

路の点 x から右を見た入力インピーダンス

$$Z(x) \triangleq \frac{V(x)}{I(x)} = Z_0 \cdot \frac{Z_0 \sinh\gamma(\ell-x) + Z(\ell)\cosh\gamma(\ell-x)}{Z_0 \cosh\gamma(\ell-x) + Z(\ell)\sinh\gamma(\ell-x)} \quad (6.100)$$

を導入できる．ただし，$Z(\ell)$ は終端インピーダンス

$$Z(\ell) \triangleq \frac{V(\ell)}{I(\ell)} \quad (6.101)$$

である．

b. 反射係数とインピーダンス

入射波，反射波の比の**反射係数**は

$$\rho(x) = \frac{V_r(x)}{V_i(x)} = \frac{V(x) - Z_0 I(x)}{V(x) + Z_0 I(x)} = \frac{Z(x) - Z_0}{Z(x) + Z_0} \quad (6.102)$$

と計算されるので，逆に入力インピーダンス $Z(x)$ は反射係数 $\rho(x)$ を用いて

$$Z(x) = Z_0 \frac{1+\rho(x)}{1-\rho(x)} \quad (6.103)$$

と表現される．終端インピーダンス $Z(\ell)$ の特別な場合，反射係数は

$$\left.\begin{array}{l} 1)\ Z(\ell) = \infty\ (\text{受端開放}),\quad \rho(\ell) = 1 \\ 2)\ Z(\ell) = 0\ \quad (\text{受端短絡}),\quad \rho(\ell) = -1 \\ 3)\ Z(\ell) = Z_0\ (Z_0 \text{と整合}),\quad \rho(\ell) = 0 \end{array}\right\} \quad (6.104)$$

c. 反射係数と電力

点 x で負荷側に送られる電力 $P(x)$ を求めよう．

$$P(x) = \text{Re}[V(x)\overline{I}(x)] = \text{Re}\left\{(\overline{Z}_0)^{-1}[V_i(x) + V_r(x)][\overline{V}_i(x) - \overline{V}_r(x)]\right\} \quad (6.105)$$

Z_0 が実数の場合，

$$P(x) = \frac{1}{Z_0}\text{Re}\left\{V_i(x)\overline{V}_i(x) - V_r(x)\overline{V}_r(x) + V_r(x)\overline{V}_i(x) - V_i(x)\overline{V}_r(x)\right\}$$

$$= \frac{1}{Z_0}|V_i(x)|^2[1 - |\rho(x)|^2] = \text{入射波の電力－反射波の電力} \quad (6.106)$$

$P(x) \geq 0$ より $|\rho(x)| \leq 1$ である．

$Z(\ell) = Z_0, \rho(\ell) = 0$ のとき，受端電力 $P(\ell) = $ 送端電力 $P(0)$ で最大 $\quad (6.107)$

が得られる．

6.7.3 2ポートとしての分布定数回路

図 6.36 のように, 始端 $x=0$, 終端 $x=\ell$ の分布定数回路を 2 ポートと考え,

$$V_1 = V(0),\ I_1 = I(0),\ V_2 = V(\ell),\ I_2 = -I(\ell) \qquad (6.108)$$

とおいて式 (6.99) に $x=0$ を代入して求めると

$$V_1 = \frac{1}{2}(V_2 + Z_0(-I_2))e^{\gamma l} + \frac{1}{2}(V_2 - Z_0(-I_2))e^{-\gamma l} \qquad (6.109)$$

$$I_1 = \frac{1}{2Z_0}(V_2 + Z_0(-I_2))e^{\gamma l} - \frac{1}{2Z_0}(V_2 - Z_0(-I_2))e^{-\gamma l} \qquad (6.110)$$

が得られる. 双曲線関数を用いると縦続行列 K

$$\begin{pmatrix} V_1 \\ I_1 \end{pmatrix} = K \begin{pmatrix} V_2 \\ -I_2 \end{pmatrix},\ K = \begin{pmatrix} \cosh\gamma l & Z_0 \sinh\gamma l \\ Z_0^{-1}\sinh\gamma l & \cosh\gamma l \end{pmatrix} \qquad (6.111)$$

が得られる. $|K|=1$ であるので, 相反性を満たしている.

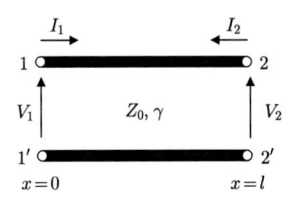

図 **6.36** 2 端子対網としての分布定数回路

6.7.4 S 行 列

S 行列 (Scattering matrix, **散乱行列**) は, フィルタ理論や分布定数回路の理論で重要な役割を果たしている. ここでは 2 ポートについての定義式だけを与える. 図 6.33 で $Z_G = Z_L = Z_0$ とし, 入出力ポートの電圧, 電流に対称性をもたせるために式 (6.98) の入射波, 反射波を $\sqrt{Z_0}$ で規格化した

$$\left.\begin{array}{l} a_1 = \dfrac{V_\mathrm{i}(0)}{\sqrt{Z_0}} = \dfrac{1}{2}\left(\dfrac{V_1}{\sqrt{Z_0}} + \sqrt{Z_0}I_1\right),\ a_2 = \dfrac{V_\mathrm{i}(\ell)}{\sqrt{Z_0}} = \dfrac{1}{2}\left(\dfrac{V_2}{\sqrt{Z_0}} + \sqrt{Z_0}I_2\right) \\ b_1 = \dfrac{V_\mathrm{r}(0)}{\sqrt{Z_0}} = \dfrac{1}{2}\left(\dfrac{V_1}{\sqrt{Z_0}} - \sqrt{Z_0}I_1\right),\ b_2 = \dfrac{V_\mathrm{r}(\ell)}{\sqrt{Z_0}} = \dfrac{1}{2}\left(\dfrac{V_2}{\sqrt{Z_0}} - \sqrt{Z_0}I_2\right) \end{array}\right\} \\ (6.112)$$

を定義する. a_1, a_2 または b_1, b_2 はそれぞれ, 2 ポートの各ポートに入る波, 各

6.7 分布定数線路と散乱行列 (S 行列)

ポートから出る波を表している．入射波と反射波間の 2×2 の行列 S

$$\mathbf{b} = S\mathbf{a}, \ S = \begin{bmatrix} s_{11} & s_{12} \\ s_{21} & s_{22} \end{bmatrix}, \ \mathbf{a} = (a_1, a_2)^t, \ \mathbf{b} = (b_1, b_2)^t \quad (6.113)$$

を定義する．すなわち S は式 (6.102) の反射係数 $\rho(x)$ の行列版である．なお，一般性を失うことなしに $Z_0 = 1$ としてよいから

$$\mathbf{a} = \frac{1}{2}(\mathbf{V} + \mathbf{I}), \ \mathbf{b} = \frac{1}{2}(\mathbf{V} - \mathbf{I}), \quad \mathbf{V} = (V_1, V_2)^t, \ \mathbf{I} = (I_1, I_2)^t \quad (6.114)$$

より

$$\mathbf{V} - \mathbf{I} = S(\mathbf{V} + \mathbf{I}) \quad (6.115)$$

となる．

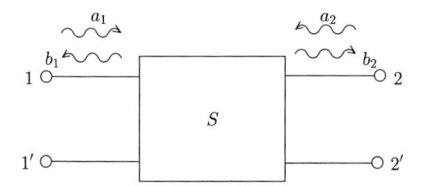

図 6.37 S 行列の入射波 $\mathbf{a} = (a_1, a_2)^t$ と反射波 $\mathbf{b} = (b_1, b_2)^t$

6.7.5 双 曲 線 関 数
a. 定義

双曲線関数 (hyperbolic function) は三角関数と双子の関係にあるもので，その定義式を列挙する．

$$\sinh\theta = \frac{e^\theta - e^{-\theta}}{2}, \ \cosh\theta = \frac{e^\theta + e^{-\theta}}{2} \quad (6.116)$$

上の両式の和をとると

$$e^\theta = \cosh\theta + \sinh\theta \quad (6.117)$$

が得られ，さらに三角関数と同様に

$$\left.\begin{array}{rclrcl} \tanh\theta &=& \dfrac{\sinh\theta}{\cosh\theta} & \coth\theta &=& \dfrac{1}{\tanh\theta} \\ \mathrm{sech}\theta &=& \dfrac{1}{\cosh\theta} & \mathrm{cosech}\theta &=& \dfrac{1}{\sinh\theta} \end{array}\right\} \quad (6.118)$$

実変数の θ に対して上記の双曲線関数は図 6.38 のように変化する．

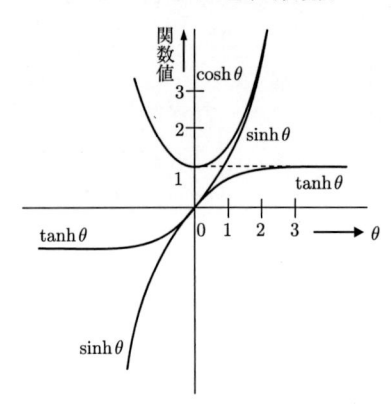

図 6.38　実変数 θ の双曲線関数

b. 双曲線関数と三角関数との関係

純虚数 $j\theta$ の場合の双曲線関数は，式 (3.39) の三角関数の定義に戻れば

$$\left.\begin{array}{ll}\sinh j\theta = j\sin\theta, & \cosh j\theta = \cos\theta \\ \sin j\theta = j\sinh\theta, & \cos j\theta = \cosh\theta\end{array}\right\} \quad (6.119)$$

がえられる．また，双曲線関数の定義に戻れば

$$\cosh^2\theta - \sinh^2\theta = 1 \tag{6.120}$$

が得られる．これは三角関数の関係式 $\cos^2\theta + \sin^2\theta = 1$ と共に記憶されたい．

6.8　諸行列間の関係

各々定義式に戻れば簡単に表 6.1 の関係式は得られる．

表 6.1　諸行列間の関係

	Y	Z	K	H
Y	$\begin{pmatrix} y_{11} & y_{12} \\ y_{21} & y_{22} \end{pmatrix}$	$\dfrac{1}{\lvert Z\rvert}\begin{pmatrix} z_{22} & -z_{12} \\ -z_{21} & z_{11} \end{pmatrix}$	$\dfrac{1}{B}\begin{pmatrix} D & -\lvert K\rvert \\ -1 & A \end{pmatrix}$	$\dfrac{1}{h_{11}}\begin{pmatrix} 1 & -h_{12} \\ h_{21} & \lvert H\rvert \end{pmatrix}$
Z	$\dfrac{1}{\lvert Y\rvert}\begin{pmatrix} y_{22} & -y_{12} \\ -y_{21} & y_{11} \end{pmatrix}$	$\begin{pmatrix} z_{11} & z_{12} \\ z_{21} & z_{22} \end{pmatrix}$	$\dfrac{1}{C}\begin{pmatrix} A & \lvert K\rvert \\ 1 & D \end{pmatrix}$	$\dfrac{1}{h_{22}}\begin{pmatrix} \lvert H\rvert & h_{12} \\ -h_{21} & 1 \end{pmatrix}$
K	$\dfrac{-1}{y_{21}}\begin{pmatrix} y_{22} & 1 \\ \lvert Y\rvert & y_{11} \end{pmatrix}$	$\dfrac{1}{z_{21}}\begin{pmatrix} z_{11} & \lvert Z\rvert \\ 1 & z_{22} \end{pmatrix}$	$\begin{pmatrix} A & B \\ C & D \end{pmatrix}$	$\dfrac{-1}{h_{21}}\begin{pmatrix} \lvert H\rvert & h_{11} \\ h_{22} & 1 \end{pmatrix}$
H	$\dfrac{1}{y_{11}}\begin{pmatrix} 1 & -y_{12} \\ y_{21} & \lvert Y\rvert \end{pmatrix}$	$\dfrac{1}{z_{22}}\begin{pmatrix} \lvert Z\rvert & z_{12} \\ -z_{21} & 1 \end{pmatrix}$	$\dfrac{1}{D}\begin{pmatrix} B & \lvert K\rvert \\ -1 & C \end{pmatrix}$	$\begin{pmatrix} h_{11} & h_{12} \\ h_{21} & h_{22} \end{pmatrix}$

6.8 諸行列間の関係

表 6.1(続き)

	S から Y,Z,K,H への変換	
Y	$\dfrac{1}{Z_0\Delta_{sy}}\begin{pmatrix}(1-s_{11})(1+s_{22})+s_{12}s_{21} & -2s_{12} \\ -2s_{21} & (1+s_{11})(1-s_{22})+s_{12}s_{21}\end{pmatrix}$	$\Delta_{sy}=(1+s_{11})(1+s_{22})$ $-s_{12}s_{21}$
Z	$\dfrac{Z_0}{\Delta_{sz}}\begin{pmatrix}(1+s_{11})(1-s_{22})+s_{12}s_{21} & 2s_{12} \\ 2s_{21} & (1-s_{11})(1+s_{22})+s_{12}s_{21}\end{pmatrix}$	$\Delta_{sz}=(1-s_{11})(1-s_{22})$ $-s_{12}s_{21}$
K	$\begin{pmatrix}\dfrac{(1+s_{11})(1-s_{22})+s_{12}s_{21}}{2s_{21}} & Z_0\dfrac{(1+s_{11})(1+s_{22})-s_{12}s_{21}}{2s_{21}} \\ \dfrac{1}{Z_0}\dfrac{(1-s_{11})(1-s_{22})-s_{12}s_{21}}{2s_{21}} & \dfrac{(1-s_{11})(1+s_{22})+s_{12}s_{21}}{2s_{21}}\end{pmatrix}$	
H	$\begin{pmatrix}Z_0\dfrac{(1+s_{11})(1+s_{22})-s_{12}s_{21}}{\Delta_{sh}} & \dfrac{2s_{12}}{\Delta_{sh}} \\ -\dfrac{2s_{21}}{\Delta_{sh}} & \dfrac{1}{Z_0}\dfrac{(1-s_{11})(1-s_{22})-s_{12}s_{21}}{\Delta_{sh}}\end{pmatrix}$	$\Delta_{sh}=(1-s_{11})(1+s_{22})$ $+s_{12}s_{21}$

	Y,Z,K,H から S への変換	
Y	$\begin{pmatrix}\dfrac{(1-\tilde{y}_{11})(1+\tilde{y}_{22})-\tilde{y}_{12}\tilde{y}_{21}}{\Delta_{ys}} & -\dfrac{2\tilde{y}_{12}}{\Delta_{ys}} \\ -\dfrac{2\tilde{y}_{21}}{\Delta_{ys}} & \dfrac{(1+\tilde{y}_{11})(1-\tilde{y}_{22})-\tilde{y}_{12}\tilde{y}_{21}}{\Delta_{ys}}\end{pmatrix}$	$\Delta_{ys}=(\tilde{y}_{11}+1)(\tilde{y}_{22}+1)$ $-\tilde{y}_{12}\tilde{y}_{21},$ $\tilde{y}_{ij}=Z_0 y_{ij}$
Z	$\begin{pmatrix}\dfrac{(\tilde{z}_{11}-1)(\tilde{z}_{22}+1)-\tilde{z}_{12}\tilde{z}_{21}}{\Delta_{zs}} & \dfrac{2\tilde{z}_{12}}{\Delta_{zs}} \\ \dfrac{2\tilde{z}_{21}}{\Delta_{zs}} & \dfrac{(\tilde{z}_{11}+1)(\tilde{z}_{22}-1)-\tilde{z}_{12}\tilde{z}_{21}}{\Delta_{zs}}\end{pmatrix}$	$\Delta_{zs}=(\tilde{z}_{11}+1)(\tilde{z}_{22}+1)$ $-\tilde{z}_{12}\tilde{z}_{21},$ $\tilde{z}_{ij}=\dfrac{z_{ij}}{z_0}$
K	$\dfrac{1}{\Delta_k}\begin{pmatrix}\tilde{A}+\tilde{B}-\tilde{C}-\tilde{D} & 2(\tilde{A}\tilde{D}-\tilde{B}\tilde{C}) \\ 2 & -\tilde{A}+\tilde{B}-\tilde{C}+\tilde{D}\end{pmatrix}$	$\Delta_k=\tilde{A}+\tilde{B}+\tilde{C}+\tilde{D},$ $\tilde{A}=A, \tilde{B}=\dfrac{B}{Z_0},$ $\tilde{C}=CZ_0, \tilde{D}=D$
H	$\begin{pmatrix}\dfrac{(\tilde{h}_{11}-1)(\tilde{h}_{22}+1)-\tilde{h}_{12}\tilde{h}_{21}}{\Delta_{hs}} & \dfrac{2\tilde{h}_{12}}{\Delta_{hs}} \\ -\dfrac{2\tilde{h}_{21}}{\Delta_{hs}} & \dfrac{(1+\tilde{h}_{11})(1-\tilde{h}_{22})+\tilde{h}_{12}\tilde{h}_{21}}{\Delta_{hs}}\end{pmatrix}$	$\Delta_{hs}=(\tilde{h}_{11}+1)(\tilde{h}_{22}+1)-$ $\tilde{h}_{12}\tilde{h}_{21}, \tilde{h}_{11}=\dfrac{h_{11}}{Z_0},$ $\tilde{h}_{12}=h_{12}, \tilde{h}_{21}$ $=h_{21}, \tilde{h}_{22}=h_{22}Z_0$

演習問題

6.1 図 6.A の回路で電源側からみた入力インピーダンス Z_{in} および比 $|I/J|$ を求めよ．ただし，図中の数値の単位は Ω とする．

6.2 図 6.B の回路で $|V_1/V_2|$, $\arg V_1/V_2$, J/E を求めよ．ただし図中の数値の単位は Ω とする．

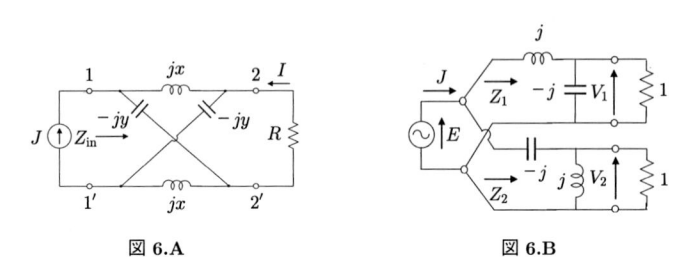

図 6.A

図 6.B

6.3 図 6.C の 2 ポートのインピーダンス行列 Z が

$$Z = \begin{pmatrix} 1+j & j \\ j & 1-j \end{pmatrix} \tag{6.121}$$

であるとする．N の 1–1′ に 1 A の電流源をつないだとき，2–2′ に接続されている負荷インピーダンス z_L に大きさ 1 V の電圧が生じ，1–1′ に $\sqrt{3}$ V の電圧源をつないだときも同じく，z_L に大きさ 1 V の電圧が生じた．z_L を求めよ．

6.4 アドミタンス行列 Y

$$Y = \begin{pmatrix} 1 & -j \\ -j & 1 \end{pmatrix} \tag{6.122}$$

を有する図 6.D の 2 ポートに，図のように 1–1′ に電圧源をつないだとき，V は E に比べ，大きさは $1/2\sqrt{2}$, 位相は $\pi/4$ 進みであるという．接続されている負荷インピーダンス z_L を求めよ．

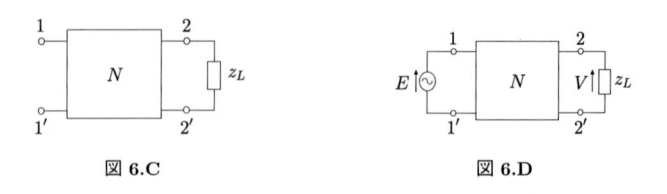

図 6.C

図 6.D

6.5 図 6.E の回路において $\arg V/E = 2\pi/3$ である．$|V/E|$, x/r を求めよ．

図 6.E   　　　　　　　　図 6.F

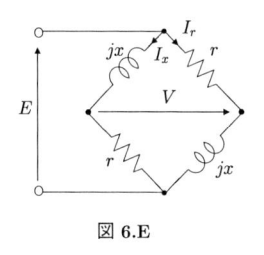

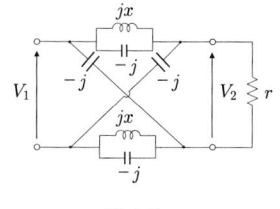

6.6 図 6.F の対称格子回路において V_2 は V_1 に比べ大きさは $1/\sqrt{2}$, 位相は $3\pi/4$ 遅れであるという. $x > 0, r > 0$ を求めよ. 図中の数値の単位は Ω とする.

6.7 図 6.G の回路において, V は E に比べ大きさで $1/\sqrt{2}$ であり, 位相は $3\pi/4$ 遅れる. $x > 0, r > 0$ を求めよ. 図中の数値の単位は Ω とする.

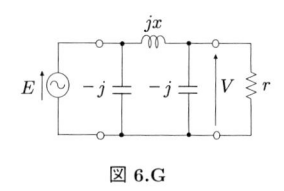

図 6.G

6.8 図 6.35 の電源角周波数 ω の単位長さ当たりの直列インピーダンス $Z = j\omega L$, 並列アドミタンス $Y = j\omega C$ を有する無損失の分布定数線路の微小区間の等価回路において, x 点での線路の電圧フェーザ $V(x)$, 電流フェーザ $I(x)$ は式 (6.93) の線路の方程式を満たす. 以下の小問に答えよ.

(1) $V(x)$ は未知定数 A, B を含む形で $V(x) = Ae^{-\gamma x} + Be^{\gamma x}$ と表現できる. $I(x)$ を求めよ. ただし, $\gamma(\omega) \stackrel{\text{def}}{=} \sqrt{Z(\omega)Y(\omega)}$ であり, $Z_0(\omega) \stackrel{\text{def}}{=} \sqrt{\dfrac{Z(\omega)}{Y(\omega)}}$ を利用せよ.

(2) 点 x から受端側をみた入力インピーダンス
$$Z(x) \stackrel{\text{def}}{=} \frac{V(x)}{I(x)} \text{ は } \frac{Z(x + \lambda/4)}{Z_0} = \frac{Z_0}{Z(x)}$$
を満たすことを示せ. ただし, $\lambda(\omega) \stackrel{\text{def}}{=} \dfrac{2\pi}{\beta(\omega)}, \beta(\omega) \stackrel{\text{def}}{=} \text{Im}[\gamma(\omega)]$ である.

(3) 終端 $x = \ell$ を開放したときの反射係数 $\rho(\ell)$ を求めよ. ただし, $\rho(x) \stackrel{\text{def}}{=} \dfrac{V_r(x)}{V_i(x)}, V_i(x) \stackrel{\text{def}}{=} Ae^{-\gamma x}, V_r(x) \stackrel{\text{def}}{=} Be^{\gamma x}$ である.

(4) 終端 $x = \ell$ を開放したときの $V(x), I(x), Z(x)$ を求めよ.

6.9 図 6.35 の電源角周波数 ω の単位長さ当たりの直列インピーダンス $Z = j\omega L$, 並列アドミタンス $Y = j\omega C$ を有する無損失の分布定数線路の微小区間の等価回路にお

いて，x 点での線路の電圧フェーザ $V(x)$，電流フェーザ $I(x)$ は式 (6.93) の線路の方程式を満たす．以下の小問に答えよ．

(1) $V(x)$ は $V(x) = Ae^{-\gamma x} + Be^{\gamma x}$ と表現できるので，未知定数 A, B は，終端 $x = \ell$ での条件 $V_\ell = V(\ell), I_\ell = I(\ell)$ から定まる．$I(x)$ を求めよ．ただし，線路の特性インピーダンス $Z_0(\omega) \stackrel{\text{def}}{=} \sqrt{\dfrac{Z(\omega)}{Y(\omega)}}$ および伝搬定数 $\gamma(\omega) \stackrel{\text{def}}{=} \sqrt{Z(\omega)Y(\omega)}$ 等を利用せよ．

(2) 終端 $x = \ell$ を短絡した時の反射係数 $\rho(\ell)$ を求めよ．ただし，$\rho(x) \stackrel{\text{def}}{=} \dfrac{V_r(x)}{V_i(x)}, V_i(x) = Ae^{-\gamma x}, V_r(x) = Be^{\gamma x}$ である．

(3) 終端 $x = \ell$ を短絡した時の $V(x), I(x)$ を求めよ．

6.10 図 6.35 の電源角周波数 ω の単位長さ当たりの直列インピーダンス $Z = R + j\omega L$，並列アドミタンス $Y = G + j\omega C$ を有する分布定数線路の微小区間の等価回路において，x 点での線路の電圧フェーザ $V(x)$，電流フェーザ $I(x)$ は式 (6.93) の線路の方程式を満たす．以下の小問に答えよ．

(1) 無歪条件 $\dfrac{R}{L} = \dfrac{G}{C}$ が成立する場合の線路の特性インピーダンス $Z_0(\omega) \stackrel{\text{def}}{=} \sqrt{\dfrac{Z(\omega)}{Y(\omega)}}$ および伝搬定数 $\gamma(\omega) \stackrel{\text{def}}{=} \sqrt{Z(\omega)Y(\omega)}$ の実部 $\alpha(\omega)$，虚部 $\beta(\omega)$ を求めよ．

(2) $V(x) = Ae^{-\gamma x} + Be^{\gamma x}$ とする．$I(x)$ を求めよ．さらに，終端 $x = \ell$ での条件 $V_\ell = V(\ell), I_\ell = I(\ell)$ を用いて定数 A, B を求めよ．

(3) $V(x), I(x), Z_0(\omega)$ を用いて反射係数 $\rho(x) \stackrel{\text{def}}{=} \dfrac{V_r(x)}{V_i(x)}$ を表せ．

(4) $\rho(x)$ を用いて点 x から見た入力インピーダンス $Z(x) = \dfrac{V(x)}{I(x)}$ を表せ．次に，終端インピーダンス $Z(\ell)$ が開放，短絡，Z_0 で終端，の各々の場合に対して $\rho(\ell)$ を求めよ．

(5) 無損失線路の場合 $(R = G = 0)$，$Z(x)$ は $Z_0^2 = Z(x + \lambda/4)Z(x)$ を満たすことを示せ．ただし，$\lambda = \dfrac{2\pi}{\beta(\omega)}$ は波長である．

7. 回路に関する諸定理

本章では，回路に対し一般的に成立する諸定理を述べる．これは広い応用範囲を有しているので，回路の性質を理解するために重要である．

7.1 重ね合わせの理 (重畳の理)

同一の駆動角周波数 ω を有する複数個の電源 (電圧源や電流源等) がある場合の回路の計算法について考える†．

重ね合わせの理は以下のように言い表される．「回路中に電圧源 $E_1,\cdots,E_m$，電流源 $J_1,\cdots,J_{m'}$ があるときは，回路中の任意の枝電圧，枝電流は以下の $(m+m')$ 個の場合に対するおのおのの解を加え合わせれば得られる」

$$\left.\begin{array}{l} 場合\ k(1\leq k\leq m) \\ \quad : E_i = E_i\delta_{ik},\ J_j = 0,\ 1\leq i\leq m,\ 1\leq j\leq m' \\ 場合\ k'+m\ (1\leq k'\leq m') \\ \quad : E_i = 0,\ J_j = J_j\delta_{jk'},\ 1\leq i\leq m,\ 1\leq j\leq m' \end{array}\right\} \quad (7.1)$$

すなわち，一つの電源を残し，他はすべて以下の方法で**電源を無効化した**状態で電圧，電流を求め，それらをそれぞれ加える．

$$\left.\begin{array}{l} 電圧源\ E_i = 0\ :\ 電圧源枝を短絡除去 \\ 電流源\ J_j = 0\ :\ 電流源枝を開放除去 \end{array}\right\} \quad (7.2)$$

言うまでもないが，既に 6 章では重ね合わせの理が成立することを前提としていた．すなわち，重ね合わせの理は，キルヒホッフの二法則が電圧，電流の**線形和，線形結合**についても成立することに基づいている．2 ポートのインピー

---

† なお，異なる駆動角周波数 ω_1,ω_2 の場合は，重ね合わせの**一般形**であると理解される．

ダンス行列 Z やアドミタンス行列 Y の定義式 $V = ZI$, $I = YV$ のように, それぞれ未知数 I, V は複素数値の係数を有した連立一次方程式の解である.

例題 7.1 図 7.1 の回路で電流 I を求めよ.

[解] 単純な直並列の計算により,

$$I = \frac{3E_1}{5} + \frac{E_2}{5} - \frac{2J}{5} \tag{7.3}$$

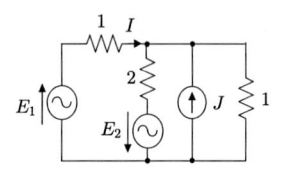

図 7.1 例題 7.1 の回路

7.2 回路の双対性

電気回路に関する法則や記述は, 多くの場合, 二つずつ対をなして現れる. このことは電気回路の**双対性** (duality) といわれる. 双対をなしている概念を列挙すると, 表 7.1 のようになる. なお, 後半の 4 項目は以下の節で学ぶ.

表 7.1 双対をなす概念の例

電圧	電流
電荷	磁束
インピーダンス	アドミタンス
キャパシタ	コイル
抵抗	コンダクタンス
リアクタンス	サセプタンス
電圧源	電流源
直列接続	並列接続
短絡	開放
テブナンの定理	ノートンの定理
閉路	カットセット
木の枝電圧	リンク電流
リンク電圧	木の枝電流

7.3 相反 (可逆) 定理

図 7.2 の回路に対して

$$\begin{pmatrix} I_1 \\ I_2 \end{pmatrix} = \begin{pmatrix} y_{11} & y_{12} \\ y_{21} & y_{22} \end{pmatrix} \begin{pmatrix} V_1 \\ V_2 \end{pmatrix} \tag{7.4}$$

が成立する．図 7.2 の (a) の状態 ($V_1 = E_1, V_2 = 0$) と (b) の状態 ($V_1 = 0, V_2 = E_2$) を考えると各々 $I_2 = y_{21}E_1, I_1 = y_{12}E_2$ が得られる．これらは

$$\text{対称条件：} y_{21} = y_{12} \tag{7.5}$$

を要請すると，

$$\frac{I_2}{E_1} = \frac{I_1}{E_2} \tag{7.6}$$

が得られる．対称条件 (7.5) や式 (7.6) が成立することを**相反 (可逆) 定理** (reciprocity theorem) という．

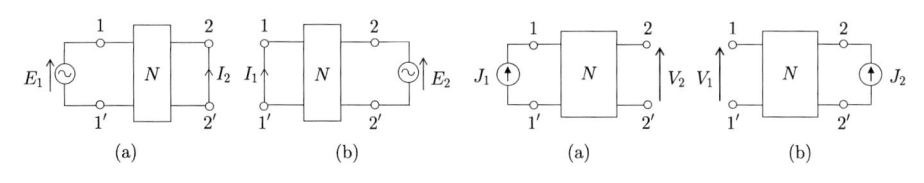

図 **7.2** 相反定理の説明図 I　　図 **7.3** 相反定理の説明図 II

また図 7.3 の場合には

$$\begin{pmatrix} V_1 \\ V_2 \end{pmatrix} = \begin{pmatrix} z_{11} & z_{12} \\ z_{21} & z_{22} \end{pmatrix} \begin{pmatrix} I_1 \\ I_2 \end{pmatrix} \tag{7.7}$$

において，(a) の状態 ($I_1 = J_1, I_2 = 0$) と (b) の状態 ($I_1 = 0, I_2 = J_2$) を考えて対称条件

$$\frac{V_2}{J_1} = \frac{V_1}{J_2} \tag{7.8}$$

を仮定すると

$$\text{対称条件：} z_{21} = z_{12} \tag{7.9}$$

が得られる．相反定理は R, L, C, M だけからなる回路の Z や Y が**対称行列で**あることの言い換えである．以下に述べる Z や Y の行列のサイズが 3 となる，3 ポートのように少し複雑な回路でも相反定理が成立するが，原理的には二つのポート間の関係である 2 ポートの議論に尽きるので説明はしない．

相反定理が成り立つ回路は**相反回路** (reciprocal network) と呼ばれ，そうでない回路は**非相反回路** (nonreciprocal network) と呼ばれる．トランジスタ，真空管などを含む回路は一般に非相反である．

7.4 等価電源 (テブナン，ノートン) の定理

テブナンの定理とノートンの定理は，複数個の電源をもつ 2 ポートが単一の電圧源 (あるいは電流源) と等価であることを主張する．回路理論では重要な定理の一つである．

7.4.1 テブナンの定理

図 7.4 の二つの独立した回路 N_0, N において，N_0 は電源を含む回路で，N は電源を含まない回路とする．V_0 は N_0 の端子 $1, 1'$ 間の電圧 (**開放電圧**と呼ぶ) とし，Z_0 は N_0 の内部電源を全て無効化した状態で端子 1–1′ から内部を見たときの入力インピーダンスで，Z は N の端子 2–2′ からみた入力インピーダンスとする．**テブナンの定理**は図 7.4 のように N_0 の端子対 1–1′ と N のそれ 2–2′ をつないだとき，端子 1 から 2 へ流れる電流 I は

$$I = \frac{V_0}{Z_0 + Z} \tag{7.10}$$

であることを主張するものである．

この定理の証明は省略するが，図 7.5 に示しているように，N_0 が (a) の開放電圧 V_0，(b) の内部インピーダンス Z_0 を有する (c) の電源と等価であることを利用すれば，上式は Z_0 と Z の直列接続で Z に流れる電流であることから定

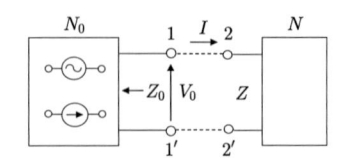

図 **7.4** テブナンの定理

7.4 等価電源 (テブナン, ノートン) の定理

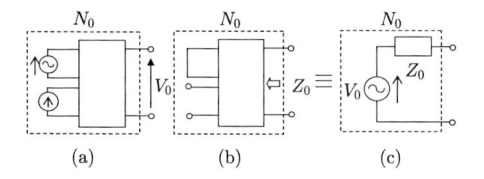

図 7.5 回路 N_0:(a) 開放電圧 V_0, (b) 電源インピーダンス Z_0, (c) 等価電圧源

理の主張は明らかであろう.

7.4.2 ノートンの定理

図 7.6 において電源を含む回路 N_0 の端子 $1, 1'$ 間を短絡したときに流れる電流 (**短絡電流**と呼ぶ) を I_0 とし, N_0 の 1–$1'$ から内部を見たときの入力アドミタンスを Y_0 とする. また, 電源を含まない N の端子 2–$2'$ からみた入力アドミタンスを Y とする. ノートンの定理は図 7.6 のように, N を N_0 と接続した場合, 端子間電圧 V は

$$V = \frac{I_0}{Y_0 + Y} \tag{7.11}$$

であることを主張するものである.

この場合も図 7.7 に示しているように, N_0 が (a) の短絡電流 I_0, (b) の電源アドミタンス Y_0 を有する (c) の電流源で表現可能であることと Y_0, Y の並列

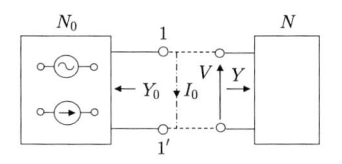

図 7.6 ノートンの定理

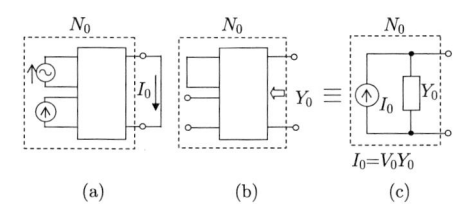

図 7.7 回路 N_0:(a) 短絡電流 I_0, (b) 電源アドミタンス Y_0,(c) 等価電流源

接続による端子間電圧 V は式 (7.11) で与えられるから主張は明らかであろう．なお，図 7.5(c) と図 7.7(c) 間に，図 4.7 の**電圧源と電流源の等価関係** (すなわち，$V_0 = Z_0 I_0, Y_0 = 1/Z_0$) が成立する．したがって，テブナンの定理とノートンの定理は互いに**双対の関係**にあることがわかる．

例題 7.4 図 7.8 の回路に等価な電源を求めよ．

[解] 電源が 2 個あるので，一つの電源を残し他方の電源を無効化して開放電圧あるいは短絡電流を求める．この操作を 2 回繰り返して重ね合わせの理を適用すればよい．

$$J \text{ を無効化した状態} : \left(\begin{array}{l} \text{開放電圧 } V_{01} = E \times \dfrac{3}{9} = \dfrac{E}{3}, Z_{01} = 2 \\ \text{短絡電流 } I_{01} = \dfrac{\frac{E}{3}}{2} = \dfrac{E}{6}, Y_{01} = \dfrac{1}{2} \end{array} \right)$$

$$E \text{ を無効化した状態} : \left(\begin{array}{l} \text{短絡電流 } I_{02} = J, Y_{02} = \dfrac{1}{2} \\ \text{開放電圧 } V_{02} = J \times 2 = 2J, Z_{02} = 2 \end{array} \right)$$

$$E, J \text{ の共存状態} : \left(\begin{array}{l} \text{開放電圧 } V_0 = V_{01} + V_{02} = \dfrac{E}{3} + 2J, Z_0 = 2 \\ \text{短絡電流 } I_0 = I_{01} + I_{02} = \dfrac{E}{6} + J, Y_0 = \dfrac{1}{2} \end{array} \right)$$

したがって，図 7.9 の等価電源を得る．

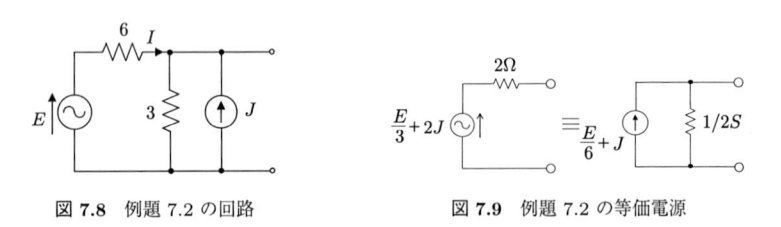

図 7.8 例題 7.2 の回路

図 7.9 例題 7.2 の等価電源

7.5 補 償 定 理

補償定理は以下のように記述できる．図 7.10(a) のように，電流 I_0 が流れている枝にインピーダンス Z を挿入するとき，挿入により生ずる回路中の電圧，電流の変化分は，図 (d) のように，回路中の電源をすべて無効化し，Z を挿入

した状態において Z に直列に電圧源 ZI_0 を I_0 と逆向きに加える場合の電圧，電流に等しい．何故ならばインピーダンス Z を挿入したときの回路は図 (b) (2個の逆向きの電圧源 ZI_0 を挿入しているので Z を接続したことになる) と同じである．重ね合わせの理より，図 (b) は図 (c)(Z に電流 I_0 が流れ，Z の端子間電圧 ZI_0 と打消し合うので 2–2′ 間は短絡される) と図 (d) の重ね合わせである．図 (d) はテブナンの定理やノートンの定理の説明図 (図 7.4，図 7.6) の回路と同じである．

補償定理と等価電源の定理とほぼ同じ内容を有している．すなわち，補償定理では Z に電流 I_0 が流れる状態を出発点にしてこれからの変化が I_0 とは逆向きの**補償電圧源** ZI_0 によるとしているから，Z に流れる電流 I は

$$I = I_0 - \frac{ZI_0}{Z_0 + Z} = \frac{Z_0 I_0}{Z_0 + Z} = \frac{V_0}{Z_0 + Z} \tag{7.12}$$

で与えられる．ただし，上式の導出で図 (a) の N_0 の内部インピーダンスを Z_0 とし，開放電圧は $V_0 = Z_0 I_0$ で与えられることを用いた．上式はテブナンの定理 (式 (7.10)) そのものである．このとき，Z にかかる端子電圧 V は

$$V = ZI = Z\frac{Z_0 I_0}{Z_0 + Z} = \frac{I_0}{Y_0 + Y} \tag{7.13}$$

で与えられる．上式はノートンの定理 (式 (7.11)) そのものである．

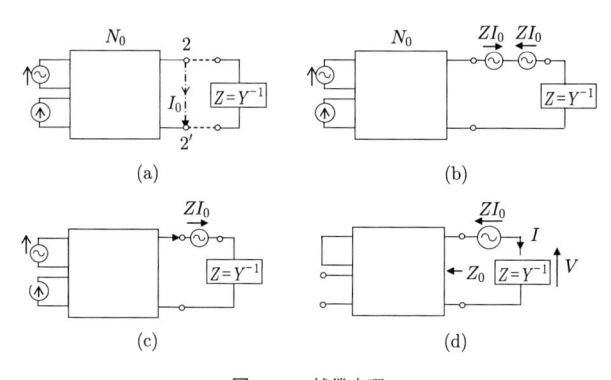

図 **7.10** 補償定理

7.6 供給電力最大の法則

図 7.11(a) のように電源インピーダンス Z_0 の電圧 E の電圧源 (あるいは図 (b) のように電源アドミタンス $Y_0 = 1/Z_0$ の電流 J の電流源) に可変の負荷インピーダンス Z(アドミタンス $Y = 1/Z$) を接続したとき，負荷で消費される電力 P が最大となるように Z, Y を調整して決定する問題を考えよう．

まず，Z_0, Y_0, Z, Y 等を各々実部と虚部とに分解してそれぞれ

$$\left.\begin{array}{l} Z_0 = R_0 + jX_0, \quad Y_0 = (Z_0)^{-1} = \dfrac{1}{R_0 + jX_0} = G_0 + jB_0 \\[6pt] Z = R + jX, \quad Y = Z^{-1} = \dfrac{1}{R + jX} = G + jB \end{array}\right\} \quad (7.14)$$

とおく．

図 7.11(a) において Z を流れる電流 I と複素電力 P_c，消費電力 P は

$$\left.\begin{array}{l} I = \dfrac{E}{Z_0 + Z} = \dfrac{E}{(R_0 + R) + j(X_0 + X)} \\[6pt] P_c = ZI\bar{I} = Z|I|^2 \\[6pt] P = Re[P_c] = \dfrac{R}{(R_0 + R)^2 + (X_0 + X)^2}|E|^2 \end{array}\right\} \quad (7.15)$$

となる．同様に図 (b) において Y にかかる電圧 V と回路全体の複素電力 P_c，消費電力 P は

$$\left.\begin{array}{l} V = \dfrac{J}{Y_0 + Y} = \dfrac{J}{(G_0 + G) + j(B_0 + B)} \\[6pt] P_c = V\overline{YV} = \bar{Y}|V|^2 \\[6pt] P = Re[P_c] = \dfrac{G}{(G_0 + G)^2 + (B_0 + B)^2}|J|^2 \end{array}\right\} \quad (7.16)$$

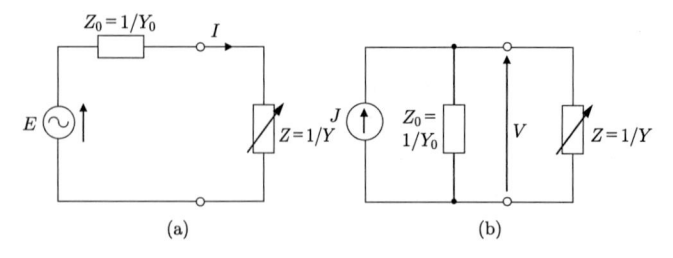

図 7.11 供給電力最大の法則

となる．式 (7.15) の P と (7.16) のそれは同形の式なので，式 (7.15) の場合だけを考える．

(a) R は一定で X が可変の場合

$$X = -X_0 \text{ の時} \tag{7.17}$$

$$\text{最大値:} P = \frac{R}{(R_0 + R)^2}|E|^2 \tag{7.18}$$

を達成することは明らかであろう．

(b) R は可変で X が一定の場合

可変変数 R が消費電力 P の分母，分子のいずれにも含まれているので，直接 P を R に関して微分すると計算は面倒である．直接微分しないで結果を導く方法を示す．この場合は以下の，場合 (d) の特殊例と考えられる．結果だけを先に述べると，R は jX を電源側に含めて電源インピーダンスの大きさに等しく

$$R = |R_0 + j(X_0 + X)| = \sqrt{R_0^2 + (X_0 + X)^2} \tag{7.19}$$

の時 P は最大となる．

(c) R, X の両者が可変の場合

場合 (a) において R を可変として式 (7.18) を最大化すればよい．これは $R = R_0$ のとき達成できるので

$$R = R_0, X = -X_0 \text{ すなわち } Z = \overline{Z_0} \text{ の時} \tag{7.20}$$

$$\text{最大値:} P_{\max} = \frac{|E|^2}{4R_0} \tag{7.21}$$

を達成する．$P_{\max}$ は電源から取り出し得る最大の電力であるので，**固有電力，有能電力**と呼ばれる．この場合，図 7.11(a) の Z に流れる電流 I，**電源での消費電力** P_0 は各々

$$I = \frac{E}{Z_0 + \overline{Z_0}} = \frac{E}{2R_0} \tag{7.22}$$

$$P_0 = Re[E\overline{I}] = \frac{|E|^2}{2R_0} = 2P_{\max} \tag{7.23}$$

となる．すなわち，P_0 の半分が負荷で，残りの半分が電源自身のインピー

ダンスで消費され**熱損失**となる．交流電源や電池の場合にはこれは甚だ不都合であるので，通常 $R \gg R_0$ とする．式 (7.21) が考慮されるのは，8 章で取り扱う**信号の伝送**を議論する際に，E を電源とみなすのではなく**信号源**として扱う場合である．信号の周波数が単一とみなせる信号帯域が非常に狭い場合の信号伝送でしばしば議論の対象となる．すなわち，式 (7.20) は信号を効率よく伝送するための重要な条件である．

(d) $\arg[Z] = \tan^{-1} X/R$ は一定で $|Z|$ が可変の場合

$$Z = |Z|e^{j\arg[Z]}, \arg[Z] = \tan^{-1}\frac{X}{R} \quad (7.24)$$

であるので，大きさ $|Z|$ を $n^2 > 0$ でパラメータ化して

$$Z = n^2 Z', Z' = R' + jX', n^2 > 0 \quad (7.25)$$

とおく．式 (7.15) の消費電力 P において $R \to n^2 R', X \to n^2 X'$ と置き換えれば，

$$P = |E|^2 \frac{n^2 R'}{(R_0 + n^2 R')^2 + (X_0 + n^2 X')^2} \quad (7.26)$$

が得られる．上式の分母，分子を $n^2 > 0$ で割ると，

$$P = \frac{|E|^2 R'}{\frac{1}{n^2}(R_0^2 + X_0^2) + n^2(R'^2 + X'^2) + 2R_0 R' + 2X_0 X'}. \quad (7.27)$$

P の最大化は右辺分母の中の第 1, 2 項が等しい時達成できるので[†]，

$$\frac{1}{n^2}(R_0^2 + X_0^2) = n^2(R'^2 + X'^2) \quad (7.28)$$

すなわち

$$n^2 = \frac{|Z_0|}{|Z'|}, \quad (7.29)$$

[†] $f(n) = \dfrac{k}{\dfrac{a}{n^2} + bn^2 + c}$ とおくと $\dfrac{df}{dn} = \dfrac{k(-2an^{-3} + 2nb)}{\left(\dfrac{a}{n^2} + bn^2 + c\right)^2}$ より $\dfrac{df}{dn} = 0$ は $\dfrac{a}{n^2} = bn^2$ のとき成立する．

7.6 供給電力最大の法則

のとき達成される.$Z = n^2 Z'$ に戻せば

$$|Z| = |Z_0| \tag{7.30}$$

となる.式 (7.30) は見通しの良い式で,式 (7.20) と共に**整合の条件**と呼ばれる.また,(b) の場合も,可変変数 R が消費電力 P の分母,分子のいずれにも含まれているので,一見ややこしく見えるが,この場合には jX を電源側に含めて $jX_0 \Rightarrow j(X_0 + X)$ としたうえで上記の計算過程をたどれば

$$R = |R_0 + j(X_0 + X)| \tag{7.31}$$

のとき P は最大となる.

注意 反射係数とインピーダンス整合

式 (7.20) に関連して,以下の 2 種類の**反射係数**

$$\rho = \frac{Z - Z_0}{Z + Z_0}, \rho' = \frac{Z - \overline{Z_0}}{Z + Z_0} \tag{7.32}$$

を定義しよう.明らかに後者の $\rho' = 0$ のときは式 (7.20) が満たされるので,"電源と負荷はインピーダンス整合 (impedance matching)" あるいは "電源と負荷のインピーダンスが整合 (matching) している" という.一方,前者の ρ は 6.7 節の**伝送線路**の反射係数 $\rho(x)$(式 (6.102)) と同形 (信号の x 点での入力インピーダンス $Z(x)$ が Z に対応) である.$\rho = 0$ は終端 $x = \ell$ における終端インピーダンス $Z(\ell)$ と線路の特性インピーダンス Z_0 との整合条件 $\rho(\ell) = 0$(式 (6.104)) と同一である.なお,$Z_0 = R_0$(実数) の場合には両者の反射係数は一致する.

P と P_{max} の関係を ρ' で表現してみよう.

$$I = \frac{E}{Z_0 + Z}, P_c = Z|I|^2, P = \text{Re}[P_c], \text{Re}[Z] = \frac{Z + \overline{Z}}{2} \tag{7.33}$$

より,

$$P = \frac{Z + \overline{Z}}{2} \cdot \frac{|E|^2}{|Z_0 + Z|^2} \tag{7.34}$$

一方,

$$P_{\max} = \frac{|E|^2}{2} \cdot \frac{1}{2R_0} = \frac{|E|^2}{2} \frac{1}{Z_0 + \overline{Z}_0} \tag{7.35}$$

となるので,

$$\frac{P}{P_{\max}} = \frac{(Z+\overline{Z})(Z_0+\overline{Z}_0)}{|Z_0+Z|^2} = 1 - \frac{Z-\overline{Z}_0}{Z+Z_0} \cdot \frac{\overline{Z}-Z_0}{\overline{Z}+\overline{Z}_0} \quad (7.36)$$

である. すなわち

$$P = P_{\max}(1-|\rho'|^2) \quad (7.37)$$

が得られる. たとえば $X = X_0 = 0, R = \sqrt{2}R_0 = \sqrt{2}Z_0$ のとき, $\rho = \rho' = 2\sqrt{2}-3$ で, $P = 4(3\sqrt{2}-4)P_{\max}$ となる.

例題 7.5 図 7.12 の回路において, R_L での消費電力が最大となるように X_1, X_2 を定めよ. ただし, $R_L > R_0$ とする.

[解] 端子 $1, 1'$ から右をみたインピーダンスが R_0 と等しくなるようにすればよい. すなわち,

$$\frac{jR_L X_2}{R_L + jX_2} + jX_1 = R_0$$

から

$$-X_1 X_2 = R_0 R_L, \quad -\frac{X_1}{X_2} = \frac{R_L - R_0}{R_L}$$

両式から

$$X_1 = \pm\sqrt{R_0(R_L-R_0)}, \; X_2 = \mp R_L\sqrt{\frac{R_0}{R_L-R_0}}$$

が得られる.

図 7.12 の回路のように, $X_1 > 0, X_2 < 0$ の場合, jX_1, jX_2 は角周波数を ω とすれば, それぞれ図の L, C は $L = X_1/\omega, C = 1/\omega(-X_2)$ として実現でき, $X_1 < 0, X_2 > 0$ の場合, 図の jX_1 の L を C に入れ替え, 同時に jX_2 の C を L に入れ替えると, $C = 1/\omega(-X_1), L = X_2/\omega$ で実現できる. この種の回路

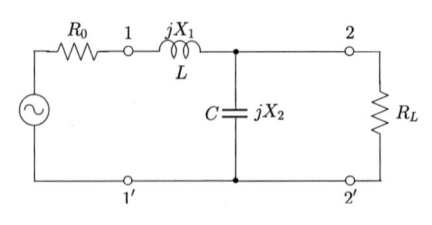

図 7.12 例題 7.5 の回路

は**整合回路**と呼ばれ，特定の周波数に対して整合をとりたいとき，例えば長・中波のアンテナ回路などで用いられる．

例題 7.6 図 7.11(b) の電流源に負荷インピーダンス Z を接続した場合の整合条件をもとめよ．

[解] この場合にはアドミタンスで考えればよいので，$Y_0 = Z_0^{-1}, Y = Z^{-1}$ に注意すれば直ちに得られる整合条件

$$Y = \overline{Y_0}, G = G_0, B = -B_0 \qquad (7.38)$$

から

$$R = \frac{G_0}{G_0^2 + B_0^2}, \quad X = \frac{B_0}{G_0^2 + B_0^2} \qquad (7.39)$$

を得る．

演習問題

7.1 図 7.A の (a),(b) の電源が等価となるよるように J, R を求めよ．
7.2 図 7.B の回路でインピーダンス $z_i (i = 1, 2, 3, 4)$ は次のように与えられているとする．

$$z_1 = 1\,\Omega, \quad z_2 = 1 + j\,\Omega,$$
$$z_3 = 1 - j\,\Omega, \quad z_4 = 2 + 3j\,\Omega$$

このとき電流 I(フェーザ) および z_4 での消費電力 P を求めよ．
7.3 図 7.C の二つの回路が端子対 1–1′ から見て等価になるように図 7.C(b) の E, Z を定めよ．ただし，電源の角周波数を ω rad/sec とする．
7.4 図 7.D の回路において
(1) 端子対 1–1′ から左側を見たインピーダンス Z を求めよ．

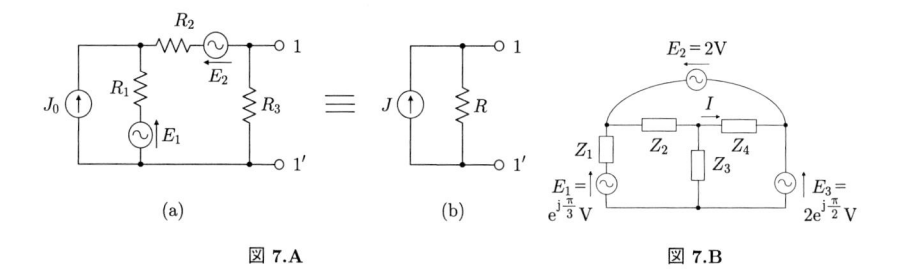

図 7.A

図 7.B

図 7.C

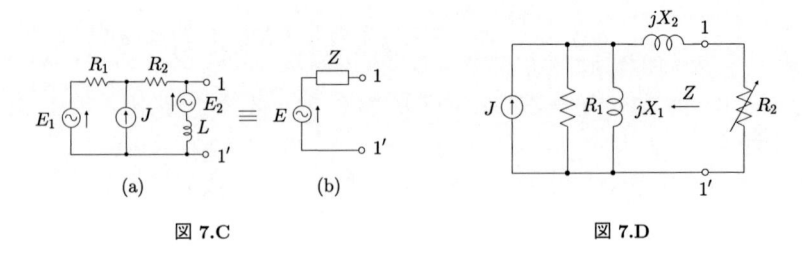

図 7.D

(2) 抵抗 R_2 における消費電力を求めよ．
(3) 抵抗 R_2 における消費電力が最大となるように R_2 を定めよ．

7.5 図 7.E の回路において R および X は可変とする．端子対 1–1′ 間に電流源 J を加えたとき，R での電力 P を最大とする R と X およびそのときの P を求めよ．ただし図中の数字の単位は Ω である．

7.6 図 7.F の回路について以下の問いに答えよ．

(1) 端子対 1–1′ から左を見た等価電源回路 (テブナンの等価回路) を求めよ．
(2) 端子対 1–1′ に抵抗 R を接続する．$R = 20\,\Omega$ のとき R を流れる電流の位相は電源電圧の位相に対して $\pi/4\,\mathrm{rad}$ 遅れる．また，$R = 10\,\Omega$ のとき R を流れる電流の大きさは $1\,A$ である．これらの条件から，図中のインピーダンス Z の値を求めよ．

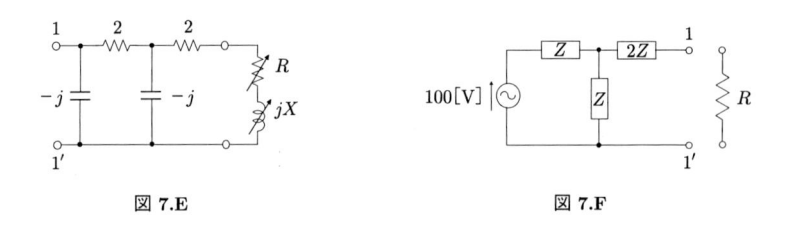

図 7.E

図 7.F

7.7 図 7.G の回路において負荷アドミタンス y のコンダクタンス $G(>0)$ およびサセプタンス B は可変とする．端子対 1–1′ 間に電流源 J を加えたとき，y での消費電力 P を最大とする G と B およびそのときの P の最大値 $P_{\max}$ を求めよ．ただし図中の数字の単位は Ω である．

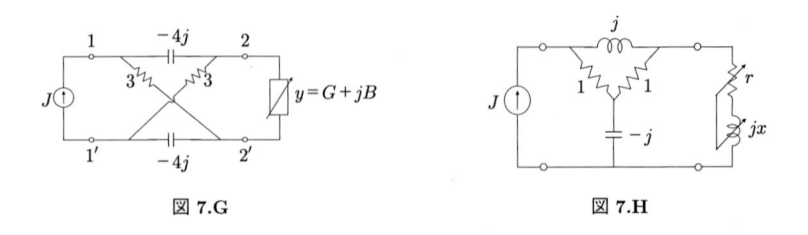

図 7.G

図 7.H

7.8 図 7.H の回路の負荷 r における消費電力を最大とする r, x を求めよ．ただし図中の数字の単位は Ω である．

7.9 図 7.I のアドミタンス行列 Y を求めよ．さらに回路での全消費電力および力率を求めよ．ただし図中の数字の単位は Ω である．

7.10 図 7.J の電流 I_r を求めよ．

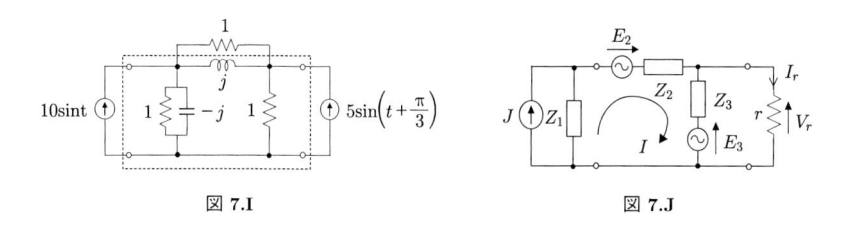

図 7.I

図 7.J

7.11 図 7.K(a) に示す回路の N_0 の 1–1′ 端子対に，それぞれ，図 (b) および (c) のように抵抗回路を接続したところ，図 (b) および図 (c) に示すような電圧が現れた．回路 N_0 と等価な電源回路を求めよ．

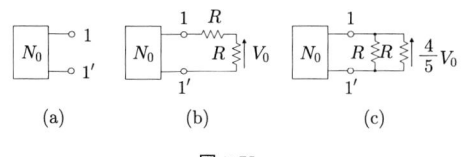

図 7.K

8. 2ポートの伝送的性質

　信号源と負荷の間に介在する二端子対回路 (2 ポート) の動作を考察する．最初に入力端および出力端からみた等価回路を記述する入力インピーダンス，出力インピーダンス，出力端開放電圧を各行列に対して求める．この等価回路を用いて入出力端の電圧比や電力比を一般的に議論する．次に，入力と出力の比の対数である伝送量およびその大小を表現する実用単位であるデシベルを定義する．また，通信における信号の効率的な伝送のために用いられるフィルタを紹介する．フィルタの役割やその特性を議論することにより，2 ポートの入出力特性の基本的動作を学ぶ．

8.1　2ポートの等価回路表現

　信号源インピーダンス $Z_G = R_G + jX_G$ を有する電圧 E の電圧源と負荷インピーダンス $Z_L = R_L + jX_L$ の間に二端子対回路が挿入されている図 8.1 について考察しよう．図 8.1 は信号源から負荷側に信号を伝送するための線形システムを表現した一般的回路を表している．2 ポートの伝送量，電力利得の解析には入力端および出力端における等価回路を用いるのが有用である．等価回路の表現には，入力端回路では入力インピーダンス，出力端回路では出力インピーダンスおよびテブナンの等価電圧源 (開放端電圧) を知ることが基本的である．

8.1.1　入力インピーダンス

　信号源から入力端側をみた入力インピーダンスを Z_{in} の表式を各種 2 ポート行列について求める．二端子対回路が Z 行列で表現されている場合，定義式 $V_2 = z_{21}I_1 + z_{22}I_2$ および負荷条件 $V_2 = -Z_L I_2$ に注意すれば $z_{21}I_1 =$

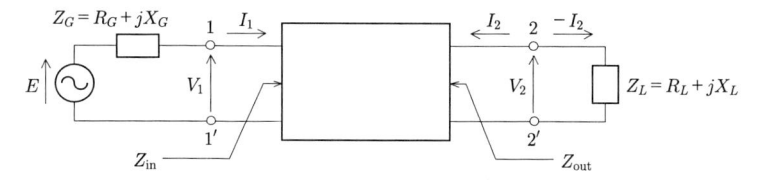

図 8.1 信号源と負荷を含んだ二端子対回路 (2 ポート)

$-(z_{22} + Z_L)I_2$ から

$$Z_{\text{in}} = \frac{V_1}{I_1} = \frac{z_{11}I_1 + z_{12}I_2}{I_1} = z_{11} - \frac{z_{12}z_{21}}{z_{22} + Z_L} \tag{8.1}$$

と求まる．

また，K 行列で定義されている場合，K 行列の定義式と $V_2 = -Z_L I_2$ より

$$Z_{\text{in}} = \frac{V_1}{I_1} = \frac{AV_2 + B(-I_2)}{CV_2 + D(-I_2)} = \frac{AZ_L + B}{CZ_L + D} \tag{8.2}$$

となる．

8.1.2 出力インピーダンス

図 8.1 において電源を無効にした状態 ($E = 0$) で，出力端から信号源側をみたインピーダンスである出力インピーダンス Z_{out} を求める．$Z_G = V_1/(-I_1)$，$Z_{\text{out}} = V_2/I_2$ が成立するので，Z 行列の場合 Z_{out} は式 (8.1) において，添え字 1 と 2 を交換し，更に Z_L を Z_G に交換した式として得られる．縦続行列 $[K]$ での Z_{out} の表式は，6.5 節に示される $[K]^{-1}$ の計算より計算できる．また式同様な計算で，H 行列の場合

$$Y_{\text{out}} = h_{22} - \frac{h_{12}h_{21}}{h_{11} + Z_G} \tag{8.3}$$

が得られる．

8.1.3 出力端開放電圧

図 8.1 において出力端を開放とした時の端子電圧 $V_2 = V_0$ は出力端からみたテブナンの等価電圧源となる．これは $I_2 = 0$ ($Z_L = \infty$, $Y_L = 0$) の時の V_2 を計算することにより求めることができる．

Z 行列の場合を例にとると定義式 $V_2 = z_{21}I_1 + z_{22}I_2$ と $I_2 = 0$ より $V_0 = z_{21}I_1$ が得られるが,出力端開放時の入力端電流 I_1 は $I_1 = E/(Z_G + Z_{in})$ において $Z_{in}|_{Z_L=\infty} = z_{11}$ を用いることにより $I_1 = E/(Z_G + z_{11})$ と求まる.これを用いると $V_0 = z_{21}E/(z_{11} + Z_G)$ が得られる.

他の行列に対する計算結果も含めて表 8.1 に示す.計算結果からもわかるよ

表 8.1 各行列に対する入力,出力インピーダンスおよび出力端開放電圧
$(|Y| = y_{11}y_{22} - y_{12}y_{21},\ |H| = h_{11}h_{22} - h_{12}h_{21},$
$Y_G = 1/Z_G,\ Y_L = 1/Z_L)$

Z 行列	$Z_{in} = z_{11} - \dfrac{z_{12}z_{21}}{z_{22} + Z_L}$
	$Z_{out} = z_{22} - \dfrac{z_{12}z_{21}}{z_{11} + Z_G}$
	$V_0 = \dfrac{z_{21}}{z_{11} + Z_G}E$
Y 行列	$Y_{in} = y_{11} - \dfrac{y_{12}y_{21}}{y_{22} + Y_L}$
	$Y_{out} = y_{22} - \dfrac{y_{12}y_{21}}{y_{11} + Y_G}$
	$V_0 = -\dfrac{y_{21}}{y_{22} + Z_G|Y|}E$
K 行列	$Z_{in} = \dfrac{AZ_L + B}{CZ_L + D}$
	$Z_{out} = \dfrac{DZ_G + B}{CZ_G + A}$
	$V_0 = \dfrac{E}{CZ_G + A}$
H 行列	$Z_{in} = h_{11} - \dfrac{h_{12}h_{21}}{h_{22} + Y_L}$
	$Y_{out} = h_{22} - \dfrac{h_{12}h_{21}}{h_{11} + Z_G}$
	$V_0 = -\dfrac{h_{21}E}{h_{22}Z_G + |H|}$

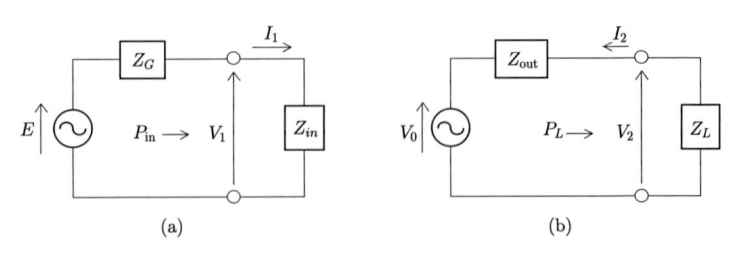

図 8.2 2 ポート回路の等価回路表現 (a) 入力端での等価回路 (b) 出力端での等価回路

うに線形 2 ポートでは V_0 は E に比例する量となる.

Z_in, Z_out, V_0 が求まれば図 8.2(a),(b) に示すように入力端および出力端における等価回路表現が得られる. 更に, これを用いると各種伝送量, 電力, 電力利得が容易に計算できる.

8.2　伝送量および電力利得の一般的表式

図 8.1 における 2 ポートの入出力端における端子電圧, および端子電流の表式は図 8.2(a),(b) の等価回路を用いれば直ちに求めることができる.

$$\begin{aligned}
V_1 &= \frac{Z_\text{in}}{Z_G + Z_\text{in}} E \\
I_1 &= \frac{E}{Z_G + Z_\text{in}} \\
V_2 &= \frac{Z_L}{Z_\text{out} + Z_L} V_0 \\
I_2 &= -\frac{V_0}{Z_\text{out} + Z_L}
\end{aligned} \tag{8.4}$$

8.4 節に述べる受動素子を用いた通信機器用 2 ポートの場合には, 端子電圧比 V_1/V_2 および端子電流比 $I_1/(-I_2)$ が重要となる. これらの一般的表式は (8.4) 式を用いると次式で与えられる†.

$$\begin{aligned}
\frac{V_1}{V_2} &= \frac{Z_\text{in}(Z_L + Z_\text{out})}{Z_L(Z_G + Z_\text{in})} \frac{E}{V_0} \\
-\frac{I_1}{I_2} &= \frac{(Z_L + Z_\text{out})}{(Z_G + Z_\text{in})} \frac{E}{V_0}
\end{aligned} \tag{8.5}$$

次に電力および電力利得の一般的表式を求める. 図 8.2(a) で入力端より 2 ポートに供給される平均入力電力 $P_\text{in} = \text{Re}[V_1\overline{I_1}]$ は (8.4) 式および $V_1 = Z_\text{in} I_1$ より

$$P_\text{in} = \frac{R_\text{in}}{|Z_G + Z_\text{in}|^2} |E|^2 \tag{8.6}$$

と表される. ただし $R_\text{in} = \text{Re}[Z_\text{in}]$ である. 同様に図 8.2(b) で出力端において

---

† (8.5) 式において E/V_0 は表 8.1 より明らかなように 2 ポートパラメータのみに依存する定数となるので (8.5) 式の右辺は実際は定数である.

負荷インピーダンス Z_L に供給される平均電力 $P_L = \text{Re}[V_2(-\overline{I_2})]$ は，(8.4) 式および $V_2 = Z_L(-I_2)$ を用いれば次式となる．

$$P_L = \frac{R_L |V_0|^2}{|Z_L + Z_\text{out}|^2} \tag{8.7}$$

入力電力 P_in と負荷電力 P_L の比は**動作電力利得** G_p(operating power gain) と呼ばれ，電力増幅器評価の指標の一つである．この表式は (8.6)，(8.7) 式より

$$G_p = \frac{P_L}{P_\text{in}} = \frac{R_L}{R_\text{in}} \left| \frac{Z_G + Z_\text{in}}{Z_L + Z_\text{out}} \right|^2 \left| \frac{V_0}{E} \right|^2 \tag{8.8}$$

と表される．

電源が供給できる最大電力は**有能電力** P_a(available power) と呼ばれ電源に固有な電力を表す．これは Z_in を変化させた時 (8.6) 式を最大とする電力であり，7.6 節の議論より $Z_\text{in} = \overline{Z_G}$(共役整合) の時に与えられる．即ち

$$P_a = P_\text{in} \big|_{Z_\text{in} = \overline{Z_G}} = \frac{|E|^2}{4R_G} \tag{8.9}$$

信号源の有能電力 P_a と負荷に供給される電力 P_L の比を**変換電力利得** G_t (transducer power gain) と呼ぶ．これが一般に動作時の増幅器の電力利得評価の実際的基準として用いられる．式 (8.7)，(8.9) を用いれば一般的表式が

$$G_t = \frac{P_L}{P_a} = \frac{4R_G R_L}{|Z_L + Z_\text{out}|^2} \left| \frac{V_0}{E} \right|^2 \tag{8.10}$$

で与えられる．

変換電力利得を最大とする電力利得は，出力端での共役整合条件 ($Z_L = \overline{Z}_\text{out}$) 時に実現される．この時の変換電力利得は，**有能電力利得** (available power gain) G_a と呼ばれている．これは電力増幅器として二端子対回路から得られる最大利得を表現し，(8.10) 式を用いれば次式で与えられる．

$$G_a = G_t \bigg|_{Z_L = \overline{Z}_\text{out}} = \frac{R_G}{R_\text{out}} \left| \frac{V_0}{E} \right|^2 \tag{8.11}$$

ただし $R_\text{out} = \text{Re}[Z_\text{out}]$ である．

なお一般に二つの電力比を表す電力利得 G を表現するのに常用対数を用いた**デシベル** (decibel)dB という実用単位が用いられることが多い．即ち

$$G = 10 \log_{10} G \text{ dB} \tag{8.12}$$

がデシベルの定義式である．

8.3 伝 送 量

増幅機能がない受動素子を用いた 2 ポートでは (8.5) 式で与えられる入出力端の電圧比 V_1/V_2 または電流比 $I_1/(-I_2)$ の対数表示は**伝送量** (logarithmic loss function) と呼ばれ，回路設計の指針として用いられる．8.4 節に述べるフィルタ等の特性は伝送量により記述されている．

受動回路の電圧，電流の伝送量はそれぞれ

$$\theta_v = \log_e \frac{V_1}{V_2} \ , \ \theta_i = \log_e \frac{I_1}{-I_2} \tag{8.13}$$

で定義される．今 θ_v を例にとり，議論を進める．

$$\begin{aligned} e^{\theta_v} &= \frac{V_1}{V_2} = \left|\frac{V_1}{V_2}\right| e^{j \arg(V_1/V_2)} = e^{\alpha + j\beta} \\ \theta_v &= \log_e \left|\frac{V_1}{V_2}\right| + j \arg \left[\frac{V_1}{V_2}\right] = \alpha + j\beta \end{aligned} \tag{8.14}$$

で定義される α および β (簡単のため，添え字 v を省略) はそれぞれ**減衰量** (attenuation) および**位相量** (phase) と呼ばれる．各々の単位は

$$\alpha = \log_e \left|\frac{V_1}{V_2}\right| \text{ Np}(ネーパ), \ \ \beta = \arg \left[\frac{V_1}{V_2}\right] \text{ rad}(ラジアン) \tag{8.15}$$

である．通常，自然対数 $\log_e$ の代わりに常用対数 $\log_{10}$ を用いた次式で定義される表示をデシベル表示という．

$$\alpha' = 20 \log_{10} \left|\frac{V_1}{V_2}\right| \text{ dB } (デシベル) \tag{8.16}$$

ネーパ Np とデシベル dB の間には

$$\alpha' = 20(\log_{10} e)\alpha = 8.686\alpha \tag{8.17}$$

であることより 1 Np = 8.686 dB なる換算が必要となる．

受動回路では，入力端電力 $P_{in} = P_1$ と出力端電力 $P_L = P_2$ の損失比を表すデシベルは

$$10 \log_{10} \left[\frac{P_1}{P_2}\right] \mathrm{dB} \tag{8.18}$$

で定義される[†1]．常用対数 $\log_{10}$ の前の係数 10 が電圧，電流比の場合の係数 20 の半分になっていること

$$20 \log_{10} \left|\frac{V_1}{V_2}\right| \mathrm{dB}, \quad 20 \log_{10} \left|\frac{I_1}{I_2}\right| \mathrm{dB} \tag{8.19}$$

に注意しなければならない．これは二つの量の比が同じインピーダンス Z_0 を持つ回路の端子に関わる場合では

$$\left|\frac{V_1}{V_2}\right| = \left|\frac{I_1}{I_2}\right| = \sqrt{\frac{P_1}{P_2}} \tag{8.20}$$

が成立するからである．すなわち，入出力の比が同じデシベル値になるように定義されている．

通信における応用では Z_G および Z_L は伝送線路の特性インピーダンス Z_0 (実数量) となる．この場合，伝送量としては信号源が入力端電圧 V_1 として供給できる最大電圧 $(E/2)$ に対する出力端電圧 V_2 の比である動作伝送量

$$\theta_B = \log_e \left[\frac{E/2}{V_2}\right] \tag{8.21}$$

が伝送線路中に挿入されたフィルタ等の伝送特性を記述するのに用いられる[†2]．

8.4　フィルタ

8.4.1　概　　説

図 8.1 のように，電源と負荷との間に挿入され，ある周波数範囲に関しては信号源出力を負荷側によく伝え，他の周波数範囲に関してはほとんど伝えないような二端子対回路 (2 ポート) は**フィルタ** (filter)，**ろ波器**とよばれる．また，こ

[†1] 通信の分野では電力 P の絶対量を表すのに dBm という単位を用いることがある．これは基準電力 $P_0 = 1\,\mathrm{mW}$ に対する電力比 P/P_0 のデシベル表示を意味する．即ち $P' = 10 \log_{10} \left[P/10^{-3}\right] \mathrm{dBm}$ が定義である．

[†2] $Z_G = Z_L = Z_0$ の場合には 6 章の S 行列とは $(E/2)/V_2 = S_{12} = S_{21}$ の関係がある．

周波数	300kHz	3MHz	30MHz	300MHz	3GHz	30GHz	300GHz
周波数帯の名称							
LF	MF	HF	VHF	UHF	SHF	EHF	
長 波	中 波	短 波	超短波	極超短波	マイクロ波	ミリ波	
無線航行	AM放送	国際短波放送	FM放送	テレビ放送(デジタル)	無線中継	衛星通信	
	船舶通信	アマチュア無線	テレビ放送(アナログ)	タクシー無線	各種レーダ	簡易無線	
			船舶通信			BS CS	ITS
				航空無線	携帯電話	WLAN	
				コードレス電話	PHS GPS	ETC	

図 8.3 情報通信における周波数利用の現状

のような周波数範囲を**帯域** (bandwidth) といい，それぞれ**通過域** (pass band) および**阻止域，減衰域** (stop band) という．フィルタは家庭の電気・電子機器，アナログ信号の伝送からデジタル信号の伝送まで情報通信に関わる広範囲の応用分野で多種多様のものが用いられている．

図 8.3 に電波による情報通信に使用されている周波数利用の現状を示している．無線通信用機器においては信号成分を周波数領域で分離・整形するフィルタは非常に重要な役割を果たしている．

一般にフィルタはその通過域により

- 低域通過フィルタ：low pass filter (**LPF**)
- 高域通過フィルタ：high pass filter (**HPF**)
- 帯域通過フィルタ：band pass filter (**BPF**)

の三種類のフィルタと，BPF と反対の

- 帯域阻止フィルタ:band elimination filter (**BEF**)

の合計四種類のフィルタに分類される．高周波で低損失が要求される通信用フィルタの基本となるのは，無損失の L, C (M を含む) 素子からなる**LC フィルタ** (リアクタンスフィルタ) である．この場合，**低域通過フィルタ** (LPF) の設計が基本で，他のフィルタの設計公式は通常低域通過フィルタから導かれる．

8.4.2 低域通過フィルタ (LPF)

通信におけるフィルタは信号源の内部インピーダンス Z_G，および負荷インピーダンス Z_L が伝送線の特性インピーダンス Z_0 (実数量) に等しい場合に使用

される†.最も簡単な低域通過フィルタ (LPF) の例を図 8.4 に示す.図 8.4(a) は 1 個のインダクタを用いた LPF である.この時

$$V_2 = \frac{Z_0}{2Z_0 + j\omega L} E \qquad (8.22)$$

が成り立つので動作減衰量は

$$\alpha = 20 \log_{10} \left| \frac{E/2}{V_2} \right| = 10 \log_{10} \left[1 + \left(\frac{\omega L}{2Z_0} \right)^2 \right] \text{ dB} \qquad (8.23)$$

と求まる.この周波数特性は低周波で通過し,高周波で減衰する低域通過特性を示す.$\alpha = 3$ [dB] となる角周波数はしゃ断角周波数 ω_c と呼ばれる.$10 \log_{10} 2 \simeq 3$ [dB] であることに注意すれば,ω_c は式 (8.23) のかっこの中が 2 となる角周波数として求まるので

$$\omega_c = \frac{2Z_0}{L} \qquad (8.24)$$

が得られる.この図で $0 \leq \omega \leq \omega_c$ が通過域,$\omega > \omega_c$ が減衰域に対応する.

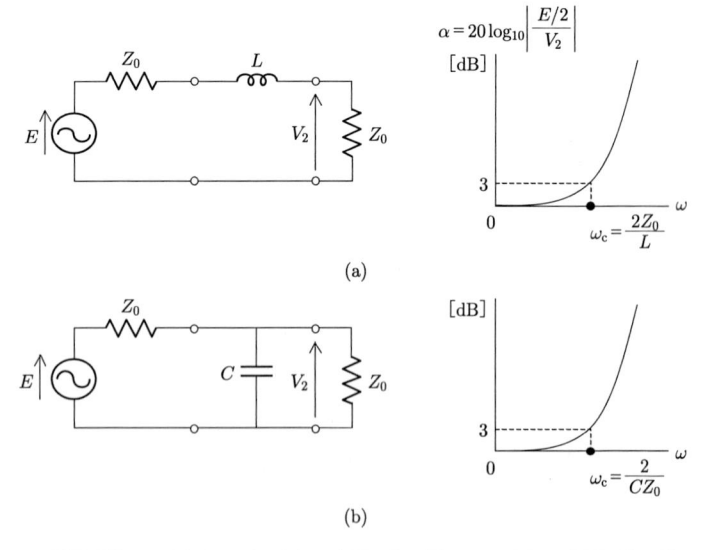

図 8.4 低域通過フィルタ (LPF) (a) L を用いる 1 段 LPF (b) C を用いる 1 段 LPF

† 高周波の通信に用いられている同軸ケーブルでは $Z_0 = 50\Omega$, 75Ω が用いられている.

LPF は信号線とグランド線間に C を入れることでも実現できる. 図 8.4(b) は 1 個の C を用いた LPF である. この場合

$$V_2 = \frac{\frac{1}{j\omega C + \frac{1}{Z_0}}}{Z_0 + \frac{1}{j\omega C + \frac{1}{Z_0}}} E = \frac{E}{2 + j\omega C Z_0} \qquad (8.25)$$

であるので動作減衰量 α は

$$\alpha = 20 \log_{10} \left| \frac{E/2}{V_2} \right| = 10 \log_{10} \left[1 + \left(\frac{\omega C Z_0}{2} \right)^2 \right] \text{ dB} \qquad (8.26)$$

と求められる. これは (8.23) 式に示される L を用いた LPF と同様な周波数特性を示す. この場合のしゃ断周波数は

$$\omega_c = \frac{2}{C Z_0} \qquad (8.27)$$

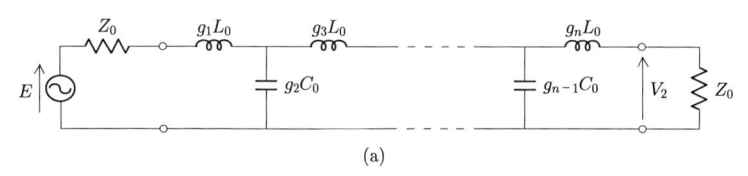

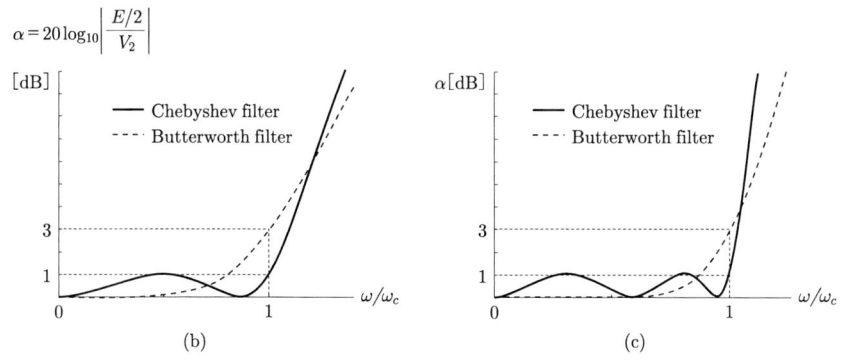

図 8.5 (a) n 段 LPF の回路図 ($L_0 = Z_0/\omega_c, C_0 = 1/\omega_c Z_0, g_i$ ($i = 1, 2, 3, \cdots, n$): 規格化素子値) (b) 3 段 LPF の例 (チェビシェフフィルタ: リップル値 1dB の時 $g_1 = 2.0236$, $g_2 = 0.9941$, $g_3 = 2.0236$, バターワースフィルタ: $g_1 = 1.000$, $g_2 = 2.000$, $g_3 = 1.000$) (c) 5 段 LPF の例 (チェビシェフフィルタ: $g_1 = 2.1349$, $g_2 = 1.0911$, $g_3 = 3.0009$, $g_4 = 1.0911$, $g_5 = 2.1349$, バターワースフィルタ: $g_1 = 0.6180$, $g_2 = 1.618$, $g_3 = 2.000$, $g_4 = 1.618$, $g_5 = 0.6180$)

で与えられる．

図 8.5(a) は n 個の L, C 素子を用いた一般的な LPF の回路図を示す．素子数を増やすことによりしゃ断特性を急峻にすることができる．L, C の値を設計する事により，通過域に等リップルを生じる**チェビシェフフィルタ** (Chebyshev filter) や，通過域特性が平坦な**バターワースフィルタ**[†1] (Butterworth filter) などが実現できる．これらのフィルタでは L, C の値の設計公式が既に与えられており，要求仕様に応じた設計が可能である[†2]．図 8.5(b) に 3 段 LPF の例，図 8.5(c) に 5 段 LPF の例を示す．

8.5　周波数変換によるフィルタの構成

LPF の L, C を他のリアクタンス素子に変換することで HPF, BPF, BEF 等を実現する方法として，周波数変換を用いる方法が考案されている．この方法では，周波数 $j\omega$ を $j\omega$ のリアクタンス関数である $f(j\omega)$ に置き換えることにより周波数軸の変換を行う．この変換において LPF の通過域 $|\omega| \leq \omega_c$ が $|f(j\omega)| \leq \omega_c$ を満たすように $f(j\omega)$ を定めれば LPF の通過域 $|\omega| \leq \omega_c$ の写像領域が新しい周波数軸においても通過域となる．

8.5.1　LPF から HPF への変換

しゃ断周波数 ω_c の LPF をしゃ断周波数 ω_c' の HPF に変換する周波数変換は次式で与えられる．

$$j\omega \rightarrow f(j\omega) = \frac{\omega_c \omega_c'}{j\omega} \tag{8.28}$$

この変換は $\omega \rightarrow -\omega_c \omega_c'/\omega$ のように ω が逆数になるため通過域と減衰域が反転される．(8.28) 式の変換では図 8.4(a) における L のインピーダンスは

$$j\omega L \rightarrow \frac{\omega_c \omega_c' L}{j\omega} = \frac{1}{j\omega C_1} \tag{8.29}$$

のように変換されるので HPF の周波数軸では

[†1] 最平坦フィルタ (maximally flat filter) とも呼ばれる．
[†2] G. L. Matthaei, L. Young, and E. M. T. Jones, *Microwave Filters, Impedance Matching Networks, and Coupling Structures.* Norwood, MA: Artech House, 1980.

8.5 周波数変換によるフィルタの構成

$$C_1 = \frac{1}{\omega_c \omega_c' L} \tag{8.30}$$

のキャパシタで実現される.これを図 8.6(a) に示す.この時の動作減衰量は,(8.23) 式に (8.24) 式と (8.28) 式を代入することにより

$$\alpha = 20 \log_{10} \left| \frac{E/2}{V_2} \right| = 10 \log_{10} \left[1 + \left(\frac{\omega_c'}{\omega} \right)^2 \right] \text{ [dB]} \tag{8.31}$$

で求まる.このグラフを図 8.6(a) に示す.同様にして図 8.4(b) の C は図 8.6(b) に示すようにインダクタ L_1

$$L_1 = \frac{1}{\omega_c \omega_c' C} \tag{8.32}$$

に変換される.図 8.6(c) は図 8.5(b) の 3 段バターワース LPF を (8.28) 式の周波数変換で 3 段 HPF に変換したものである.

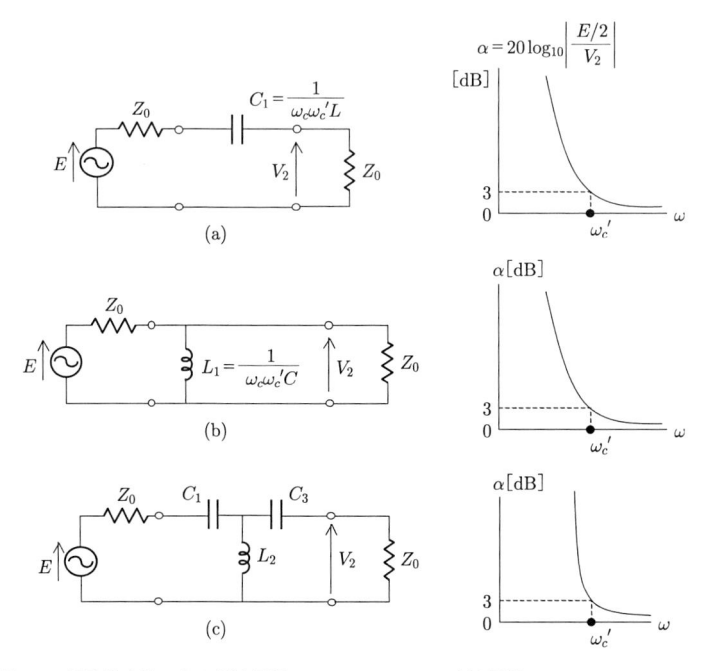

図 **8.6** 周波数変換による低域通過フィルタ (LPF) の高域通過フィルタ (HPF) への変換 (a) C を用いる 1 段 HPF (b) L を用いる 1 段 HPF (c) 3 段 HPF

8.5.2 LPF から BPF への変換

しゃ断周波数 ω_c の LPF を中心周波数 ω_0, 通過帯域 $\omega_1 \leq \omega \leq \omega_2$ の帯域通過フィルタ (BPF) に変換する周波数変換は次式で与えられる.

$$j\omega \to f(j\omega) = \frac{\omega_c}{w}\left(\frac{j\omega}{\omega_0} + \frac{\omega_0}{j\omega}\right) \tag{8.33}$$

ここで $\omega_0 = \sqrt{\omega_1\omega_2}$ は中心周波数, $w = (\omega_2 - \omega_1)/\omega_0$ は比帯域である. 上式は

$$\omega \to \frac{\omega_c}{w}\left(\frac{\omega}{\omega_0} - \frac{\omega_0}{\omega}\right) \tag{8.34}$$

と表されるので LPF における $\omega = 0$ の点を BPF では $\omega = \omega_0$ に移動する変換になっている. なお BPF での周波数軸の ω_2, ω_1 はそれぞれ LPF の周波数軸では ω_c, $-\omega_c$ に対応している. この時, 図 8.4(a) の LPF のインダクタ L のインピーダンスは

$$j\omega L \to \frac{\omega_c}{w}\left(\frac{j\omega}{\omega_0} + \frac{\omega_0}{j\omega}\right)L = j\omega L_1 + \frac{1}{j\omega C_1} \tag{8.35}$$

のように変換されるので, BPF では図 8.7(a) に示すように

$$L_1 = \frac{\omega_c}{w\omega_0}L$$
$$C_1 = \frac{w}{\omega_c\omega_0 L} \tag{8.36}$$

のインダクタ L_1, キャパシタ C_1 の直列共振回路に変換される. なお, この直列共振の周波数は ω_0 となる. 即ち $\omega_0^2 L_1 C_1 = 1$ を満足している.

周波数特性は (8.34) 式を (8.23) 式に代入することにより得られる. 即ち動作減衰量は

$$\alpha = 10\log_{10}\left[1 + \frac{1}{w^2}\left(\frac{\omega}{\omega_0} - \frac{\omega_0}{\omega}\right)^2\right] \text{dB} \tag{8.37}$$

となる. 同様にして (8.33) 式の変換により図 8.4(b) の LPF のキャパシタ C のアドミタンスは

$$j\omega C \to \frac{\omega_c}{w}\left(\frac{j\omega}{\omega_0} + \frac{\omega_0}{j\omega}\right)C$$
$$= j\omega C_1 + \frac{1}{j\omega L_1} \tag{8.38}$$

8.5 周波数変換によるフィルタの構成

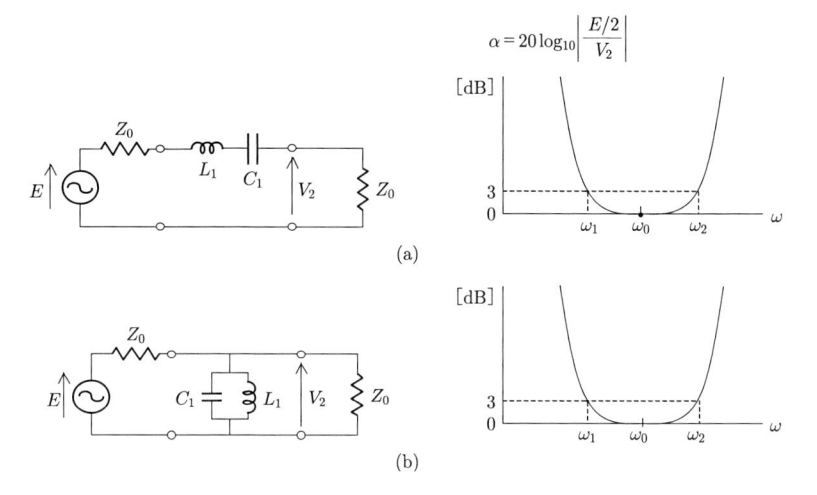

図 8.7 周波数変換による低域通過フィルタ (LPF) の帯域通過フィルタ (BPF) への変換
(a) 直列共振器を用いる 1 段 BPF　(b) 並列共振器を用いる 1 段 BPF

に変換される．この場合は図 8.4(b) の LPF の C は BPF では図 8.7(b) に示すように，

$$C_1 = \frac{\omega_c}{w\omega_0}C$$
$$L_1 = \frac{w}{\omega_c\omega_0 C} \qquad (8.39)$$

の並列共振回路に変換されることを意味する．この場合も並列共振の周波数は ω_0 である．即ち $\omega_0{}^2 L_1 C_1 = 1$ を満足する．

同様にして図 8.5(a) の n 段 LPF は，式 (8.33) の周波数変換により図 8.8(a) に示すような等価回路で表される n 段 BPF に変換される．図 8.8(a) における L, C の値は

$$\begin{aligned}
&L_i = \frac{Z_0}{w\omega_0}g_i \ , \ C_i = \frac{1}{\omega_0{}^2 L_i} \\
&(i = 1, 3, 5, \cdots, n : \text{奇数次}) \\
&C_i = \frac{g_i}{w\omega_0 Z_0} \ , \ L_i = \frac{1}{\omega_0{}^2 C_i} \\
&(i = 2, 4, 6, \cdots, n-1 : \text{偶数次})
\end{aligned} \qquad (8.40)$$

で与えられる†．図 8.8(b) に 3 段 BPF，図 8.8(c) に 5 段 BPF の計算例を示す．

---

† n が奇数の場合を扱っている．

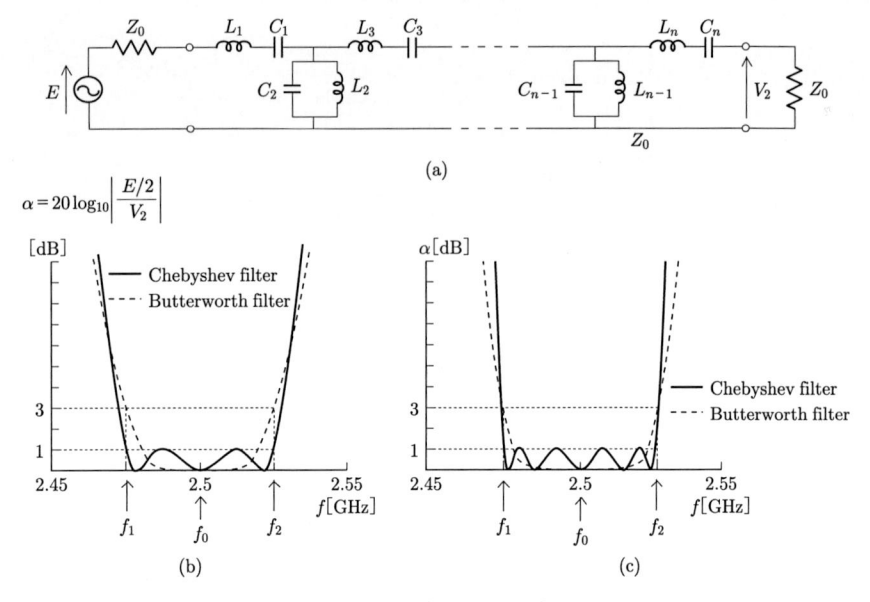

図 8.8 (a) n 段 BPF の回路　(b) 3 段 BPF の設計例 ($Z_0 = 50\Omega$, $\omega_0/2\pi = f_0 = 2.5$[GHz], 帯域 $(\omega_2 - \omega_1)/2\pi = f_2 - f_1 = 50$[MHz], 比帯域 $(\omega_2 - \omega_1)/\omega_0 = 2\%$)　(c) 5 段 BPF の例 (仕様は (b) と同一)

なお，LPF より得られたしゃ断周波数 ω_c の HPF (図 8.6) に再度 (8.33) 式の周波数変換を行えば，BPF の場合とは逆の，減衰域が $\omega_1 \leq \omega \leq \omega_2$ の帯域阻止フィルタ (BEF) の設計公式が得られる．

◇ 8.6　共振器の電磁結合による BPF の構成

図 8.8(a) に示される BPF の等価回路は低周波においては実現可能であるが，マイクロ波帯以上の高周波域では共振器の実現が困難となる．このため複数個の共振器を電磁的に結合させることにより図 8.8(a) と同一の BPF の特性を実現させる方法が考案されている．

並列共振器間の電界結合 (容量性結合) を実現するために用いられている J インバータとよばれている回路を図 8.9 に示す．図 8.9(a) において $J(>0)$ はサセプタンスを表す．この回路の K 行列は 6 章の結果を用いると次式で与えられることがわかる．

8.6 共振器の電磁結合による BPF の構成

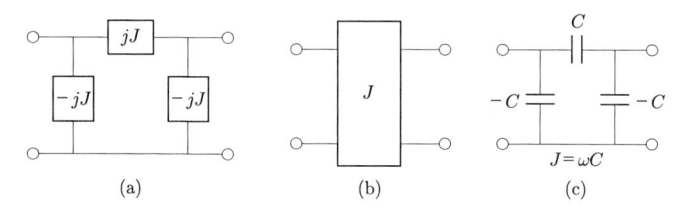

図 8.9 J インバータ (a) 等価回路 ($jJ, -jJ(J>0)$ はアドミタンスを表す) (b) J インバータの記号 (c) J インバータの具体例[†]($J = \omega C$)

$$[K] = \begin{bmatrix} 1 & 0 \\ -jJ & 1 \end{bmatrix} \begin{bmatrix} 1 & \dfrac{1}{jJ} \\ 0 & 1 \end{bmatrix} \begin{bmatrix} 1 & 0 \\ -jJ & 1 \end{bmatrix} = \begin{bmatrix} 0 & -j\dfrac{1}{J} \\ -jJ & 0 \end{bmatrix} \quad (8.41)$$

(8.41) 式を用いると J インバータは 9 章に示すジャイレータと同様, インピーダンス反転, インピーダンス変換の性質を有することがわかる. 即ち図 8.10 に示すように, 負荷インピーダンス Z_L に J インバータをつけた回路では, 入力インピーダンス Z_in は

$$Z_\text{in} = \frac{AZ_L + B}{CZ_L + D} = \frac{1}{J^2 Z_L} \quad (8.42)$$

のように反転される.

また 2 個の J インバータでインピーダンスをはさんだ回路ではインピーダンスの変換が行われる. 即ち図 8.11(a) に示すように並列共振器を 2 個の J インバータではさんだ回路の K 行列を求めてみると

$$[K] = \begin{bmatrix} 0 & -j\dfrac{1}{J} \\ -jJ & 0 \end{bmatrix} \begin{bmatrix} 1 & 0 \\ j\left(\omega C - \dfrac{1}{\omega L}\right) & 1 \end{bmatrix} \begin{bmatrix} 0 & -j\dfrac{1}{J} \\ -jJ & 0 \end{bmatrix} \quad (8.43)$$

$$= -\begin{bmatrix} 1 & j\dfrac{1}{J^2}\left(\omega C - \dfrac{1}{\omega L}\right) \\ 0 & 1 \end{bmatrix} = -\begin{bmatrix} 1 & j\left(\omega L' - \dfrac{1}{\omega C'}\right) \\ 0 & 1 \end{bmatrix}$$

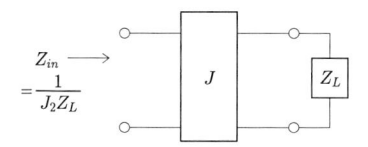

図 8.10 J インバータによるインピーダンス反転

[†] 図中の $-C$ はアドミタンスが $Y = -j\omega C$ である回路要素を表し, 実際には存在しないが, 図 8.12(b) の回路では (8.48) 式により等価的に実現される.

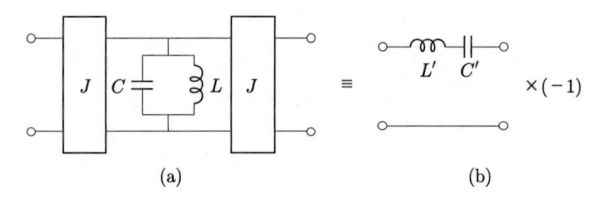

図 8.11 J インバータによるインピーダンス変換 (a) 2 個の J インバータではさまれた並列共振器 (b) 直列共振器による等価回路 ($L' = C/J^2$, $C' = J^2L$)

が成り立つ．ただし $L' = C/J^2$, $C' = J^2L$ である．このことは図 8.11(a) の回路は図 8.11(b) 図に示されるように -1 の符号を除けば

$$L' = \frac{C}{J^2}$$
$$C' = J^2L \tag{8.44}$$

の直列共振器と等価であることがわかる．

この性質を用いて図 8.8(a) に示される n 段 BPF の直列共振器を J インバータと並列共振器のみで表した回路図を図 8.12(a) に示す．図 8.12(a) において，各共振器の L, C は中心周波数が ω_0 である任意の値を与えることができる．即ち C を与えると L は

$$L = \frac{1}{\omega_0^2 C} \tag{8.45}$$

となる．

図 8.12(a) 中の J インバータの設計公式は以下となる．[p148 脚注 2 の文献]

$$\begin{aligned}
J_{01} &= \sqrt{w}\sqrt{\frac{\omega_0 C}{Z_0 g_1}} \\
J_{i,i+1} &= w\frac{\omega_0 C}{\sqrt{g_i g_{i+1}}} \qquad (i = 1, 2, \cdots, n-1) \\
J_{n,n+1} &= \sqrt{w}\sqrt{\frac{\omega_0 C}{Z_0 g_{n+1}}}
\end{aligned} \tag{8.46}$$

この回路では，規格化素子値 g_i は J インバータの J 値に含ませることにより，図 8.8(a) の BPF とまったく同一のフィルタ特性が実現できる．図 8.8(a) から図 8.12(a) への変換は，(8.46) 式を満足する J 値が実現できる範囲内であれば

8.6 共振器の電磁結合によるBPFの構成

C の値は自由に与えることができる．

実際の回路でJインバータを実現するには図8.9(c)の等価回路を用いる．即ちJインバータの実現には

$$J_{i,i+1} = \omega_0 C_{i,i+1} \qquad (i=1,2,\cdots,n) \tag{8.47}$$

を満足する結合容量$C_{i,i+1}$で隣接する共振器を電界結合させる．この時図8.9(c)の等価回路に注意するとi番目の共振器の容量は図8.12(b)に示すように隣接するJインバータの負性容量を含ませて

$$C_i' = C - C_{i-1,i} - C_{i,i+1} \qquad (i=1,2,\cdots,n) \tag{8.48}$$

のように減少させる†．

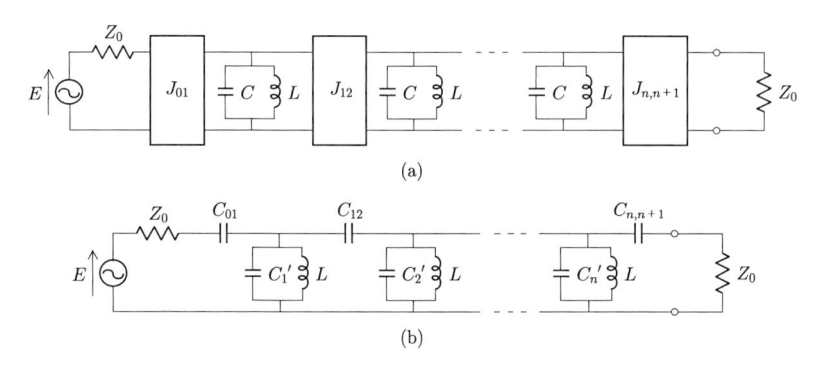

図 8.12 並列共振器とJインバータを用いたn段 **BPF**　(a) 等価回路　(b) 並列共振器の容量性結合を用いた実際の回路

演習問題

図8.12(a)に双対(dual)なBPFは図8.5のLPFのLとCの順序が逆となった図8.A(a)に示す回路である．この回路に式(8.33)の周波数変換を行うと図8.A(b)のBPFが得られる．これらのLPF, BPFはそれぞれ図8.5, 図8.8とまったく同じ周波数特性を示すことがわかる．ただし図中の$g_i (i=1,2,\cdots,n)$, L_0, C_0 は同一の値である．図8.9に示すJインバータに双対な直列共振器の磁気結合を与える回路は図8.Bに示すKインバータである．

---

† 図8.12(b)の入出力端における結合容量C_{01}, $C_{n,n+1}$については，J_{01}, $J_{n,n+1}$を構成するのに必要な信号源側の並列負性容量$-C_{01}$および負荷側の$-C_{n,n+1}$が実現できないので，厳密には小量の補正がなされる場合がある．

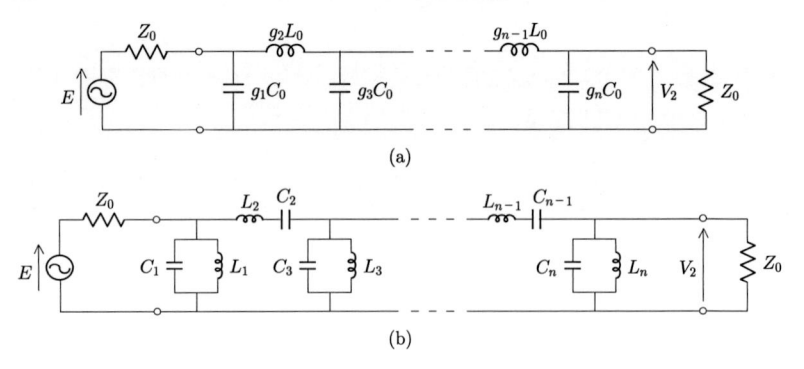

図 8.A　(a) C より始まる n 段 **LPF**　(b) 周波数変換により得られた n 段 **BPF**

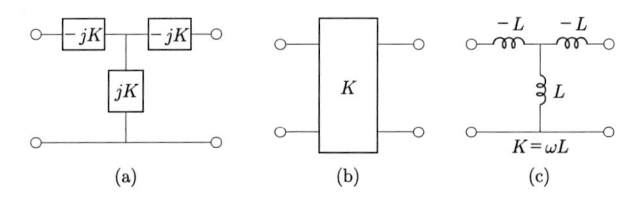

図 8.B　K インバータ　(a) 等価回路 $jK, -jK$ はインピーダンスを表す．$(K > 0)$
(b) K インバータの記号　(c) K インバータの具体例 $(K = \omega L)$ $-L$ はインピーダンスが $Z = -j\omega L$ である回路要素を表す．

8.1　図 8.B で定義される K インバータを用いれば図 8.C に示される回路の入力インピーダンスは

$$Z_{in} = \frac{K^2}{Z_L} \tag{8.49}$$

となることを示せ．

8.2　図 8.D(a) に示す 2 個の K インバータにはさまれた L, C の直列共振回路は，(b) 図に示す並列共振回路に等価であることを K 行列を用いて示せ．

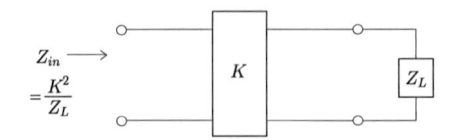

$$\begin{aligned} C' &= L/K^2 \\ L' &= K^2 C \end{aligned} \tag{8.50}$$

図 8.C　K インバータによるインピーダンス反転器

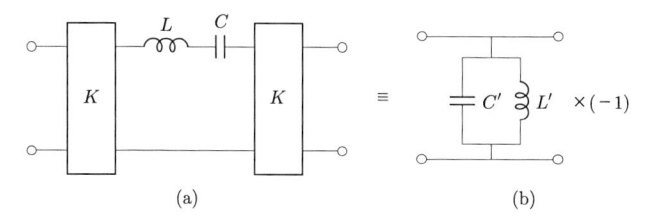

8.6 共振器の電磁結合による BPF の構成

図 8.D K インバータによるインピーダンス変換 (a) 2 個の K インバータではさまれた直列共振器 (b) 並列共振器による等価回路 ($C' = L/K^2$, $L' = K^2 C$)

K インバータを用いた BPF の設計式

図 8.D の関係を用いると図 8.13(b) の BPF は図 8.E(a) に示される回路と等価である (p.148 脚注 2 の文献参照). ただし, L, C は中心周波数が ω_0 の任意の直列共振回路である. 即ち L を与えると $C = 1/\omega_0^2 L$ となる. この時 K インバータの設計値は次式で与えられる.

$$K_{01} = \sqrt{w}\sqrt{\frac{Z_0 \omega_0 L}{g_1}}$$
$$K_{i,i+1} = w \frac{\omega_0 L}{\sqrt{g_i g_{i+1}}} \quad (i = 1, 2, \cdots, n-1) \quad (8.51)$$
$$K_{n,n+1} = \sqrt{w}\sqrt{\frac{\omega_0 L Z_0}{g_n g_{n+1}}}$$

ここで図 8.B(c) に示される関係を用いると

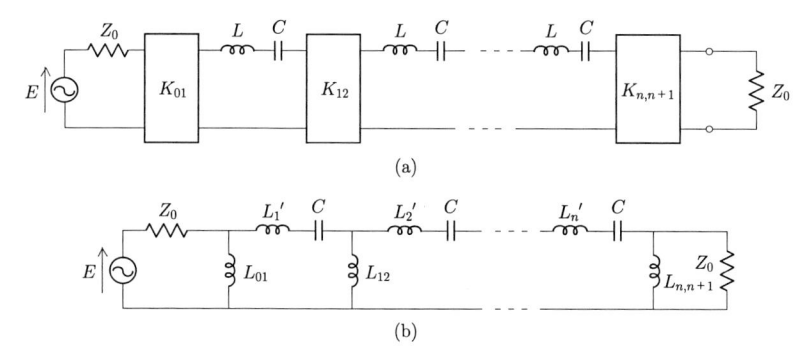

図 8.E 直列共振器と K インバータを用いた n 段 BPF (a) 等価回路 (b) 直列共振器の誘導性結合を用いた実際の等価回路

$$K_{i,i+1} = \omega_0 L_{i,i+1}$$
$$L'_i = L - L_{i-1,i} - L_{i,i+1} \qquad (8.52)$$
$$(i = 1, 2, \cdots, n)$$

を満たす $L_{i,i+1}$, L'_i を用いればよいことがわかる.

8.3 図 8.F(a) に示す変成器を用いた回路は (b) 図に示すように 2 個の直列共振器を K インバータで結合した回路に変形できる. K の値を求めよ.

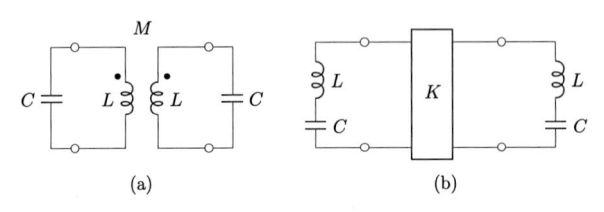

図 **8.F** (a) 変成器を用いた共振器の磁気結合回路 (b) K インバータを用いた等価回路

◇**8.4** 図 8.F(b) の回路は直列共振周波数 $\omega_0 = 1/\sqrt{LC}$ を持つ 2 個の直列共振器が磁気結合した回路を表す. 弱結合時 $(K/\omega_0 L \ll 1)$ においては, この回路の直列共振周波数 ω'_0 が

$$\omega'_0 = \omega_0 \pm \frac{K}{2L} \qquad (8.53)$$

のように二つの周波数に分離することを示せ.

9. 能動2ポート

本章では，L, C, R の他に半導体のバイポーラトランジスタ (**BJT**)，電界効果トランジスタ (**FET**) など，電力利得を示す能動素子やこれに外部インピーダンスを付加した演算増幅器などの二端子対回路 (2 ポート) の性質を，素子が線形動作 (小振幅動作) している場合について考察する．半導体能動素子の能動性は，制御電源により表現されるが，この場合も小振幅動作ではこれまでに学んできた二端子対 (2 ポート) の行列で表現できる．

9.1 能動2ポートの等価回路表現

L, C, R の他に半導体トランジスタ，演算増幅器を含む二端子対回路も，線形動作 (小振幅動作) を前提として，フェーザ表示を用いると 6 章の諸行列で表現することができる．これらの回路は能動二端子対回路 (能動 2 ポート) といわれる．

集積回路や電子回路内で使用されている半導体素子は，信号の増幅機能をもつため，これまで学んできた L, C, R, M 等の増幅機能をもたず相反性を示す**受動素子** (passive elements) に対し，**能動素子** (active elements) と呼ばれる．現在実用化されている半導体素子を用いた能動素子としては，バイポーラトランジスタ[†] (bipolar junction transistor : **BJT**) と電界効果トランジスタ (field effect transistor : **FET**) があり，これらは能動 2 ポートの基本的な構成要素である．

[†] heterojunction bipolar transistor (**HBT**) も含むが本書では BJT と略記する．

9.1.1 バイポーラトランジスタ (BJT)

図 9.1(a) にエミッタ接地のバイポーラトランジスタの記号を示す．BJT はベース (base：B)，エミッタ (emitter：E)，コレクタ (collector：C) の三つの端子をもつ三端子素子であるが，使用時には一つの端子を共通端子 (接地端子) として用いるため回路素子としては 2 ポートの扱いが可能である．

一般に半導体素子を交流信号の増幅素子として動作させるには，信号成分だけでなく適当な直流電源 (直流バイアス) 回路を重畳させ，エネルギーを供給する必要がある．本書では直流バイアス回路は省略し，交流成分のみの等価回路を扱う．また，交流の信号成分の振幅が十分小さく，信号成分に対しては線形動作とみなされる場合についてフェーザを用いた回路解析を行う[†1]．

エミッタ接地 BJT は，図 9.1(b) に示すようにエミッタ電流 I_E に比例した電流源 (電流制御電流源) を含む等価回路で表現される．即ち BJT の能動性は，図 9.1(b) に示されるエミッタ電流 I_E がコレクタ側に流入する従属電流源 αI_E に起因している．図 9.1(a) に示すエミッタ接地 BJT ではキルヒホッフの電流則より $\alpha I_E = -\alpha(I_1 + I_2)$ が成り立つ．

この回路を記述する 2 ポート行列として，低周波では次式で定義されるハイ

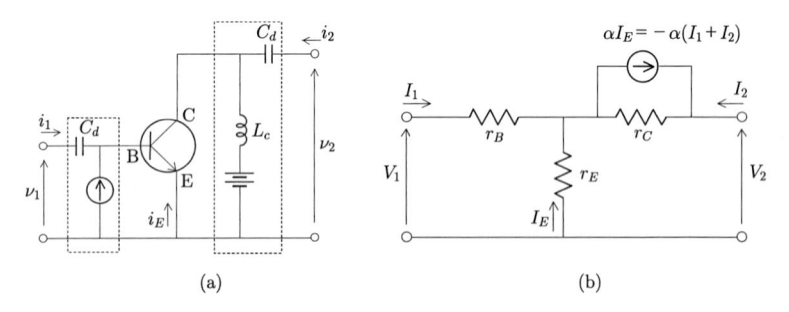

図 9.1 (a) エミッタ接地のバイポーラトランジスタの記号[†2] (図は npn 型 BJT) (b) 小信号等価回路 (直流バイアス電源は省略している) r_B：ベース抵抗，r_E：エミッタ抵抗，r_C：コレクタ抵抗，$\alpha(\lesssim 1)$：エミッタ効率

[†1] 入力信号が大振幅の場合，トランジスタはスイッチ動作を行い，この性質はディジタル回路の構成要素として用いられる．この場合，回路は非線形特性を示すため本書の線形解析は使えず計算機によるシミュレーションが必要となる．

[†2] 図中点線で囲まれた部分は直流バイアス回路を表す．C_d, L_c は直流と交流を分離するためのキャパシタおよびインダクタで，外部インピーダンスに対し $1/\omega C_d$ は十分小さく，ωL_c は十分大きくなるように選ぶ．

9.1 能動2ポートの等価回路表現

ブリッジ行列 (H 行列)

$$\begin{bmatrix} V_1 \\ I_2 \end{bmatrix} = \begin{bmatrix} h_{11} & h_{12} \\ h_{21} & h_{22} \end{bmatrix} \begin{bmatrix} I_1 \\ V_2 \end{bmatrix} \tag{9.1}$$

が用いられる．H 行列の各要素は，それらを求めるための基本操作を行うと次式で与えられる．

$$[H] = \begin{bmatrix} r_B + \dfrac{r_E r_C(1-\alpha)}{r_E + r_C(1-\alpha)}(1+\beta) & \dfrac{r_E}{r_C(1-\alpha) + r_E} \\ \dfrac{\alpha r_C - r_E}{r_C(1-\alpha) + r_E} & \dfrac{1}{r_C(1-\alpha) + r_E} \end{bmatrix} \tag{9.2}$$

ここで，r_B はベース抵抗，r_C はコレクタ抵抗，r_E はエミッタ抵抗，α はエミッタ効率 ($\alpha \lesssim 1$)，$\beta = \alpha/(1-\alpha)(\gg 1)$ は電流増幅率である．

式 (9.1) で定義される H 行列は，一般に図 9.2(a) に示す制御電源を用いた等価回路で表わされる．(9.2) 式で表されるバイポーラトランジスタは，非相反条件 $h_{12} + h_{21} \neq 0$ を満たすだけでなく，高利得性 ($h_{21} \gg 1$)，単方向性 ($h_{12} = 0$) という能動素子として重要な性質を有している．

素子の単方向性 ($h_{12} = 0$) を支配するパラメータは r_C であり，$r_C(1-\alpha) \gg r_E, r_B$ を満たす素子では，式 (9.2) は次式の理想化された能動素子で近似できる．

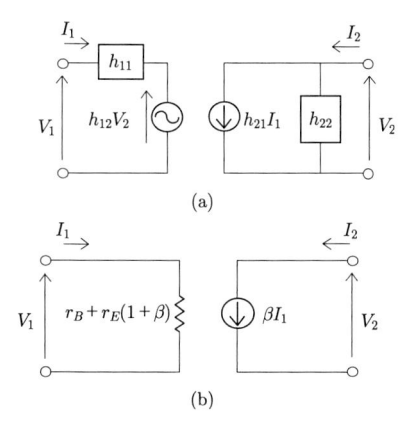

図 9.2　(a) 従属電源を用いた H 行列の等価回路 (h_{11}：インピーダンス，h_{22}：アドミタンス)　(b) 高アイソレーション時 ($r_C(1-\alpha) \gg r_E, r_B$) の等価回路

$$[H] = \begin{bmatrix} r_B + r_E(1+\beta) & 0 \\ \beta & 0 \end{bmatrix} \tag{9.3}$$

式 (9.3) で近似されるバイポーラトランジスタの等価回路は，図 9.2(a) を用いれば図 9.2(b) にのように表される．この図より $I_2 = \beta I_1$ が得られ β が電流利得を表わすことがわかる．また表 8.1 および (9.3) 式より，理想化されたバイポーラトランジスタでは，入力インピーダンス $Z_{in} = h_{11} - h_{12}h_{21}/(h_{22}+Y_L) = h_{11} = r_B + r_E(1+\beta)$ が負荷インピーダンス Z_L に依存しないことがわかる．また (9.3) 式より出力アドミタンスが 0 の増幅器として表現できることがわかる．出力電流が負荷によらず入力電流 I_1 のみの関数 $I_2 = \beta I_1$ となることは，入力信号が入力端から出力端方向にのみ増幅されることを意味し，この性質は本素子が単方向性 (unilaterality) の性質をもっているとも表現される．この性質は線形動作のアナログ素子においては，動作解析が容易になるという利点を与えるのみならず，ディジタル回路用素子としても非常に重要な性質である．

BJT は，発明時には低周波での増幅素子として用いられたため，図 9.2(a) に示す H 行列で記述されていたが，近年，高周波動作時での等価回路には，図 9.3 に示すように FET と同様に相互コンダクタンス g_m を用いた等価回路が用いられている．周波数が高くなるとエミッタ効率 α およびエミッタ抵抗 r_E に容量性の周波数特性が現われるため，図 9.1(b) のかわりに図 9.3 に示される高周波等価回路が用いられている．

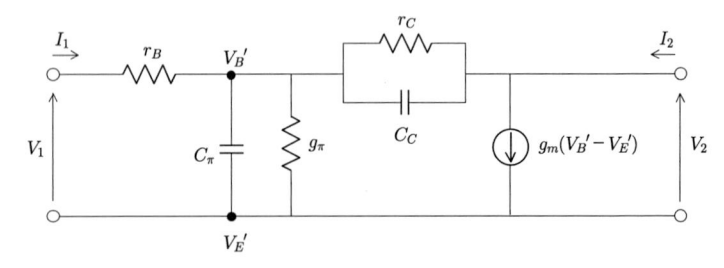

図 9.3 エミッタ接地 **BJT** の高周波等価回路 (V_B'：ベース電位, V_E'：エミッタ電位, C_π：エミッタ拡散容量と基板容量の和，$g_\pi = (1-\alpha_0)/r_E$：等価コンダクタンス，C_C：コレクタ容量，$g_m = \alpha_0/r_E$：等価相互コンダクタンス，α_0：直流でのエミッタ効率)

9.1.2 電界効果トランジスタ (FET)

図 9.4(a) に電界効果トランジスタ (FET) の記号を示す．FET もゲート (gate：G)，ソース (source：S)，ドレイン (drain：D) の 3 端子を有する素子であり，2 ポートとしての扱いが可能である．

ソース接地の電界効果トランジスタの小信号等価回路は，図 9.4(b) で与えられる．図 9.4(b) に示されるように，FET の能動性はゲート電位 V'_G とソース電位 V'_S 間の電位差に比例する電圧制御電流源に起因し，ソース接地 FET では $g_m(V'_G - V'_S) = g_m V_1$ で与えられる．g_m は相互コンダクタンスと呼ばれており，これが FET の利得を与えるパラメータである．

2 ポートとしての FET はアドミタンス行列で表現するのに適している．図 9.5 に従属電源 (電圧制御電流源) を用いたアドミタンス行列の一般的な等価回路を示す．図 9.4(b) で表される FET の等価回路を用いると，FET の Y 行列は定義式を用いた基本操作より次式で与えられる．

$$[Y] = \begin{bmatrix} j\omega(C_1 + C_3) & -j\omega C_3 \\ g_m - j\omega C_3 & \dfrac{1}{R} + j\omega(C_2 + C_3) \end{bmatrix} \quad (9.4)$$

ここで C_1 はゲート容量，C_3 はゲート–ドレイン間容量，g_m は相互コンダクタンス，R は出力抵抗，C_2 はドレイン–ソース間容量である．

FET においても非相反性 $y_{12} \neq y_{21}$ を示す．FET では単方向性 $(y_{12} = 0)$ を決めるパラメータは C_3 である．通常 C_3 は C_1 に較べて十分小さいのでこれを無視すると，図 9.6(a) に示すような等価回路が得られ，これが単方向能動素子としての性質を有する．また高利得性は $g_m R \gg 1$ と表現される．単方向性

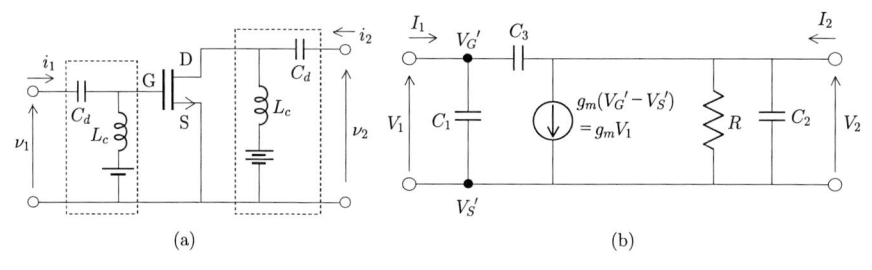

図 9.4 (a) ソース接地の電界効果トランジスタの記号 (図は n チャネル MOSFET) p.160 の脚注 2 参照 (b) 小信号等価回路 (直流バイアス電源は省略している．V'_G：ゲート電位，V'_S：ソース電位)

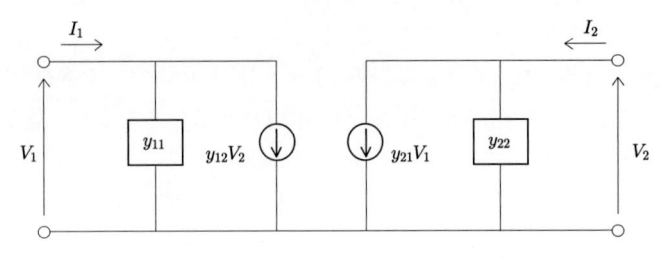

図 9.5 従属電源を用いたアドミタンス行列の等価回路

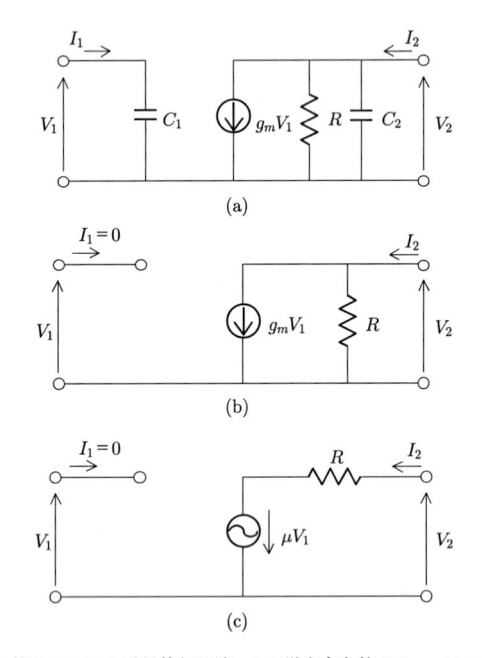

図 9.6 ソース接地 FET の近似等価回路　(a) 単方向条件 ($C_3 = 0$) の時　(b) 低周波等価回路　(c) 電圧源を用いた低周波等価回路 ($\mu = g_m R$)

を有する図 9.6(a) に示す FET の Y 行列の成分は (9.4) 式で $C_3 = 0$ とした次式で与えられる．

$$[Y] = \begin{bmatrix} j\omega C_1 & 0 \\ g_m & \dfrac{1}{R} + j\omega C_2 \end{bmatrix} \tag{9.5}$$

さらに，低周波では C_1, C_2 を無視することができるので図 9.6(b) の低周波等価回路が用いられている．この場合，図 9.6(b) において出力部を電圧源に変

9.1 能動2ポートの等価回路表現

換すると，図9.6(c)に示すように電圧利得 $\mu = g_m R \, (\gg 1)$，内部抵抗 R の等価電圧源に置き換えることができる[†1]．

FETは低周波では入力アドミタンスは極めて小さいが，高周波では入力アドミタンス $Y_{in} = y_{11} = j\omega C_1$ が大きくなり，その結果利得が低下する．トランジスタの電流利得を表現するのに用いられている H パラメータの電流利得 h_{21} は，出力端が短絡時 $(V_2 = 0)$ の電流利得 (I_2/I_1) であり，(9.5)式を用いると次式で与えられる．

$$h_{21} = \frac{y_{21}}{y_{11}} = \frac{g_m}{j\omega C_1} \tag{9.6}$$

(9.6)式を用いて電流利得 $|h_{21}|$ の周波数特性を計算したグラフを図9.7に示す．周波数が大きくなるにつれ $|h_{21}|$ は減少し，デシベル表示の利得 $20\log_{10}|h_{21}|\,\mathrm{dB}$ は，ω が10倍となると20 dBの低下，ω が2倍では6 dBの低下を示す．

利得がなくなる周波数，即ち $|h_{21}| = 1$ となる周波数は，しゃ断周波数 f_t と呼ばれているが，これは式(9.6)より

$$f_t = \frac{g_m}{2\pi C_1} \tag{9.7}$$

で表される[†2]．

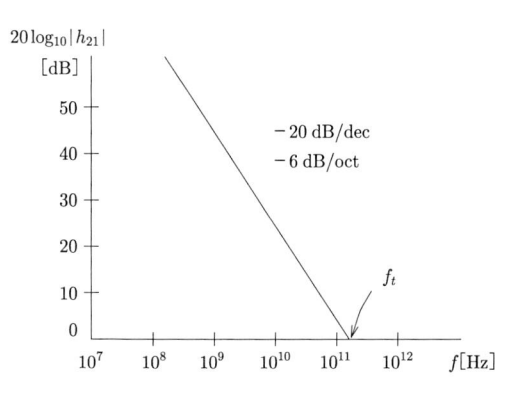

図9.7 電流利得 h_{21} の周波数特性（$C_1 = 0.1\mathrm{pF}$, $g_m = 70\mathrm{mS}$ の時）

[†1] 歴史的には，半導体素子より以前に発明され最初に実用化された能動三端子素子である三極真空管 (vacuum tube) は，このような電圧源を用いた等価回路で表される．

[†2] しゃ断周波数が高い高周波動作可能な **FET** 素子の実現には，ゲート容量 C_1 の減少，相互コンダクタンス g_m の増加が必要であることがわかる．

9.2 演算増幅器

単方向性 ($y_{12}=0$, $z_{12}=0$)，および高利得性 ($|y_{21}|\gg 1$, $|z_{21}|\gg 1$) を有する能動 2 ポート回路に，外部帰還素子を付加することにより機能回路を実現することができる．単方向性 ($y_{12}=0$, $z_{12}=0$) の制御のために良く用いられている方法として，図 9.8(a) に示すようにドレイン–ゲート間 (コレクタ–ベース間) に帰還アドミタンス Y を付加する方法や，図 9.8(b) に示すようにソース–グランド間 (エミッタ–グランド間) に帰還インピーダンス Z を付加する方法がある．能動素子の 2 ポート行列が既知の場合，図 9.8(a), (b) の回路のアドミタンス行列 $[Y']$，インピーダンス行列 $[Z']$ は 6 章に述べられているように 2 ポートの並列および直列接続で記述され次式で与えられる†．

$$[Y'] = \begin{bmatrix} y_{11}+Y & y_{12}-Y \\ y_{21}-Y & y_{22}+Y \end{bmatrix} \tag{9.8}$$

$$[Z'] = \begin{bmatrix} z_{11}+Z & z_{12}+Z \\ z_{21}+Z & z_{22}+Z \end{bmatrix} \tag{9.9}$$

図 9.9 に図 9.8(a) のタイプの帰還回路を用いた**演算増幅器** (operational amplifier) と呼ばれている機能回路を示す．Z_1 は入力部のインピーダンス，Z_2 は帰還用インピーダンスである．この図において Z_2 の帰還の効果は，図 9.8(a) に示される FET の Y 行列の並列接続として記述できるので，この部分の行列 $[Y']$ の成分は，(9.5) 式および (9.8) 式より

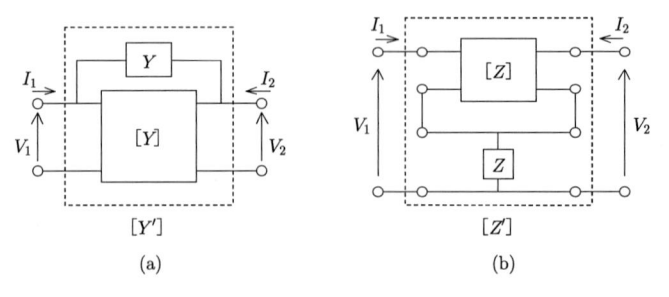

図 9.8 2 ポート回路と帰還インピーダンスの回路　(a) ドレイン–ゲート間 (コレクタ–ベース間) の帰還　(b) ソース–グランド間 (エミッタ–グランド間) の帰還

---

† 能動 3 端子素子のように共通の接地端子を持つ 2 ポートの場合に成立する．

$$\begin{bmatrix} y'_{11} & y'_{12} \\ y'_{21} & y'_{22} \end{bmatrix} = \begin{bmatrix} j\omega C_1 + \dfrac{1}{Z_2} & -\dfrac{1}{Z_2} \\ g_m - \dfrac{1}{Z_2} & \dfrac{1}{R} + j\omega C_2 + \dfrac{1}{Z_2} \end{bmatrix} \quad (9.10)$$

で与えられる．さらに，この回路の入力端に入力インピーダンス Z_1 を付加した回路の Z 行列は，6 章の結果および $[Z'] = [Y']^{-1}$ を用いると次式のように求められる．

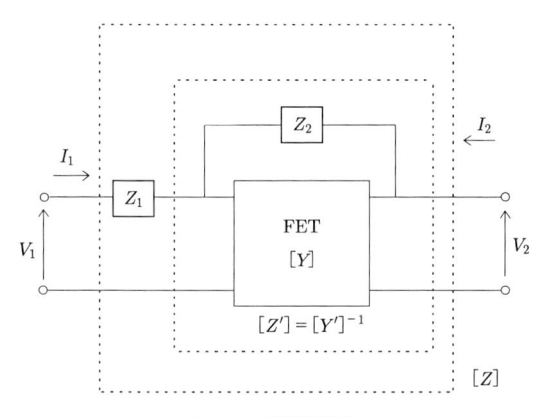

図 9.9 演算増幅器

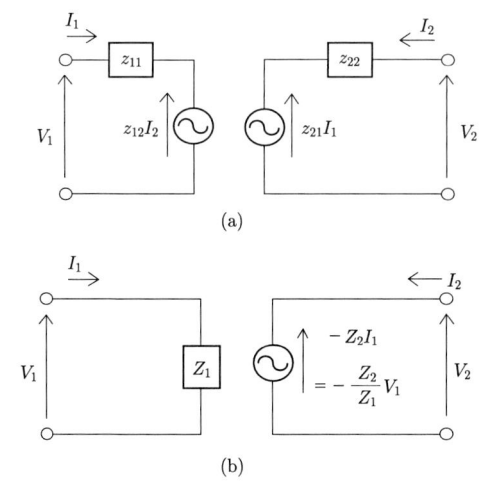

図 9.10 (a) 従属電源を用いた Z 行列の等価回路 (b)$\mu = g_m R \gg 1$ の場合の演算増幅器の等価回路

$$\begin{bmatrix} z_{11} & z_{12} \\ z_{21} & z_{22} \end{bmatrix} = \begin{bmatrix} z'_{11} + Z_1 & z'_{12} \\ z'_{21} & z'_{22} \end{bmatrix} = \begin{bmatrix} \dfrac{y'_{22}}{|Y'|} + Z_1 & -\dfrac{y'_{12}}{|Y'|} \\ -\dfrac{y'_{21}}{|Y'|} & \dfrac{y'_{11}}{|Y'|} \end{bmatrix} \quad (9.11)$$

ここで $|Y'| = y'_{11}y'_{22} - y'_{12}y'_{21}$ である．一般に，従属電源を用いた Z 行列の等価回路は，図 9.10(a) のように表現される．図 9.9 に示される演算増幅器の場合，高利得条件 $\mu = g_m R \gg 1$ が成り立つとき (9.10), (9.11) 式より Z 行列の成分は

$$\begin{bmatrix} z_{11} & z_{12} \\ z_{21} & z_{22} \end{bmatrix} = \begin{bmatrix} Z_1 & 0 \\ -Z_2 & 0 \end{bmatrix} \quad (9.12)$$

で近似できる．式 (9.12) の値を用いて図 9.10(a) の等価回路を表わすと図 9.10(b) となる．即ち，単方向性 $z_{12} = 0$ を示し，入力インピーダンス Z_{in} は，負荷インピーダンス Z_L に依らず $Z_{in} = z_{11} - z_{12}z_{21}/(z_{22} + Z_L) = z_{11} = Z_1$

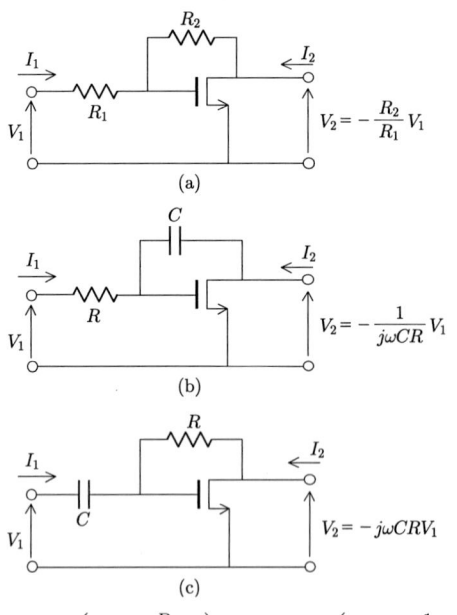

図 9.11 (a) 反転増幅器 $\left(v_2 = -\dfrac{R_2}{R_1}v_1\right)$ (b) 積分器 $\left(v_2 = -\dfrac{1}{CR}\int v_1 dt\right)$ (c) 微分器 $\left(v_2 = -CR\dfrac{dv_1}{dt}\right)$

となる．また，利得は $z_{21} = -Z_2$，出力インピーダンスは $Z_{out} = z_{22} - z_{12}z_{21}/(z_{11} + Z_G) = z_{22} = 0$ となる．このことは，演算増幅器では，出力端電圧 V_2 が入出力回路のインピーダンスに依らず常に

$$V_2 = -\frac{Z_2}{Z_1}V_1 \tag{9.13}$$

で与えられることを意味する．この性質を用いれば，演算増幅器で Z_1, Z_2 の組み合わせにより，図 9.11 に示されるように (a) 反転増幅器，(b) 積分器，(c) 微分器などが実現できる．

◇ 9.3　2個の能動素子を用いた回路

単方向性をもつ能動素子を 2 個組み合わせることにより，インピーダンス反転器，インピーダンス変換器，負性抵抗素子を実現することができる．

9.3.1　ジャイレータ

図 9.12(a) に示すように，逆向きで同じ g_m 値を有する p チャネルおよび n チャネル MOSFET† を 2 個並列接続すると，合成回路のアドミタンス行列において入出力アドミタンス y_{11}, y_{22} が，低周波では $y_{21} = -g_m$ および $y_{12} = g_m$ に比べて無視できることに注意すると

$$[Y] = \begin{bmatrix} 0 & g_m \\ -g_m & 0 \end{bmatrix} \tag{9.14}$$

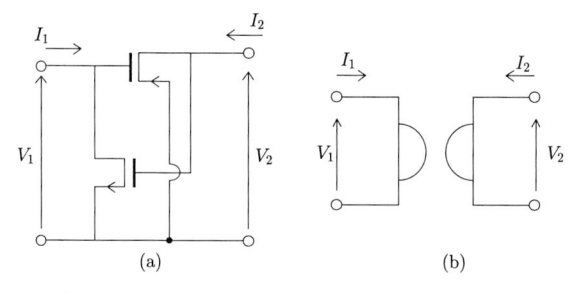

図 9.12　FET を用いたジャイレータ　(a) 回路構成 (上は p チャネル MOSFET, 下は n チャネル MOSFET を表す．直流バイアス回路は両者で逆向きの極性となるが省略している．)　(b) ジャイレータの記号

---

† MOSFET：Metal-Oxide-Semiconductor Field Effect Transistor

で与えられる．この 2 ポートの Z 行列，K 行列は 6 章の変換式より求めると次式となる．

$$[Z] = \begin{bmatrix} 0 & -\dfrac{1}{g_m} \\ \dfrac{1}{g_m} & 0 \end{bmatrix} \tag{9.15}$$

$$[K] = \begin{bmatrix} 0 & \dfrac{1}{g_m} \\ g_m & 0 \end{bmatrix} \tag{9.16}$$

(9.14)〜(9.16) 式で記述される回路素子は，**ジャイレータ** (gyrator) と呼ばれており図 9.12(b) の記号で表す．ジャイレータは，図 8.9 に示される J インバータと同様な性質をもっている．この回路では，図 9.13 に示されるように，2 次側にインピーダンス Z を付けた時，1 次側からみた入力インピーダンスは

$$Z_{in} = z_{11} - \frac{z_{12}z_{21}}{Z + z_{22}} = \frac{1}{g_m^2 Z} \tag{9.17}$$

となり，インピーダンス反転回路として動作することがわかる．

また，図 9.14(a) のようにキャパシタ C を 2 個のジャイレータではさんだ回路では，縦続行列 $[K]$ が

$$[K] = \begin{bmatrix} 0 & \dfrac{1}{g_m} \\ g_m & 0 \end{bmatrix} \begin{bmatrix} 1 & 0 \\ j\omega C & 1 \end{bmatrix} \begin{bmatrix} 0 & \dfrac{1}{g_m} \\ g_m & 0 \end{bmatrix} = \begin{bmatrix} 1 & \dfrac{j\omega C}{g_m^2} \\ 0 & 1 \end{bmatrix} \tag{9.18}$$

となることより，図 9.14 に示すようにインダクタンス値 $L = C/g_m^2$ を有するインダクタと同様に振舞うことがわかる．すなわちインピーダンス変換器として動作する．この回路は，半導体集積回路では実現しにくいインダクタを，キャパシタにより実現する手段として低周波領域で用いられている．

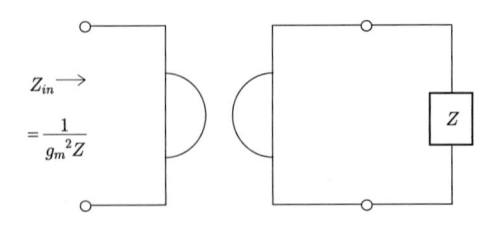

図 9.13　ジャイレータを用いたインピーダンス反転回路

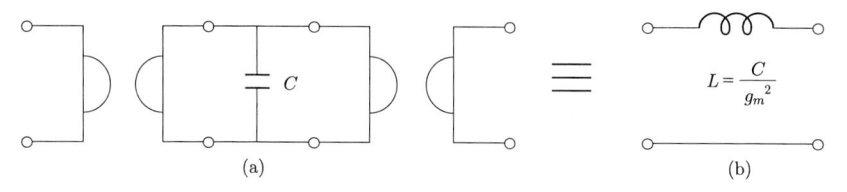

図**9.14** ジャイレータを用いたインピーダンス変換回路

9.3.2 負性抵抗回路

図 9.15 に示す 2 個の FET を逆向きに接続し，グランドを共通とした 2 ポートは，二つの Y 行列の並列回路となり，図中の Y 行列は式 (9.5) の回路モデルを用いると

$$[Y] = \begin{bmatrix} j\omega(C_1 + C_2) + \dfrac{1}{R} & g_m \\ g_m & j\omega(C_1 + C_2) + \dfrac{1}{R} \end{bmatrix} \quad (9.19)$$

で与えられる．この時，図 9.15 に示す端子対からみた入力アドミタンス $Y_{in} = I/V$ は

$$Y_{in} = \frac{y_{11}y_{22} - y_{12}y_{21}}{y_{11} + y_{22} + y_{21} + y_{12}} = \frac{1}{2}\left[-g_m + \frac{1}{R} + j\omega(C_1 + C_2)\right] \quad (9.20)$$

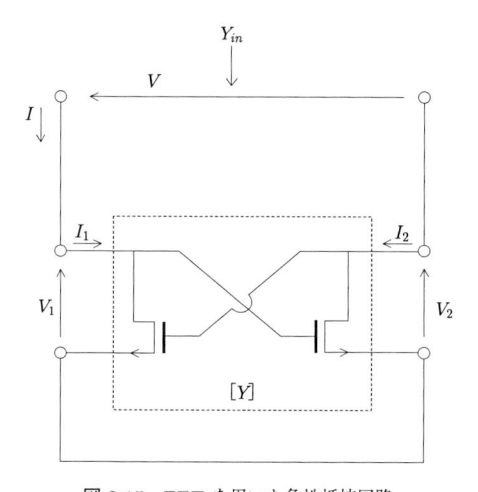

図**9.15** FET を用いた負性抵抗回路

で与えられる．$-g_m + \dfrac{1}{R} < 0$ の時，この回路は，負性コンダクタンスを有する回路素子として記述される．能動性が負性抵抗で表現できる例である．

■ ■   演習問題   ■ ■

9.1 図 9.A(a),(b) に示すドレイン接地 FET (ソースフォロワ) の Y 行列を求めよ．また図 8.1 に示す回路で入力および出力アドミタンスを求めよ．

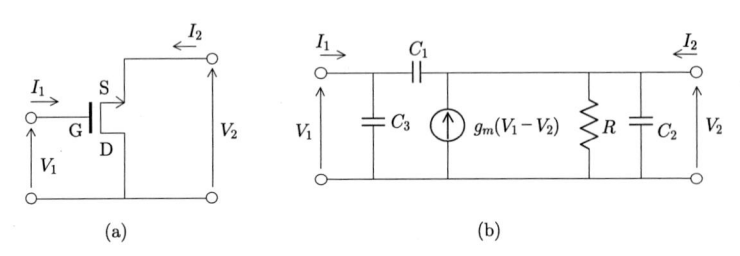

図 **9.A**　(a) ドレイン接地 FET (ソースフォロワ)　(b) 等価回路

9.2 図 9.B(a),(b) に示すゲート接地 **FET** の Y 行列を求め，更に図 8.1 の回路の入出力アドミタンスを求めよ．

◇**9.3** 図 9.C(a) に示すようにソース接地 FET のドレインとゲートを短絡した回路

図 **9.B**　(a) ゲート接地 FET　(b) 等価回路

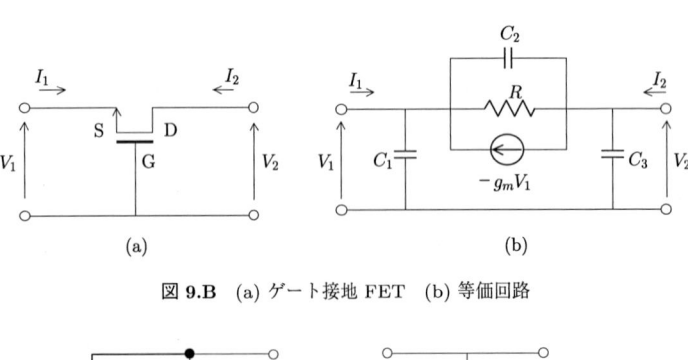

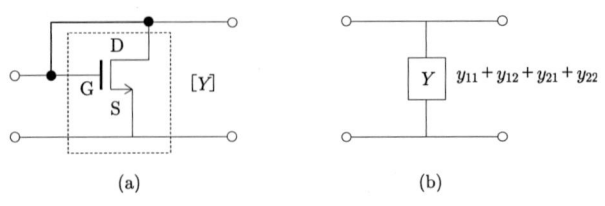

図 **9.C**　(a) ダイオード接続の FET　(b) 等価回路

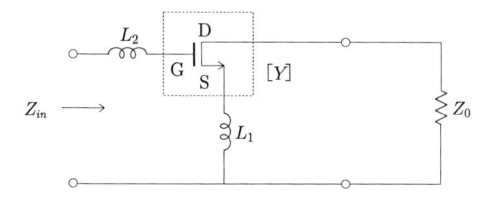

図 9.D　インダクタ L_1, L_2 による FET のインピーダンス整合回路

(ダイオード接続) は図 9.C(b) に示すアドミタンスと等価であることを示せ.

◇**9.4**　ソース接地 FET は入力インピーダンスが容量性となるが通信機器では入力インピーダンスを特性インピーダンス Z_0 (実数値) に整合させる必要がある．そのためのインピーダンス整合回路として図 9.D に示すようにソースとグランド間にインダクタ L_1, 入力端にインダクタ L_2 を付加することが行なわれている．この回路の入力インピーダンス Z_{in} を求め，中心周波数 $\omega = \omega_0$ で $Z_{in} = Z_0$ とする L_1, L_2 を求めよ．ただし FET の出力アドミタンス y_{22} は十分小さく $|y_{22}|Z_0 \ll 1$, $|y_{22}|\omega L_1 \ll 1$ が満たされているとする．

◇**9.5**　本文図 9.3 に示されるエミッタ接地 BJT の高周波等価回路の Z 行列を求め

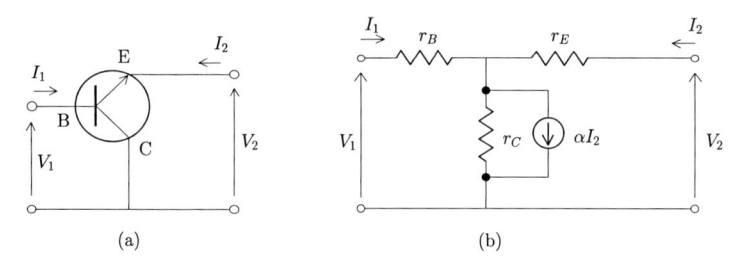

図 9.E　(a) コレクタ接地 BJT (エミッタフォロワ)　(b) 等価回路

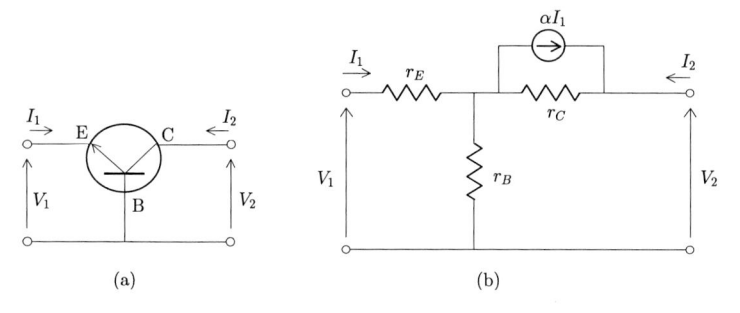

図 9.F　(a) ベース接地 BJT　(b) 等価回路

よ．これを用いて本文図 8.1 の回路の入出力インピーダンスを求めよ．

9.6 図 9.1 に示される BJT の低周波等価回路を用いればコレクタ接地 BJT (エミッタフォロワ) の等価回路は図 9.E となる．この回路の H 行列を求めよ．またこれを用いて図 8.1 の回路の入出力インピーダンスを求めよ．

9.7 図 9.F に示されるベース接地 BJT の H 行列を求めよ．

10. 回路の方程式

本章では，2 ポートより複雑な一般の回路 (グラフと呼ぶ) に対するキルヒホッフの 2 法則を考える．回路素子間の接続はグラフを用いて表現される．グラフの基本的概念を活用することにより，容易に**独立な変数**が選択でき，方程式が導出できる．変数である電圧，電流の数は増えるが，2 ポートの知識で十分であることを確認する．

10.1 回路のグラフとキルヒホッフの法則

10.1.1 グラフ

a. ラベル付きグラフ

電気回路を，構成素子の種類を区別せず，・印の**節点** (点, 頂点, node, vertex) と節点間を結ぶ**枝** (辺, 弧, branch, arc) で表す．図 10.1(a),(b) は回路例とそのグラフである．図 10.2 では各節点を a, b, c, d の記号で表している．通常，枝は回路素子を表し，その素子特性は，図 1.1 に示すように節点間の端子電圧 v と枝に流入する端子電流 i の間の関係式で規定され，v, i いずれも**向き**を指定しなければならないので，しばしば，枝には電圧や電流などのラベルの付いた

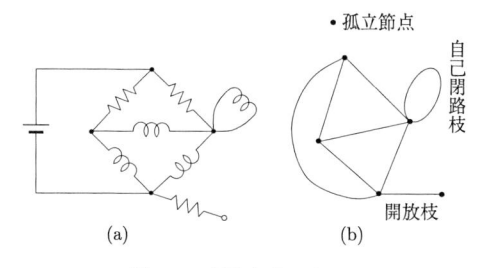

図 10.1 回路とそのグラフ

グラフを考える．

b. 閉路，ループ (loop)

一つの節点を出発して幾つかの枝を経由して，途中同じ節点を通ることなくある節点に至る道が，出発した節点に戻る場合，その道を閉路，ループという．なお，図 10.1(b) の両端が同一節点である枝は**自己ループ**と呼ばれる．また，他の節点とつながっていない開放枝や枝のない孤立節点も描いている．

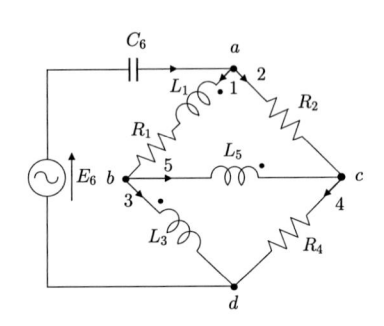

図 10.2 ブリッジ回路
図 10.3 暗箱表示のブリッジ回路

L_i と L_j の間には相互誘導 M_{ij} があるとする．

10.1.2 キルヒホッフの法則

以下では図 10.2 の具体的な回路を考える代わりに，図 10.3 のように各枝に番号の付いた暗箱を用いた模式図の回路で議論する．図中の暗箱は，一般の 1 ポートを表している．これは図 10.4 のような**インピーダンス型表現**と図 10.5 のような**アドミタンス型表現**がある．図 10.4 の場合，(a) のように 1 ポートの**端子電圧 (枝電圧)** V_i と**端子電流 (枝電流)** I_i を定めたとき，一般には (b) のように**電圧源** E_i と**インピーダンス** Z_i を含む．オームの法則から定まる関係式

$$V_i = Z_i I_i - E_i, \quad b_i に電圧源 E_i がある場合 \qquad (10.1)$$

が得られる．上式は電圧源がない場合 ($E_i = 0$，**電圧源枝を短絡除去**，図 (c) に相当) を含む一般形である．

一方，図 10.5 の場合，同様に (a) に対して，一般には (b) のように電流源 J_i とアドミタンス Y_i を含む．オームの法則から定まる関係式

$$I_i = Y_i V_i - J_i, \quad b_i に電流源 J_i がある場合 \qquad (10.2)$$

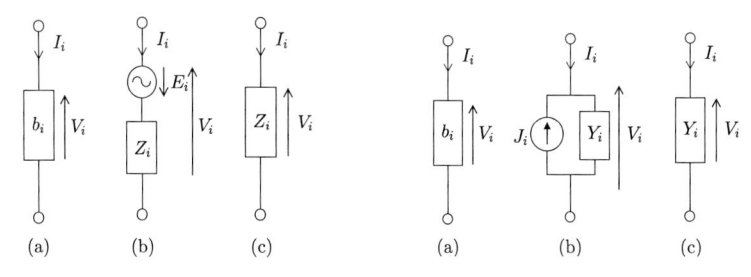

図 10.4 暗箱のインピーダンス型表現

図 10.5 暗箱のアドミタンス型表現

が得られる．上式は電流源がない場合 ($J_i = 0$，電流源枝を開放除去，図 (c) に相当) を含む一般形である．両表現を使い分けると見通しのよい議論ができる．図 10.3 のように，番号 i の付いた枝 i について**枝電流 I_i** や**枝電圧 V_i** の向きは前述の 1 ポートのそれに準じていることに注意して欲しい†．これらの両量について以下のキルヒホッフの二法則が成立する．

a. 第一法則，電流則 (節点法則)，KCL

$$\text{任意の節点に流入する枝電流 } I_i \text{ の和は零である．} \tag{10.3}$$

すなわち，電流則は節点での電流の連続性あるいは電荷の保存則を表し，式 (10.3) は図 10.3 の場合，

$$\left.\begin{array}{ll} \text{節点 } a : & (-I_1) + (-I_2) + I_6 = 0 \\ \text{節点 } b : & I_1 + (-I_3) + (-I_5) = 0 \\ \text{節点 } c : & I_2 + (-I_4) + I_5 = 0 \\ \text{節点 } d : & I_3 + I_4 + (-I_6) = 0 \end{array}\right\} \tag{10.4}$$

となる．グラフの任意の節点に**流入**する電流の和と**流出**する電流 (負符号を付けている) の和の合計は零である．

b. 第二法則，電圧則 (閉路法則)，KVL

$$\text{任意の閉路において閉路に沿った枝電圧 } V_k \text{ の和は零である．} \tag{10.5}$$

式 (10.5) は図 10.3 の場合，

---

† 枝の暗箱に付いている電圧，電流の矢印の向きは自由に取れるが，図 10.3 や図 10.4，10.5 のように 1 ポートの場合に準じて取ることを習慣づけると良い．これ以降で取り扱う，少し複雑な回路の方程式を立てる際混乱が少ない．

$$\left.\begin{array}{l}\text{閉路 } a \to b \to c \to a \;:\; (-V_1) + V_2 + (-V_5) = 0 \\ \text{閉路 } b \to c \to d \to b \;:\; V_3 + (-V_5) + (-V_4) = 0 \\ \text{閉路 } a \to d \to b \to a \;:\; V_1 + V_6 + V_3 = 0\end{array}\right\} \quad (10.6)$$

となる.すなわち,電圧則は任意の閉路において,枝電圧 (閉路の向きに合わせて正負の符号を付ける.すなわち,閉路の向きと枝電圧の向きが同符号の場合,正符号を,異符号の場合,負符号を付けている.) の和は零である.

和の計算では I_k, V_k, E_k の向き,閉路の向き等に注意しなければならない.なお,節点電位を $V^a, V^b, \cdots, V^\nu$ 等と表記すると,図 10.3 の場合,枝電圧と

$$\left.\begin{array}{l}V_1 = V^a - V^b,\; V_2 = V^a - V^c,\; V_3 = V^b - V^d, \\ V_4 = V^c - V^d,\; V_5 = V^b - V^c,\; V_6 = V^d - V^a\end{array}\right\} \quad (10.7)$$

の関係がある.電圧の上付きの添え字 k は**節点番号**を,下添え字番号 k は**枝番号**を意味する.

10.1.3 1 ポート特性

各枝の暗箱が L, M, R, C の素子だけからなり,かつ図 10.6(a) のように電圧源だけを含む場合を考える.式 (10.1) を KVL の式 (10.6) に代入して $\{V_i\}_{i=1}^b$ を消去すれば,$\{I_i\}_{i=1}^b$ と $\{E_i\}_{i=1}^b$ の関係式

$$\begin{pmatrix} -Z_1 & Z_2 & 0 & 0 & -Z_5 & 0 \\ 0 & 0 & Z_3 & -Z_4 & -Z_5 & 0 \\ Z_1 & 0 & Z_3 & 0 & 0 & Z_6 \end{pmatrix} \begin{pmatrix} I_1 \\ I_2 \\ I_3 \\ I_4 \\ I_5 \\ I_6 \end{pmatrix} = \begin{pmatrix} 0 \\ 0 \\ E_6 \end{pmatrix} \quad (10.8)$$

が得られる.しかし,条件式の数 3 に比べ未知数の数 $b = 6$ が多い連立一次方程式となっているので,冗長な変数を含んでいることを意味している.

一方,図 10.6(b) のように電流源だけを含む場合,式 (10.2) を KCL の式 (10.4) に代入して $\{I_i\}_{i=1}^b$ を消去すれば,$\{J_i\}_{i=1}^b$ と $\{V_i\}_{i=1}^b$ の関係式

$$\begin{pmatrix} -Y_1 & -Y_2 & 0 & 0 & 0 & Y_6 \\ Y_1 & 0 & -Y_3 & 0 & -Y_5 & 0 \\ 0 & Y_2 & 0 & -Y_4 & Y_5 & 0 \\ 0 & 0 & Y_3 & Y_4 & 0 & -Y_6 \end{pmatrix} \begin{pmatrix} V_1 \\ V_2 \\ V_3 \\ V_4 \\ V_5 \\ V_6 \end{pmatrix} = \begin{pmatrix} J_6 \\ 0 \\ 0 \\ -J_6 \end{pmatrix}$$

(10.9)

が得られる．この場合も冗長な変数を含んでいる．いずれの場合もこのままでは連立一次方程式の解法を利用できない．

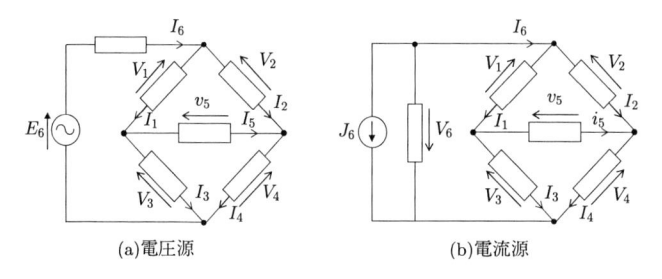

(a)電圧源 (b)電流源

図 10.6　電源を含むブリッジ回路

10.2　独立な回路変数と回路方程式の立て方

それでは各電圧，電流の値を知るために必要かつ十分な回路変数は何か？これに答えるために，**独立な枝電流・枝電圧**を議論する．その前に，グラフの術語・性質を列挙する．以下，グラフの節点の数を n，枝の数を b とする．

10.2.1　グラフに関わる各種術語の定義

1) **連結グラフ** (connected graph)：任意の節点から他の任意の節点に至る道が存在するグラフを指す．

2) **木** (tree)：木はすべての節点を連結する最小数の枝 (**木の枝**, tree branch と呼ぶ) の集合 (当然閉路は含まない) を指す．図 10.6($n=4, b=6$) の回路に対する木を図 10.7 に示す．木は太線で示した枝の集合であり，一般に複数個存在する．木の枝の総数は節点数より一つ少ない $n-1$ である．木に一つの枝を

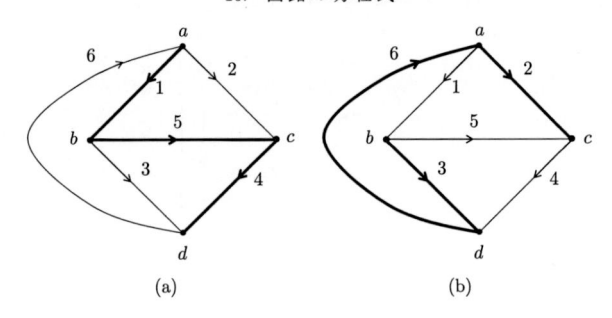

図 10.7　木 (木の枝は太線) と補木 (補木の枝 = リンクは細線) の二つの例

加えれば閉路が出来るからである．KVL から

$$\text{木の枝電圧を与えれば，他の枝電圧が定まる．} \qquad (10.10)$$

3) **補木** (cotree)：補木は木を構成しない残りの枝 (リンク (link)，補木の枝 (cotree branch) と呼ぶ) の集合を指す．リンクの総数 ℓ は

$$\ell = b - (n-1) \qquad (10.11)$$

である．図 10.7 では $\ell = 6 - (4-1) = 3$ である．リンクの電圧，電流をそれぞれ**リンク電圧**，**リンク電流**と呼ぶ．木と補木とは**双対**な概念であり，式 (10.10) の他の枝電圧とはリンク電圧を指す．式 (10.10) の双対は

$$\text{リンク電流を与えれば，木の枝電流が定まる．} \qquad (10.12)$$

と表現される．すなわち，ℓ 個のリンク電流を任意に与えれば KCL から電流分布は一意に定まる．これを示そう．

　もし，同じリンク電流を持つ二つの異なった電流分布が存在すると仮定すれば，両分布の差として，リンク電流は 0 で木にだけ電流が流れる電流分布が存在することになる．しかるに，木は閉路を含まないから，木の枝電流は 0 となり，仮定に反するからである．したがって，

$$\text{独立な枝電流の数は } \ell \text{ 個である．} \qquad (10.13)$$

式 (10.4) の 4 個の式の左辺と右辺を別々に和をとると，左辺では各枝電流が正負各 1 回ずつ現れるから左辺の和は 0 になり，右辺の和は当然 0 である．すなわち，式 (10.4) は**一次独立な式でない** (**一次従属な式である**)．例えば，式 (10.4) の三つの式の和の逆符号の式が第 4 式になる．

10.2.2 閉路とカットセット
a. 基本閉路,タイセット

基本閉路はある補木に対して,一つのリンクと他は木の枝からなる閉路を指す.これは ℓ 個ある.図 10.7(a),(b) は木と補木の二つの例である.木の枝を太線で示している.(a) では 1, 4, 5, (b) では 2, 3, 6 である.補木の枝 (リンク) は細線で示している.(a) では 2, 3, 6, (b) では 1, 4, 5 である.図 10.8 は図 (a) の木に対するリンク 2, 3, 6 に応じた三つの閉路 (**基本閉路**と呼ぶ) (各々 $\mathcal{L}_2, \mathcal{L}_3, \mathcal{L}_6$ と記す) を示している.基本閉路を作る枝の組は**基本タイセット** (tie-set, loop set) という.**閉路電流**としてリンク電流 i_k を選ぶことができる.すなわち,閉路 $\mathcal{L}_k$ の向きはリンクの向き (リンク電流 i_k の向き) と同一にしている.また,ある木に関する全ての基本閉路の組を**基本閉路系,タイセットの基本系**と呼ぶ.KVL は以下の**基本タイセット行列** B_f

$$B_f = \begin{pmatrix} 1 & 0 & 0 & -1 & 0 & -1 \\ 0 & 1 & 0 & 0 & -1 & -1 \\ 0 & 0 & 1 & 1 & 1 & 1 \end{pmatrix} \overset{\text{補木の枝}: 2,3,6 \mid 木の枝: 1,4,5}{} = (U, B_p) \quad (10.14)$$

で特徴付けられる.ただし,行列の各要素は 1, −1, 0 に限られ,補木の枝と同じ向きにある木の枝に 1,逆向きの場合,−1 を,タイセットに現れない木の枝に 0 を与えている.各行は基本閉路に対応する.なお,行列 B_f の左部分 U は $\ell = 3$ 次の単位行列であり,右部分 B_p は $\ell \times (n-1) = 3 \times 3$ の行列である.B_f のランクは U から明らかなように 3 である.
KVL は枝電圧ベクトル $\widehat{\mathbf{V}} = (V_2, V_3, V_6, V_1, V_4, V_5)^T$ を用いると

$$B_f \widehat{\mathbf{V}} = B_f \begin{pmatrix} V_2 \\ V_3 \\ V_6 \\ V_1 \\ V_4 \\ V_5 \end{pmatrix} = \begin{pmatrix} 0 \\ 0 \\ 0 \end{pmatrix} \quad (10.15)$$

と表現できる.

b. 閉路電流，基本閉路電流

図 10.8 のように，ある閉路を還流する電流 I を閉路電流と呼び，基本閉路の場合，その閉路電流を**基本閉路電流**と呼ぶ．式 (10.12) より，

　　基本閉路電流を重ねると回路の枝電流分布が得られる．　　(10.16)

　　任意の閉路は基本閉路を，向きを考えて重ねることにより得られる．

(10.17)

式 (10.17) より，ある基本閉路系に属する基本閉路はそれぞれ異なるリンクを含むので，ℓ 個の基本閉路は一次独立である．したがって，

　　電圧則が基本閉路で成り立てばすべての閉路で成立する．　　(10.18)

　　枝電流分布は ℓ 個の独立な閉路の閉路電流の線形結合である．　(10.19)

例題 10.1　図 10.3 の場合の枝電流の式を導け．

[解] $\ell = 3$ 個の基本閉路電流は，図 10.3(a) の木と補木に合わせて，リンク電流 I_2, I_3, I_6 が指定されると，図 10.8 に示すように木の枝電流は基本閉路電流の和として表現される．

$$\left.\begin{aligned} I_1 &= -I_2 + I_6 \\ I_4 &= -I_3 + I_6 \\ I_5 &= -I_2 - I_3 + I_6 \end{aligned}\right\} \qquad (10.20)$$

c. カットセット

図 10.9 のように，ある一組の枝を取り除くとグラフが連結でなくなり，その組の任意の枝を戻すとグラフが連結となるとき，この一組の枝を**カットセット**という．グラフの二つの部分 α, β の間を接続している，小さな暗箱を含む枝の組はカットセットで，$\alpha \to \beta$ あるいは $\alpha \leftarrow \beta$ のいずれか一方をカットセットの正の向きと定めると，**広義の電流則**

　　　　カットセット上の枝電流の和は零である．　　(10.21)

が成立する．木の枝を一つだけ含むカットセットを**基本カットセット**と呼び，$\mathcal{C}_k$ と記す．

10.2 独立な回路変数と回路方程式の立て方 183

図 10.8 基本タイセットと基本閉路

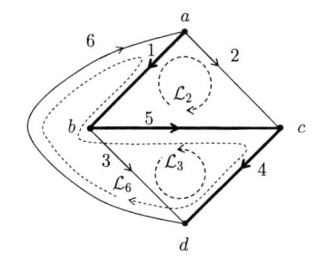

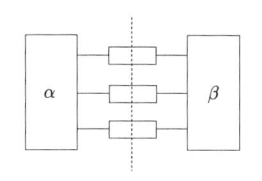

図 10.9 カットセット

図 10.10 では，基本カットセット $\mathcal{C}_1, \mathcal{C}_4, \mathcal{C}_5$ (弧で表現) はそれぞれ枝 $1, 2, 6$，枝 $3, 4, 6$，枝 $2, 3, 5, 6$ からなる．なお，カットセットとタイセットは**双対な概念**である．KCL は以下の**基本カットセット行列** C_f

$$\text{補木の枝}: 2, 3, 6 \mid \text{木の枝}: 1, 4, 5$$
$$C_f = \begin{pmatrix} 1 & 0 & -1 & 1 & 0 & 0 \\ 0 & 1 & -1 & 0 & 1 & 0 \\ 1 & 1 & -1 & 0 & 0 & 1 \end{pmatrix} = (C_p, U) \quad (10.22)$$

で特徴付けられる．ただし，行列の各要素は $1, -1, 0$ に限られ，木の枝と同じ向きにある補木の枝に 1，逆向きの場合，-1 を，カットセットに現れない補木の枝に 0 を与えている．各行は基本カットセットに対応する．なお，行列 C_f の左部分 C_p は $(n-1) \times \ell = 3 \times 3$ 次の行列であり，右部分 U は $\ell = 3$ 次の単位行列である．C_f のランクは U から明らかなように 3 である．

KCL は枝電流ベクトル $\widehat{\mathbf{I}} = (I_2, I_3, I_6, I_1, I_4, I_5)^T$ を用いると

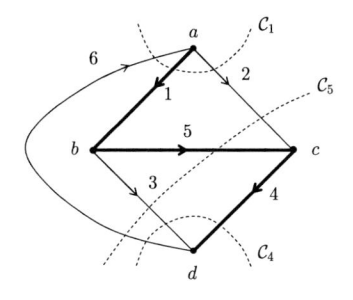

図 10.10 基本カットセット

$$C_f \widehat{\mathbf{I}} = C_f \begin{pmatrix} I_2 \\ I_3 \\ I_6 \\ I_1 \\ I_4 \\ I_5 \end{pmatrix} = \begin{pmatrix} 0 \\ 0 \\ 0 \end{pmatrix} \qquad (10.23)$$

と表現できる[†].

d. 独立な枝電圧および枝電流の数

以上の結果をまとめると,

ℓ 個の独立な閉路で電圧則 $B_f \widehat{\mathbf{V}} = 0$ が成立する. (10.24)

$n-1$ 個の独立なカットセットで電流則 $C_f \widehat{\mathbf{I}} = 0$ が成立する. (10.25)

が得られる.

10.3 回路の方程式の立て方

キルヒホッフの2法則とオームの法則である,1ポート素子特性の電圧・電流関係の式を組み合わせると回路中の電圧,電流を定める方程式を導出できる.未知数に枝電流,閉路電流,節点電位のいずれを取るかにより,以下に説明する代表的な三つの考え方がある.

図10.2,図10.3 ($n=4, b=6$, したがって $\ell=3$) の回路に対して図10.7(a) の木,補木のグラフを選ぶと,図10.8,図10.10の基本タイセット,基本カットセットが得られる.木の枝は 1, 4, 5 であり,枝,基本閉路の向きを矢印の向きにとるとする.枝の矢印の向きに枝電流 $I_1, \cdots, I_6$ が流れ,枝電圧 $V_1, \cdots, V_6$ の向きは,枝の矢印の向きと逆にとるものとする.この例の場合,I_2, I_3, I_6 は閉路電流となる.V^a, V^b, V^c, V^d は節点電位である.

10.3.1 枝電流法

KCL は $n-1=3$ 個の節点で考えればよいが,すべての節点について式を書くと,

[†] B_f と C_f の間には直交関係 $B_f \cdot C_f^t = 0$, すなわち $B_p = -C_p^t$ が成立することは上記の例を見ればわかるが,ここではその証明は与えない.

10.3 回路の方程式の立て方

$$\left.\begin{array}{llllllll}
\text{節点 } a: & I_1 & I_2 & & & & -I_6 & = 0 \\
\text{節点 } b: & -I_1 & & I_3 & & I_5 & & = 0 \\
\text{節点 } c: & & -I_2 & & I_4 & -I_5 & & = 0 \\
\text{節点 } d: & & & -I_3 & -I_4 & & I_6 & = 0
\end{array}\right\} \quad (10.26)$$

上式の左辺の和は 0 になるので，上の 4 式は独立ではない．

上式は，節点と枝の接続関係を表す $n \times b$ の行列 (**接続行列，インシデンス行列**と呼ばれる) A を用いると，

$$A \begin{bmatrix} I_1 \\ I_2 \\ I_3 \\ I_4 \\ I_5 \\ I_6 \end{bmatrix} = 0, \quad A = \begin{bmatrix} 1 & 1 & 0 & 0 & 0 & -1 \\ -1 & 0 & 1 & 0 & 1 & 0 \\ 0 & -1 & 0 & 1 & -1 & 0 \\ 0 & 0 & -1 & -1 & 0 & 1 \end{bmatrix} \quad (10.27)$$

と記述される．ただし，A の行番号は，節点番号に，列番号は枝番号に対応させている．各列ベクトルは $1, -1$ を 1 個ずつ含むので A の行ベクトルは独立ではない[†]．

一方，節点電位 V^a, V^b, V^c, V^d と枝電圧 $V_1, V_2, \cdots, V_6$ との間の関係より

$$[V_1, V_2, V_3, V_4, V_5, V_6] = [V^a, V^b, V^c, V^d] A \quad (10.28)$$

が成立する．

KVL の独立な $\ell = 3$ 個の閉路に関する式は

$$\left.\begin{array}{llllllll}
\mathcal{L}_2: & -V_1 & +V_2 & & & -V_5 & & = 0 \\
\mathcal{L}_3: & & & V_3 & -V_4 & -V_5 & & = 0 \\
\mathcal{L}_6: & V_1 & & & +V_4 & +V_5 & +V_6 & = 0
\end{array}\right\} \quad (10.29)$$

で与えられる．また，各枝電圧で成立する関係式は

[†] 基本カットセット行列 C_f は A の独立な行ベクトルの一次結合から形成されている．この例の場合，C_f の第 1 行ベクトルは A のそれで，第 2 行ベクトルは A の第 4 行ベクトルに -1 を掛けたもの，第 3 行ベクトルは A の第 3 行ベクトルと第 4 行ベクトルの和に -1 を掛けたものである．

$$\left.\begin{array}{l}\text{枝 1}: V_1 = (j\omega L_1 + R_1)I_1 + j\omega M_{13}I_3 - j\omega M_{15}I_5 \\ \text{枝 2}: V_2 = R_2 I_2 \\ \text{枝 3}: V_3 = j\omega M_{31}I_1 + j\omega L_3 I_3 - j\omega M_{35}I_5 \\ \text{枝 4}: V_4 = R_4 I_4 \\ \text{枝 5}: V_5 = -j\omega M_{51}I_1 - j\omega M_{53}I_3 + j\omega L_5 I_5 \\ \text{枝 6}: V_6 = \dfrac{I_6}{j\omega C_6} - E_6 \end{array}\right\} \quad (10.30)$$

である.なお,上式右辺において,相互誘導 $M_{ij} = M_{ji}$ の前に付いている正負符号は,変成器の定義に基づいて決定される.式 (10.30) を式 (10.29) に代入した三式と式 (10.26) のいずれかの三式を連立させれば,与えられた $\{E_i\}_{i=1}^{b}$ の下での解 $\{I_i\}_{i=1}^{b}$ が得られる.

10.3.2 閉路電流法

式 (10.19) より枝電流は閉路電流により表現される.図 10.2 の回路では図 10.8(閉路電流は I_2, I_3, I_6) から

$$\left.\begin{array}{l}\text{枝電流 } I_1 = -I_2 \quad\quad +I_6 \\ \text{枝電流 } I_2 = \quad\quad I_2 \\ \text{枝電流 } I_3 = \quad\quad\quad\quad I_3 \\ \text{枝電流 } I_4 = \quad\quad\quad\quad -I_3 +I_6 \\ \text{枝電流 } I_5 = -I_2 \quad -I_3 +I_6 \\ \text{枝電流 } I_6 = \quad\quad\quad\quad\quad\quad I_6 \end{array}\right\} \quad (10.31)$$

上式は $b \times \ell$ の係数行列 (**閉路行列**と呼ばれる) B を用いると,

$$\begin{bmatrix} I_1 \\ I_2 \\ I_3 \\ I_4 \\ I_5 \\ I_6 \end{bmatrix} = B \begin{bmatrix} I_2 \\ I_3 \\ I_6 \end{bmatrix}, \quad B = \begin{bmatrix} -1 & 0 & 1 \\ 1 & 0 & 0 \\ 0 & 1 & 0 \\ 0 & -1 & 1 \\ -1 & -1 & 1 \\ 0 & 0 & 1 \end{bmatrix} \quad (10.32)$$

10.3 回路の方程式の立て方

と表現できる．ただし，B の行番号は，枝電流番号に，列番号は閉路電流番号に対応させている．一方，式 (10.29) の電圧則は

$$[V_1, V_2, V_3, V_4, V_5, V_6] B = 0 \tag{10.33}$$

と簡単に記述できる[†]．詳細な説明はしないが，接続行列 A と閉路行列 B との間には直交関係

$$AB = 0 \tag{10.34}$$

が成立する．

式 (10.31) を代入した式 (10.30) の枝特性を式 (10.29) の閉路方程式に代入すると閉路電流に関する**閉路方程式**

$$\left.\begin{aligned}
\mathcal{L}_2: 0 =\ & [j\omega(L_1 + L_5 - 2M_{51}) + (R_1 + R_2)]I_2 \\
& + [j\omega(L_5 - M_{13} - M_{15} + M_{53})]I_3 \\
& + [j\omega(-L_1 - L_5 + 2M_{15}) - R_1]I_6 \\
\mathcal{L}_3: 0 =\ & [j\omega(L_5 - M_{31} + M_{35} - M_{51})]I_2 \\
& + [j\omega(L_3 + L_5 + 2M_{35}) + R_4]I_3 \\
& + [j\omega(-L_5 + M_{31} - M_{35} + M_{51}) - R_4]I_6 \\
\mathcal{L}_6: E_6 =\ & [j\omega(-L_1 - L_5 + 2M_{15}) - R_1]I_2 \\
& + [j\omega(-L_5 + M_{13} + M_{15} - M_{53}) - R_4]I_3 \\
& + [j\omega(L_1 + L_5 - 2M_{15}) + R_1 + R_4 + \frac{1}{j\omega C_6}]I_6
\end{aligned}\right\} \tag{10.35}$$

が得られる．一般に

$$\left.\begin{aligned}
E'_1 &= z_{11}I_1 + z_{12}I_2 + \cdots + z_{1\ell}I_\ell \\
E'_2 &= z_{21}I_1 + z_{22}I_2 + \cdots + z_{2\ell}I_\ell \\
\cdots\cdots\ &\cdots\ \ \ \ \ \ \cdots\ \ \ \ \cdots\ \ \ \cdots \\
E'_\ell &= z_{\ell 1}I_1 + z_{\ell 2}I_2 + \cdots + z_{\ell\ell}I_\ell
\end{aligned}\right\} \tag{10.36}$$

[†] 基本タイセット行列 B_f は B の独立な行ベクトルの一次結合から形成されている．この例の場合，B_f の第 1 行ベクトルは B の第 1 列ベクトル，第 2 行ベクトルは B の第 2 列ベクトル，第 3 行ベクトルは B の第 3 列ベクトルである．

と表現される．ただし，要素 z_{pq} はインピーダンスであり，

$$z_{pq} = j\omega L_{pq} + R_{pq} + \frac{1}{j\omega C_{pq}}, \ 1 \leq p, q \leq \ell \tag{10.37}$$

と記述される．ただし R, L, M, C からなる回路では相反性より，

$$\left.\begin{array}{l} L_{pq} = L_{qp} \\ R_{pq} = R_{qp}, \ 1 \leq p, q \leq \ell \\ C_{pq} = C_{qp} \end{array}\right\} \tag{10.38}$$

となるので

$$z_{pq} = z_{qp}, \quad 1 \leq p, q \leq \ell \tag{10.39}$$

が成立する．平面上に交叉せずに描けるグラフ (**平面グラフ**と呼ばれる) は網目状をしている．グラフが平面グラフとなる回路に対して各網目を閉路にとった閉路方程式は**網目方程式** (mesh equation) と呼ばれる．

平面グラフは重要な概念である．たとえば，あるグラフ $\mathcal{G}$ に対して，その基本タイセット行列がグラフ $\mathcal{G}^*$ のある基本カットセット行列と等しいとき，グラフ $\mathcal{G}^*$ は $\mathcal{G}$ の**双対グラフ**と呼ばれる．図 10.11(a) のグラフ $\mathcal{G}$ と (b) のグラフ $\mathcal{G}^*$ とは双対である．なぜならば $\mathcal{G}$ の閉路 $\mathcal{L}_4, \mathcal{L}_5$ で定まる基本タイセット行列 B_f は

$$B_f = \begin{array}{c} \text{補木の枝}: 4, 5| \text{木の枝}: 1, 2, 3 \\ \left(\begin{array}{cc|ccc} 1 & 0 & -1 & 1 & 1 \\ 0 & 1 & 1 & -1 & -1 \end{array}\right) \begin{array}{c} \mathcal{L}_4 \\ \mathcal{L}_5 \end{array} \end{array} \tag{10.40}$$

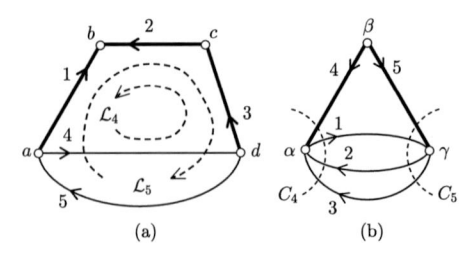

図 10.11 双対グラフ G と G^*

であり，$\mathcal{G}^*$ のカットセット $\mathcal{C}_4, \mathcal{C}_5$ で定まる基本カットセット行列 C_f は

$$C_f = \begin{pmatrix} \text{補木の枝}: 1, 2, 3 & | & \text{木の枝}: 4, 5 \\ \end{pmatrix}$$

$$C_f = \left(\begin{array}{ccc|cc} -1 & 1 & 1 & 1 & 0 \\ 1 & -1 & -1 & 0 & 1 \end{array} \right) \begin{array}{c} \mathcal{C}_4 \\ \mathcal{C}_5 \end{array} \tag{10.41}$$

となるからである．双対グラフが存在するための必要十分条件は"グラフが平面グラフである"ことである．

例題 10.2 図 10.12(a) の回路の閉路方程式を導け．

[解] 図 10.13(a) のように木を選ぶと，図 (b) の I_1, I_2, I_3 を閉路電流を未知数とする 3 次の連立一次方程式

$$\begin{bmatrix} z_1 + z_4 + z_6 & -z_4 & z_6 \\ -z_4 & z_2 + z_4 + z_5 & z_5 \\ z_6 & z_5 & z_3 + z_5 + z_6 \end{bmatrix} \begin{pmatrix} I_1 \\ I_2 \\ I_3 \end{pmatrix} = \begin{pmatrix} E_1 \\ 0 \\ 0 \end{pmatrix} \tag{10.42}$$

が得られる．$\mathbf{I} = (I_1, I_2, I_3)^t, \mathbf{E}' = (E_1, 0, 0)^t$ とおくと，上式はオーム則の行列・ベクトル版

$$\mathbf{ZI} = \mathbf{E}', \mathbf{Z} = \{Z_{pq}\}, \tag{10.43}$$

を与えている．ただし，$\mathbf{Z}$ は 3×3 のインピーダンス行列である．上式から $\mathbf{I}$ を求めると

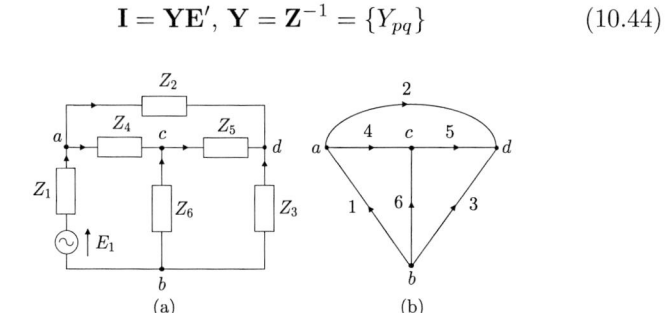

$$\mathbf{I} = \mathbf{YE}', \mathbf{Y} = \mathbf{Z}^{-1} = \{Y_{pq}\} \tag{10.44}$$

図 **10.12** 例題 10.2 の回路とそのグラフ

が得られる．ただし，**Y** はアドミタンス行列である．(10.42) の **Z** の逆行列 **Y** の計算例を逆行列の復習を兼ねて 10.5 節にまとめて掲げる．

図 10.13 のように，一般に n 個の端子対を持ち，各端子対それぞれにおいて入る電流と出る電流が相等しくなる回路を **n 端子対網**，**$2n$ 端子回路** (n-terminal-pair network)，**n ポート** (n-port)，**$2n$ 端子網** ($2n$-pole) などと呼ぶ．例 10.2 の図 10.12(a) の式 (10.42) は 3 ポートの例である[†]．

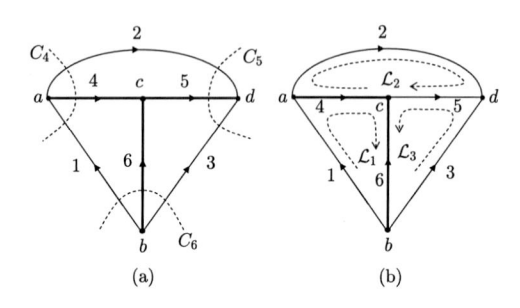

図 **10.13** 例題 10.2 の回路の (a) 基本カットセット（太線）と (b) 基本タイセット

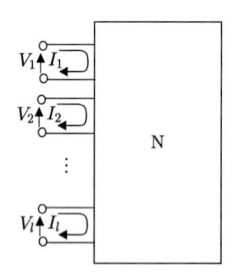

図 **10.14** ℓ 個の基本閉路を持つ ℓ ポート

10.3.3 節点電位法

節点電位を未知数とすると，見かけ上，電圧則が不要になる．ここでは簡単のため，電圧源は含まないものと仮定する．図 10.2 の例 1 を再び取り上げる．この場合，1 ポートの暗箱に図 10.5 のアドミタンス型表現を用いると図 10.15

[†] この例から明らかなように，$n \geq 3$ の場合でも独立な回路変数の取り方さえ注意すれば，2 ポートの議論を理解するだけで十分である．

の回路が得られる．図 10.15 の場合，必要な節点数は 3 であるが，念のため 4 個の節点 (4 番目の式は上の三式の和に負符号をつけると得られる) について求めると，

$$\left.\begin{array}{l}\text{節点 } a: Y_1(V^a - V^c) + Y_2(V^a - V^d) + Y_6(V^a - V^b) = J_6 \\ \text{節点 } b: Y_3(V^b - V^c) + Y_4(V^b - V^d) + Y_6(V^b - V^a) = -J_6 \\ \text{節点 } c: Y_1(V^c - V^a) + Y_3(V^c - V^b) + Y_5(V^c - V^d) = 0 \\ \text{節点 } d: Y_2(V^d - V^a) + Y_4(V^d - V^b) + Y_5(V^d - V^c) = 0\end{array}\right\} \quad (10.45)$$

節点 b を基準にして $V^b = 0$ とし，かつ不要な第 4 の式を無視すると

$$\left.\begin{array}{l}\text{節点 } a:\ (Y_1 + Y_2 + Y_6)V^a - Y_1 V^c - Y_2 V^d = J_6 \\ \text{節点 } b:\ \qquad\quad -Y_6 V^a - Y_3 V^c - Y_4 V^d = -J_6 \\ \text{節点 } c: -Y_1 V^a + (Y_1 + Y_3 + Y_5)V^c - Y_5 V^d = 0\end{array}\right\} \quad (10.46)$$

が得られる．

一般に n 個の節点を持ち，相互誘導，電圧源を含まず，電流源だけからなる場合

$$\left.\begin{array}{rl}J'_1 =& y'_{11}V^a + y'_{12}V^b + \cdots + y'_{1,n-1}V^{n-1} \\ J'_2 =& y'_{21}V^a + y'_{22}V^b + \cdots + y'_{2,n-1}V^{n-1} \\ \cdots\cdots& \cdots \quad\quad \cdots \quad\quad \cdots\cdots \\ J'_{n-1} =& y'_{n-1}V^a + y'_{n-12}V^b + \cdots + y'_{n-1,n-1}V^{n-1}\end{array}\right\} \quad (10.47)$$

と表現される．ただし，要素 y'_{pq} はアドミタンスであり，

$$y'_{pq} = j\omega C'_{pq} + G'_{pq} + \frac{1}{j\omega L'_{pq}},\ 1 \le p,q \le n-1 \quad (10.48)$$

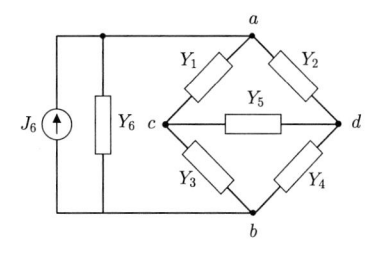

図 10.15　節点電位法の例

と記述される．ただし R, L, M, C からなる回路では相反性より，

$$y'_{pq} = y'_{pq}. \tag{10.49}$$

例題 10.3 図 10.16 の回路の閉路電流 I_1, I_2, I_3 に対する閉路方程式を求めよ．ただし，コイル L_2, L_3 の間に相互誘導 M がある．

[解] 回路から直ちに

$$\begin{pmatrix} R_1 + R_4 & -R_1 & 0 \\ -R_1 & R_1 + R_2 + j\omega L_2 & -R_2 + j\omega M \\ 0 & -R_2 + j\omega M & R_2 + R_3 + j\omega L_3 \end{pmatrix} \begin{pmatrix} I_1 \\ I_2 \\ I_3 \end{pmatrix} = \begin{pmatrix} E_4 \\ 0 \\ 0 \end{pmatrix} \tag{10.50}$$

を得る．

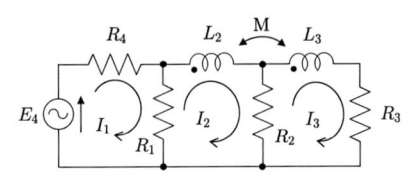

図 10.16 例題 10.3 の回路

例題 10.4 図 10.17(a) の回路の節点方程式を求めよ．

[解] 図 10.17(a) の回路の電流源を電圧源に等価変換した図 10.17(b) の回路から直ちに $V^e = 0$ として

$$\begin{pmatrix} G_1 + G_4 & -G_1 & 0 & 0 \\ -G_1 & G_1 + G_2 + j\omega C_1 & -G_2 & 0 \\ 0 & -G_2 & G_2 + G_3 + j\omega C_2 & -G_3 \\ 0 & 0 & -G_3 & G_3 + j\omega C_3 \end{pmatrix} \begin{pmatrix} V^a \\ V^b \\ V^c \\ V^d \end{pmatrix}$$

$$= \begin{pmatrix} J_4 \\ 0 \\ 0 \\ 0 \end{pmatrix} \tag{10.51}$$

10.3 回路の方程式の立て方

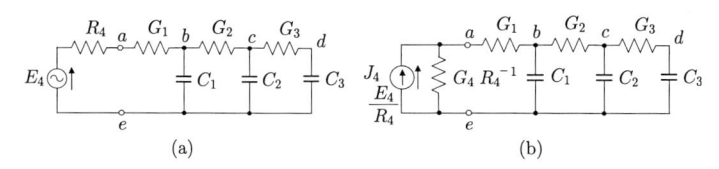

図 **10.17** 例題 10.4 の回路

を得る．

例題 10.5 図 10.18 の回路の節点電位 V^a, V^b, V^c を求めよ．

[解] 次式の節点方程式

$$\begin{pmatrix} 3 & -2 & 0 \\ -2 & 4 & -1 \\ 0 & -1 & 3 \end{pmatrix} \begin{pmatrix} V^a \\ V^b \\ V^c \end{pmatrix} = \begin{pmatrix} -3 \\ 4 \\ -2 \end{pmatrix} \quad (10.52)$$

が得られるので，V^a, V^b, V^c の計算に必要な行列式を計算すると

$$\begin{vmatrix} 3 & -2 & 0 \\ -2 & 4 & -1 \\ 0 & -1 & 3 \end{vmatrix} = 36 - 12 - 3 = 21$$

$$\begin{vmatrix} -3 & -2 & 0 \\ 4 & 4 & -1 \\ -2 & -1 & 3 \end{vmatrix} = -36 - 4 + 24 + 3 = -13$$

$$\begin{vmatrix} 3 & -3 & 0 \\ -2 & 4 & -1 \\ 0 & -2 & 3 \end{vmatrix} = 36 - 18 - 6 = 12$$

$$\begin{vmatrix} 3 & -2 & -3 \\ -2 & 4 & 4 \\ 0 & -1 & -2 \end{vmatrix} = -24 - 6 + 8 + 12 = -10$$

(10.53)

となるので，

$$V^a = \frac{-13}{21} = -\frac{13}{21}, V^b = \frac{12}{21} = \frac{4}{7}, V^c = \frac{-10}{21} = -\frac{10}{21} \quad (10.54)$$

が得られる．

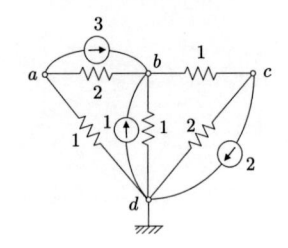

図 10.18 例題 10.5 の回路 (抵抗値の単位は S とする)

例題 10.6 図 10.19(a) の回路において，入力電圧を E とする．回路のインピーダンスおよび R_0 にかかる電圧 V を求めよ．

[解] 図のように電流 I_1, I_2 を定めると，

$$ZI_1 = \frac{R_0^2}{Z}I_2 - R_0 I_3 \tag{10.55}$$

より

$$I_3 = -\frac{Z}{R_0}I_1 + \frac{R_0}{Z}I_2 \tag{10.56}$$

$$\left.\begin{array}{l} E = ZI_1 + \dfrac{R_0^2}{Z}(I_1 - I_3), \\[2mm] E = \dfrac{R_0^2}{Z}I_2 + Z(I_2 + I_3) \end{array}\right\} \tag{10.57}$$

上二式に式 (10.56) を代入すると

$$\left.\begin{array}{l} E = \left(Z + \dfrac{R_0^2}{Z} + R_0\right)I_1 - \dfrac{R_0^3}{Z^2}I_2, \\[2mm] E = -\dfrac{Z^2}{R_0}I_1 + \left(\dfrac{R_0^2}{Z} + Z + R_0\right)I_2 \end{array}\right\} \tag{10.58}$$

となり，上二式より

$$(Z + R_0)\cdot\frac{Z^2 + R_0^2}{ZR_0}I_1 = (Z + R_0)\cdot\frac{Z^2 + R_0^2}{Z^2}I_2 \tag{10.59}$$

を得る．$\dfrac{(Z + R_0)(Z^2 + R_0^2)}{Z} \neq 0$ であるので，$I_1 = \dfrac{R_0}{Z}I_2$ となる．これを式 (10.58) に代入すると，

$$\left.\begin{aligned}&E = (Z+R_0)I_1 \\ &I_1 = \frac{E}{Z+R_0},\ I_2 = \frac{Z}{R_0}\cdot\frac{E}{Z+R_0} \\ &I_3 = \left(1-\frac{Z}{R_0}\right)I_1 = I_1 - I_2 \\ &I_1 + I_2 = \frac{E}{R_0}\end{aligned}\right\} \tag{10.60}$$

が順に得られる．したがってこの回路は定抵抗回路である．

$$V = R_0 I_3 = \frac{R_0 - Z}{R_0 + Z}E, \quad \frac{V}{E} = \frac{R_0 - Z}{R_0 + Z} \tag{10.61}$$

となるので，この回路は定位相差回路となる．たとえば $Z=j\omega L$ とすれば図 (b) の回路が得られる．5.3 節の図 5.24，図 5.25 は単純な直並列計算で定抵抗回路であることを確認できたが，図 10.19(a) の回路は R_0 に流れる電流の計算を必要とする．

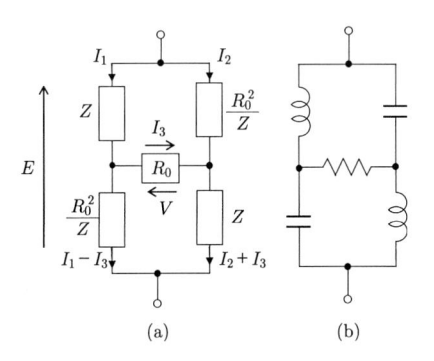

図 **10.19** 例題 10.6 の回路

10.3.4 各方法についての注意
a. 電圧源，電流源に対する条件

回路はキルヒホッフの 2 法則を前提としているので，電圧源だけで閉路をなすような図 10.20(a) の回路は意味がない．何故ならば節点 2, 3 間の電位差は $E_1 + E_2$ であるので，2, 3 間の電圧源 E_3 があっても（なくても）$E_3 = E_1 + E_2$ でなければならないからである．同様に電流源だけでカットセットをなす図

10.20(b) の回路は意味がない．

b. 電圧源と電流源が共にある回路の計算法

閉路電流法での電源は電圧源だけがあるとし，節点電位法では，電流源だけがあると仮定して議論した．電圧源，電流源の等価変換を利用して一方の電源だけにすることも可能であるが，前章で述べたように，一方だけが存在する場合の解を別々に求めて**重ねあわせる方法**が有効である．

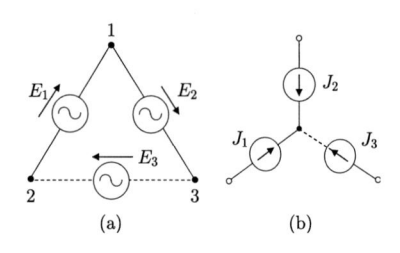

図 10.20　電源に対する制限 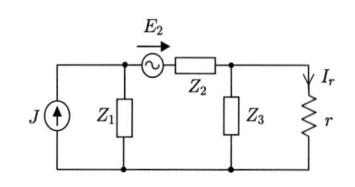　　図 10.21　例題 10.7 の回路

例題 10.7　図 10.21 の回路の I_r を求めよ．

[解] $E_2 = 0, J \neq 0$ の場合 (電圧源枝を短絡除去する)，直並列回路の計算で

$$I_r(J) = \frac{Z_1 J}{Z_1 + (Z_2 + rZ_3/(r+Z_3))} \cdot \frac{Z_3}{r+Z_3} = \frac{Z_1 Z_3 J}{(Z_1+Z_2)(r+Z_3)+rZ_3}$$

$E_2 \neq 0, J = 0$ の場合 (電流源枝を開放除去する)，直並列回路の計算で

$$I_r(E_2) = \frac{E_2}{Z_1 + Z_2 + rZ_3/(r+Z_3)} \cdot \frac{Z_3}{r+Z_3} = \frac{Z_3 E_2}{(Z_1+Z_2)(r+Z_3)+rZ_3}$$

となるので，その和

$$I_r = I_r(J) + I_r(E_2) = \frac{Z_3(Z_1 J + E_2)}{(Z_1+Z_2)(r+Z_3)+rZ_3}$$

が得られる．これは電流源を電圧源に等価変換すると簡単に得られる．

c. 枝電流法，閉路電流法，節点電位法の未知数の数

それぞれ，b, $\ell = b - (n-1)$, $n-1$ である．

d. 複数個の回路グラフと回路方程式

既に相互インダクタンスを含む場合の回路方程式として閉路方程式が有効であることをみてきた．ここでは回路グラフが複数個となる理想変成器やジャイ

10.3 回路の方程式の立て方

レータを含む回路例を取り上げる.

例題 10.8 図 10.22(a) の回路の回路グラフと閉路電流 I_1, I_2, I_3 に関する閉路方程式を求めよ.

[解] 図 10.22(a) の回路に対する回路グラフは図 10.22(b) となる.このグラフにおいて,太線を木の枝に,細線を補木の枝に選んで,図の閉路電流について閉路方程式を立てることを考える.$V^b = V^d = 0$ として理想変成器の 1 次側,2 次側電圧 V^a, V^c を利用すると

$$\begin{pmatrix} R_1 + \dfrac{1}{j\omega C_4} & -\dfrac{1}{j\omega C_4} & 0 \\ -\dfrac{1}{j\omega C_4} & \dfrac{1}{j\omega C_4} & 0 \\ 0 & 0 & R_3 \end{pmatrix} \begin{pmatrix} I_1 \\ I_2 \\ I_3 \end{pmatrix} = \begin{pmatrix} E_1 \\ -V^a \\ V^c \end{pmatrix} \quad (10.62)$$

を得る.I_2, I_3, V^a, V^c 間に成り立つ理想変成器の関係式

$$V^c = nV^a, \ I_3 = \frac{I_2}{n} \quad (10.63)$$

を用いると電源側から見た入力インピーダンス Z_{in}

$$Z_{\text{in}} = \frac{E_1}{I_1} = R_1 + \frac{1}{j\omega C_4 + \dfrac{1}{n^{-2} R_3}} \quad (10.64)$$

を得るが,理想変成器変成器の 1 次側から見た入力インピーダンス $n^{-2} R_3$ と C_4 の並列回路と R_1 との直列インピーダンスとして計算してもよい.

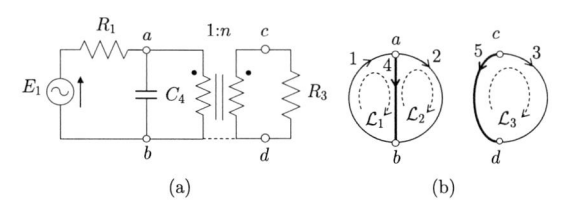

図 10.22 (a) 例 10.8 の回路と (b) 回路グラフ

例題 10.9 図 10.23 の回路の回路グラフと閉路電流 I_1, I_2, I_3 に関する閉路方程式を求めよ.

[解] 図 10.23(a) の回路に対する回路グラフは図 (b) となる．このグラフにおいて，太線を木の枝に，細線を補木の枝に選んで，図の閉路電流 I_1, I_2, I_3 について閉路方程式を立てることを考える．$V^b = V^d = 0$ として

$$\begin{pmatrix} R_1 + \dfrac{1}{j\omega C_4} & -\dfrac{1}{j\omega C_4} & 0 \\ -\dfrac{1}{j\omega C_4} & \dfrac{1}{j\omega C_4} & 0 \\ 0 & 0 & \dfrac{1}{j\omega C_3} \end{pmatrix} \begin{pmatrix} I_1 \\ I_2 \\ I_3 \end{pmatrix} = \begin{pmatrix} E_1 \\ -V^a \\ V^c \end{pmatrix} \quad (10.65)$$

を得る．理想ジャイレータの電流，電圧 I_2, I_3, V^a, V^c 間に成り立つ関係式 (式 (9.15) のジャイレータの行列 Z の要素 g_m^{-1} を k_{25} とする)

$$V^a = -k_{25}(-I_3), \ V^c = k_{25}I_2 \quad (10.66)$$

を代入すると

$$\begin{pmatrix} R_1 + \dfrac{1}{j\omega C_4} & -\dfrac{1}{j\omega C_4} & 0 \\ -\dfrac{1}{j\omega C_4} & \dfrac{1}{j\omega C_4} & k_{25} \\ 0 & -k_{25} & -\dfrac{1}{j\omega C_3} \end{pmatrix} \begin{pmatrix} I_1 \\ I_2 \\ I_3 \end{pmatrix} = \begin{pmatrix} E_1 \\ 0 \\ 0 \end{pmatrix} \quad (10.67)$$

を得る．これから電源側から見た入力インピーダンスを求めると

$$Z_{\text{in}} = \dfrac{E_1}{I_1} = R_1 + \dfrac{1}{j\omega C_4 + \dfrac{1}{j\omega C_3 k_{25}^2}} \quad (10.68)$$

を得るが，理想ジャイレータの 1 次側から見た入力インピーダンス $j\omega C_3 k_{25}^2$ と C_4 の並列回路と R_1 との直列インピーダンスとして計算してもよい．

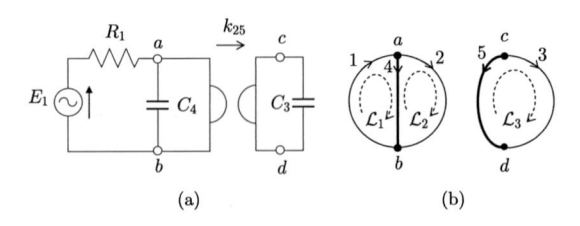

図 10.23 (a) 例 10.9 の回路と (b) 回路グラフ

10.4　電力の保存則

物理学の基本法則であるエネルギー保存則は電気回路の場合,

$$各電源の出す瞬時電力の総和 = 他の回路素子に入る瞬時電力の総和 \tag{10.69}$$

$$すべての回路素子の出す瞬時電力の総和 = 0 \tag{10.70}$$

$$電源の実効電力の総和 = 抵抗素子での消費電力の総和 \tag{10.71}$$

と表現される．回路の各枝に入る瞬時電力の和 $\sum p$ は

$$\sum p = v_1 i_1 + v_2 i_2 + \cdots + v_b i_b \tag{10.72}$$

図 10.2 の回路を例にとると $(b=6)$

$$\sum p = [v_1, v_2, v_3, v_4, v_5, v_6] \begin{bmatrix} i_1 \\ i_2 \\ i_3 \\ i_4 \\ i_5 \\ i_6 \end{bmatrix} \tag{10.73}$$

となる．式 (10.28) を用いると (フェーザを時間関数に戻して考える)

$$\sum p = [v^a, v^b, v^c, v^d] A \begin{bmatrix} i_1 \\ i_2 \\ i_3 \\ i_4 \\ i_5 \\ i_6 \end{bmatrix} \tag{10.74}$$

電流則の式 (10.27) より (フェーザを時間関数に戻して考える)

$$\sum p = 0 \tag{10.75}$$

一方, 上式と双対な方法で式 (10.73) の $\sum p$ に式 (10.32) を用いると (フェーザを時間関数に戻して考える)

$$\sum p = [v_1, v_2, v_3, v_4, v_5, v_6] B \begin{bmatrix} i^2 \\ i^3 \\ i^6 \end{bmatrix} \quad (10.76)$$

電圧則の式 (10.33) より (フェーザを時間関数に戻して考える)

$$\sum p = 0 \quad (10.77)$$

となる.

以上の計算では電圧, 電流がそれぞれ, キルヒホッフの電圧則, 電流則を満足することだけを用いている. したがって, 同じグラフを持つ別個の二つの回路からそれぞれ, $V = (v_1, \cdots, v_b), I = (i_1, \cdots, i_b)$ を選んでも $\sum p = 0$ は成立する. この場合の p は電力の意味を持たないから, 改めて

$$\sum p' = v_1 i_1 + v_2 i_2 + \cdots + v_b i_b = 0 \quad (10.78)$$

と書き, これを**テレゲン** (テレヘン, Tellegen) **の定理**という.

また, 上記の議論から明らかなように, 式 (10.73) は式 (10.28), (10.32) より (フェーザを時間関数に戻して考える)

$$\sum p = [v^a, v^b, v^c, v^d] AB \begin{bmatrix} i^2 \\ i^3 \\ i^6 \end{bmatrix} \quad (10.79)$$

と書き換えられる. 任意の $[v^a, v^b, v^c, v^d], [i^2, i^3, i^6]$ に対して

$$\sum p = 0 \quad (10.80)$$

が成立するのであるから

$$AB = 0 \quad (10.81)$$

が成立する. すなわち, 行列 A, B は互いに**直交**する.

なお, 時間関数 $v_k(t), i_k(t)$ をフェーザ V_k, I_k について考えると複素電力

$$P_c(k) = V_k \overline{I_k} \quad (10.82)$$

やその実部の実効電力 $P(k)$，虚部の無効電力 $P_r(k)$，絶対値の皮相電力 $P_a(k)$

$$\left.\begin{array}{l} P(k) = \mathrm{Re}[P_c(k)] \\ P_r(k) = \mathrm{Im}[P_c(k)] \\ P_a(k) = |P_c(k)| \end{array}\right\} \qquad (10.83)$$

の総和についても保存則は成立する．

図 10.2 の回路の場合

$$\sum_k P_c(k) = [V_1, V_2, V_3, V_4, V_5, V_6] \begin{bmatrix} \overline{I_1} \\ \overline{I_2} \\ \overline{I_3} \\ \overline{I_4} \\ \overline{I_5} \\ \overline{I_6} \end{bmatrix} = 0 \qquad (10.84)$$

$$\sum_k P(k) = \sum_k P_r(k) = \sum_k P_a(k) = 0 \qquad (10.85)$$

10.5 逆 行 列

以下で逆行列の復習をしておこう．$\mathbf{Z}$ の逆行列 $\mathbf{Y}$ の p 行 q 列の要素 Y_{pq} は

$$Y_{pq} = \frac{\Delta_{qp}}{\Delta} \qquad (10.86)$$

で与えられる．ただし，

$$\Delta \stackrel{\mathrm{def}}{=} |Z| \stackrel{\mathrm{def}}{=} \mathbf{Z} \text{ の行列式} \qquad (10.87)$$

であり，Δ_{qp} は $\mathbf{Z}$ の余因子で

$$\Delta_{qp} \stackrel{\mathrm{def}}{=} (-1)^{p+q} \times (\mathbf{Z} \text{ から } q \text{ 行 } p \text{ 列を消した行列の行列式}) \qquad (10.88)$$

で定義される．式 (10.42) の行列 $\mathbf{Z}$ の余因子を具体的に計算すると，

$$\Delta_{11} = (-1)^{1+1} \times \begin{vmatrix} z_2 + z_4 + z_5 & z_5 \\ z_5 & z_3 + z_5 + z_6 \end{vmatrix}$$
$$= (z_2 + z_4)(z_3 + z_6) + z_5(z_2 + z_3 + z_4 + z_6)$$
$$\Delta_{12} = (-1)^{1+2} \times \begin{vmatrix} -z_4 & z_5 \\ z_6 & z_3 + z_5 + z_6 \end{vmatrix}$$
$$= z_4(z_3 + z_5 + z_6) + z_5 z_6$$

$$\Delta = \begin{vmatrix} z_1 + z_4 + z_6 & -z_4 & z_6 \\ -z_4 & z_2 + z_4 + z_5 & z_5 \\ z_6 & z_5 & z_3 + z_5 + z_6 \end{vmatrix}$$
$$= \{(z_1 + z_4 + z_6)(z_2 + z_4 + z_5)(z_3 + z_5 + z_6) - 2z_4 z_5 z_6\}$$
$$- \{(z_2 + z_4 + z_5)z_6^2 + (z_1 + z_4 + z_6)z_5^2 + (z_3 + z_5 + z_6)z_4^2\} \quad (10.89)$$

と計算される．**I**を求めると

$$\begin{pmatrix} I_1 \\ I_2 \\ I_3 \end{pmatrix} = \begin{pmatrix} y_{11} & y_{12} & y_{13} \\ y_{21} & y_{22} & y_{23} \\ y_{31} & y_{32} & y_{33} \end{pmatrix} \times \begin{pmatrix} E_1 \\ 0 \\ 0 \end{pmatrix} \quad (10.90)$$

となるので，

$$\begin{pmatrix} I_1 \\ I_2 \\ I_3 \end{pmatrix} = \begin{pmatrix} y_{11} \\ y_{21} \\ y_{31} \end{pmatrix} E_1 = \frac{1}{\Delta} \cdot \begin{pmatrix} \Delta_{11} \\ \Delta_{12} \\ \Delta_{13} \end{pmatrix} E_1 \quad (10.91)$$

と計算される．たとえば，

$$Z_{in} = \frac{E_1}{I_1} = \frac{\Delta}{\Delta_{11}} \quad (10.92)$$

となる．なお，**Z**の行列の第i行をベクトル$\mathbf{E}' = (E_1, 0, 0)'$に置き換えた行列の行列式$\Delta_i, 1 \leq i \leq 3$

$$\left.\begin{aligned}\Delta_1 &= \begin{vmatrix} E_1 & -z_4 & z_6 \\ 0 & z_2+z_4+z_5 & z_5 \\ 0 & z_5 & z_3+z_5+z_6 \end{vmatrix} \\ \Delta_2 &= \begin{vmatrix} z_1+z_4+z_6 & E_1 & z_6 \\ -z_4 & 0 & z_5 \\ z_6 & 0 & z_3+z_5+z_6 \end{vmatrix} \\ \Delta_3 &= \begin{vmatrix} z_1+z_4+z_6 & -z_4 & E_1 \\ -z_4 & z_2+z_4+z_5 & 0 \\ z_6 & z_5 & 0 \end{vmatrix}\end{aligned}\right\} \quad (10.93)$$

を用いると

$$\begin{pmatrix} I_1 \\ I_2 \\ I_3 \end{pmatrix} = \frac{1}{\Delta} \cdot \begin{pmatrix} \Delta_1 \\ \Delta_2 \\ \Delta_3 \end{pmatrix} \quad (10.94)$$

と計算される.なお,上記の行列式 Δ_i, $1 \leq i \leq 3$ をラプラス (Laplace) 展開すれば

$$\left.\begin{aligned}\Delta_1 &= E_1 \cdot \begin{vmatrix} z_2+z_4+z_5 & z_5 \\ z_5 & z_3+z_5+z_6 \end{vmatrix} = E_1 \cdot \Delta_{11} \\ \Delta_2 &= -E_1 \cdot \begin{vmatrix} -z_4 & z_5 \\ z_6 & z_3+z_5+z_6 \end{vmatrix} = -E_1 \cdot \Delta_{12} \\ \Delta_3 &= E_1 \cdot \begin{vmatrix} -z_4 & z_2+z_4+z_5 \\ z_6 & z_5 \end{vmatrix} = E_1 \cdot \Delta_{13}\end{aligned}\right\} \quad (10.95)$$

となる.Δ_i を利用して I_i を得る方法は見通しの良い,効率的な方法である.これは**クラメル (Cramer) の公式**と呼ばれる.この公式は I_1, I_2, I_3 の計算過程から明らかであろう.連立一次方程式の解法として必要かつ最小の有用な公式であるので,習得して欲しい.

演習問題

10.1 図 10.A の対称格子回路の 2–2′ に負荷抵抗 R をつないだときの電流 I を求め

よ．ただし，$Z_1 Z_2 = R^2$ の関係が成り立つとする．

10.2 図 10.B の回路において密結合条件 $L_1 L_2 = M^2$ が成立しているとする．このとき，次の問いに答えよ．

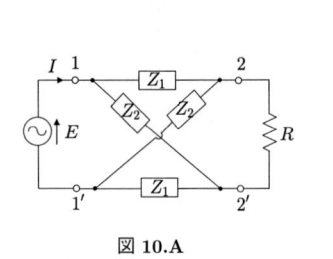

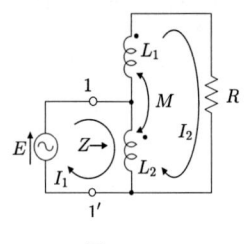

図 10.A

図 10.B

(1) 閉路電流 I_1, I_2 についての回路方程式を求めよ．

(2) 端子対 1–1′ から右を見たときのインピーダンス Z を求めよ．

10.3 図 10.C の回路において，$e(t), j(t)$ はそれぞれ $e(t) = 100\sqrt{2}\sin(2t)$ V，$j(t) = 8\sqrt{2}\sin(2t + \frac{\pi}{2})$ A で与えられる．また，$e(t), j(t)$ のフェーザ表示をそれぞれ E, J とし，節点 A, B, C における電位のフェーザ表示をそれぞれ V^A, V^B とする．$V^C = 0$ とする．このとき，次の問いに答えよ．

(1) 節点 A, B, C にキルヒホッフの電流則を適用し，V^A, V^B に関する方程式を立てよ．

(2) V^A を E, J を用いて表せ．

(3) 節点 A の電位の瞬時値 $v^A(t)$ を求めよ．

10.4 図 10.D の回路において，(1) 閉路電流 I_1, I_2 に対する閉路方程式を求めよ．ただし，L_1 と L_2 の間には相互インダクタンス M があるとする．

(2) 端子対 1-1′ から見た入力インピーダンス Z を求めよ．

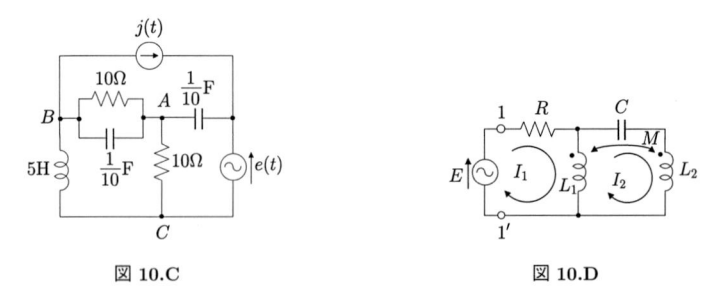

図 10.C

図 10.D

10.5 図 10.E の回路について次の問いに答えよ．

(1) 閉路電流 I_1, I_2, I_3 に対する方程式を求めよ．

(2) 密結合条件 $M^2 = L_1 L_2$ が成立する時，電源から右を見た入力インピーダンス Z を求めよ．

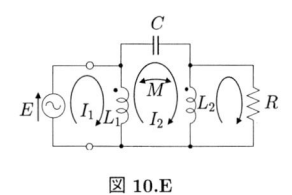

図 10.E

11. 3相交流回路

前章までは，電源は基本的には単一として取り扱った．しかしながら，7.1 節で述べたように，重ね合わせの理から複数個の電源がある場合にも回路の方程式が成立する．この節では電源が Y 型や Δ 型に 3 個あり，負荷側もそれぞれ 3 個ある場合の 3 相交流回路について学ぶ．

11.1 3 相 電 源

3 相交流回路は 3 個の電源から負荷に電力を送る回路であるが，単相交流回路より経済的に電力を送れることから広く用いられている．また，3 相交流モータも数多く用いられている．**3 相起電力**は次式で表される．

$$\left.\begin{array}{l} e_a(t) = E_m \sin(\omega t) \\ e_b(t) = E_m \sin\left(\omega t - \dfrac{2\pi}{3}\right) \\ e_c(t) = E_m \sin\left(\omega t - \dfrac{4\pi}{3}\right) \end{array}\right\} \quad (11.1)$$

これらをフェーザ表示すると

$$\left.\begin{array}{l} E_a = E \\ E_b = E e^{-j\frac{2\pi}{3}} \\ E_c = E e^{-j\frac{4\pi}{3}} \end{array}\right\} \quad (11.2)$$

で与えられる．ただし，大きさは $|E| = \dfrac{E_m}{\sqrt{2}}$ であり，位相項 $e^{j\frac{2\pi}{3}}$

$$a = e^{j\frac{2\pi}{3}} = -\frac{1}{2} + j\frac{\sqrt{3}}{2} \quad (11.3)$$

11.1 3 相電源

は $x^3 = 1$ の根であり，

$$a^3 = 1,\ 1 + a + a^2 = 0,\ a^2 = a^{-1} = \overline{a} \tag{11.4}$$

の関係が成立し，

$$E_a + E_b + E_c = E(1 + a^{-1} + a^{-2}) = 0 \tag{11.5}$$

となる．図 11.1 は E_a, E_b, E_c のフェーザ図である．このように，実効値が等しく，位相が $2\pi/3$ ずつずれた 3 相電源を**対称 3 相起電力**と呼び，このとき，"**相順 (相回転)** は a, b, c である"という．

3 相起電力は，図 11.2 のように 3 個の電圧源の接続法で図 (a) の **Y 型結線 (星状結線)** と図 (b) の **Δ 型結線 (環状結線)** とに大別される．図 (a) の Y 型結線の中央の節点 n を**中性点**と呼び，E_a, E_b, E_c を **Y 起電力，相電圧**，I_a, I_b, I_c を **Y 電流，相電流**という．端子 a, b, c は図 11.3 のように 3 本の線で外部回路と接続されるが，これらの線の間の電圧 (**Δ 起電力，線 (間) 電圧**と呼ぶ) V_{ab}, V_{bc}, V_{ca} は

$$V_{ab} = E_a - E_b,\ V_{bc} = E_b - E_c,\ V_{ca} = E_c - E_a \tag{11.6}$$

で与えられる．

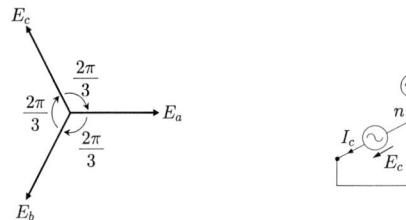

図 **11.1** E_a, E_b, E_c のフェーザ図

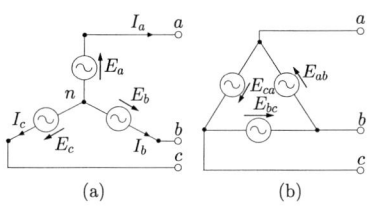

図 **11.2** (a)Y 型結線と (b)Δ 型結線の 3 相起電力

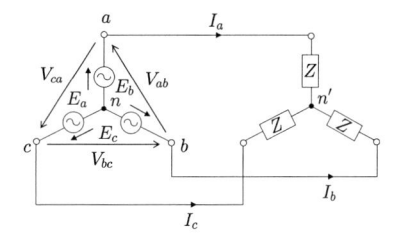

図 **11.3** Y 型結線の電源と負荷

11. 3相交流回路

図 11.4 は相電圧と線電圧のフェーザ図である．V_{ab}, V_{bc}, V_{ca} はそれぞれ E_a, E_b, E_c に比べ，位相は $\dfrac{\pi}{6}$ だけ進み，大きさが $\sqrt{3}$ 倍であることがわかる．すなわち，

$$\left.\begin{aligned} V_{ab} &= \sqrt{3}E_a e^{j\frac{\pi}{6}} = \sqrt{3}E e^{j\frac{\pi}{6}} \\ V_{bc} &= \sqrt{3}E_b e^{j\frac{\pi}{6}} = \sqrt{3}E e^{-j\frac{\pi}{2}} \\ V_{ab} &= \sqrt{3}E_c e^{j\frac{\pi}{6}} = \sqrt{3}E e^{-j\frac{7\pi}{6}} \end{aligned}\right\} \quad (11.7)$$

で与えられる．

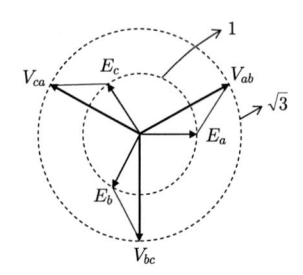

図 11.4 相電圧と線電圧

逆に相電圧を線電圧で表す式は中性点の電位 V^n が定まらないので一般に得られない．しかし，式 (11.6) を利用して

$$\left.\begin{aligned} V_{ab} - V_{ca} &= 2E_a - (E_b + E_c) = 3E_a - (E_a + E_b + E_c) \\ V_{bc} - V_{ab} &= 2E_b - (E_c + E_a) = 3E_b - (E_a + E_b + E_c) \\ V_{ca} - V_{bc} &= 2E_c - (E_a + E_b) = 3E_c - (E_a + E_b + E_c) \end{aligned}\right\} \quad (11.8)$$

と書き改め，これに式 (11.5) を代入すると

$$E_a = \frac{1}{3}(V_{ab} - V_{ca}),\ E_b = \frac{1}{3}(V_{bc} - V_{ab}),\ E_c = \frac{1}{3}(V_{ca} - V_{bc}) \quad (11.9)$$

と計算される．

一方，線に流れる電流 I_a, I_b, I_c を**線電流**という．図 11.2(a) の Y 型結線では線電流と相電流は等しい．

図 11.2(b) の Δ 型結線の場合，線電圧と相電圧は等しく，線電流と相電流の関係は

$$I_a = I_{ab} - I_{ca},\ I_b = I_{bc} - I_{ab},\ I_c = I_{ca} - I_{bc} \qquad (11.10)$$

となる．図 11.5 の Δ 型対称 3 相回路の場合，図 11.6 のように対称電流

$$\left.\begin{array}{l} I_a = I \\ I_b = Ie^{-j\frac{2\pi}{3}} \\ I_c = Ie^{-j\frac{4\pi}{3}} \end{array}\right\} \qquad (11.11)$$

の場合

$$I_a = \sqrt{3}I_{ab}e^{-j\frac{\pi}{6}},\ I_{ab} = \frac{1}{\sqrt{3}}I_a e^{j\frac{\pi}{6}} \qquad (11.12)$$

の関係式が成立する．

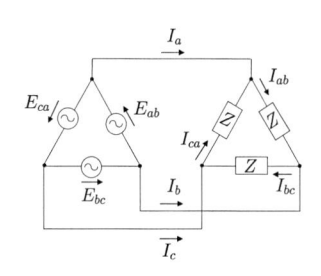

図 11.5　Δ 型対称 3 相回路 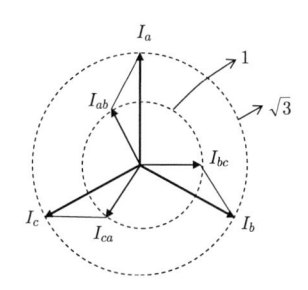　　図 11.6　Δ 型結線の相電流と線電流

11.2　対称 3 相回路

図 11.3 のように，Y 型結線の電源と対称負荷が接続された回路を考える．負荷に流れる電流 I_a, I_b, I_c は KCL から

$$I_a + I_b + I_c = 0 \qquad (11.13)$$

となる．電源側の中性点 n の電位 $V^n = 0$ を基準とすれば，負荷側の中性点 n' の電位 $V^{n'}$ は

$$V^{n'} = E_a - ZI_a = E_b - ZI_b = E_c - ZI_c \qquad (11.14)$$

を満たす．上記三つの式の和から

$$V^{n'} = \frac{E_a + E_b + E_c - Z(I_a + I_b + I_c)}{3} \tag{11.15}$$

が得られる．対称電源の式 $E_a + E_b + E_c = 0$ と KCL 則 $I_a + I_b + I_c = 0$ から $V^{n'} = 0$ となる．式 (11.14) に $E_a = E$, $E_b = Ea^{-1}$, $E_c = Ea^{-2}$ を用いると

$$\left. \begin{aligned} I_a &= \frac{E}{Z} = I \\ I_b &= \frac{Ea^{-1}}{Z} = Ia^{-1} \\ I_c &= \frac{Ea^{-2}}{Z} = Ia^{-2} \end{aligned} \right\} \tag{11.16}$$

次に，図 11.5 のように Δ 型結線の場合，相電圧 $E_{ab} = E$, $E_{bc} = Ea^{-1}$, $E_{ca} = Ea^{-2}$ が線間電圧として負荷にそのままかかるので，枝電流

$$\left. \begin{aligned} I_{ab} &= \frac{E_{ab}}{Z} = \frac{E}{Z} \\ I_{bc} &= \frac{E_{bc}}{Z} = \frac{Ea^{-1}}{Z} \\ I_{ca} &= \frac{E_{ca}}{Z} = \frac{Ea^{-2}}{Z} \end{aligned} \right\} \tag{11.17}$$

が得られ，線電流は

$$\left. \begin{aligned} I_a &= I_{ab} - I_{ca} = \frac{E(1 - a^{-2})}{Z} = I_{ab}(1 - a^{-2}) \\ I_b &= I_{bc} - I_{ab} = \frac{E(a^{-1} - 1)}{Z} = I_{ab}(a^{-1} - 1) \\ I_c &= I_{ca} - I_{bc} = \frac{E(a^{-2} - a^{-1})}{Z} = I_{ab}(a^{-2} - a^{-1}) \end{aligned} \right\} \tag{11.18}$$

と計算されるので，$a^{-2} = a = -\frac{1}{2} + j\frac{\sqrt{3}}{2}$ を代入すると

$$|I_a| = |I_b| = |I_c| = \sqrt{3} \cdot |I_{ab}| \tag{11.19}$$

が得られる．対称 3 相回路の場合，線電流 $|I_a|$ は負荷電流 (枝電流) $|I_{ab}|$ の $\sqrt{3}$ 倍である．

なお，図 11.7(a) のように，負荷側が Δ 型の場合，第 6 章で紹介した $Y\Delta$ 変

11.2 対称3相回路

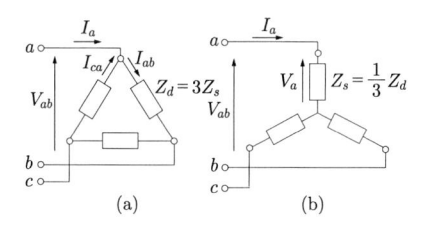

図 11.7 Y型負荷とΔ型負荷の等価関係

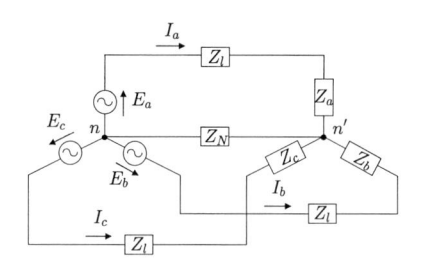

図 11.8 不平衡 Y–Y 回路

換 (スター・デルタ変換) を施すと図 11.7(b) の等価関係

$$Z_s = \frac{Z_d}{3} \tag{11.20}$$

を利用すれば計算できる.

非平衡 3 相負荷

例題 11.1 図 11.8 の Y 型負荷に三相電源を加えたときの電流 I_a, I_b, I_c を求めよ.

[解] $V^n = 0$ とする.簡単のため $Z_L = 0$ とする.$Y_a = 1/Z_a, Y_b = 1/Z_b, Y_c = 1/Z_c, Y_N = 1/Z_N$ とおいて,節点 n' での節点方程式を立てると

$$V^{n'}(Y_N + Y_a + Y_b + Y_c) - (Y_a E_a + Y_b E_b + Y_c E_c) = 0 \tag{11.21}$$

より,直ちに

$$V^{n'} = \frac{Y_a E_a + Y_b E_b + Y_c E_c}{Y_N + Y_a + Y_b + Y_c} \tag{11.22}$$

となる.中性線がない場合は $Z_N = \infty, Y_N = 0$ とすればよいので,

$$V^{n'} = \frac{Y_a E_a + Y_b E_b + Y_c E_c}{Y_a + Y_b + Y_c} \tag{11.23}$$

となる．また $Z_a = Z_b = Z_c$ のとき，

$$V^{n'} = \frac{E_a + E_b + E_c}{3} \tag{11.24}$$

となる．枝電流 I_a, I_b, I_c は

$$\left.\begin{array}{l} I_a = Y_a(E_a - V^{n'}) \\ I_b = Y_b(E_b - V^{n'}) \\ I_c = Y_c(E_c - V^{n'}) \end{array}\right\} \tag{11.25}$$

であるので

$$\left.\begin{array}{l} I_a = \dfrac{Y_a}{Y_N + Y_a + Y_b + Y_c} \cdot \{Y_N E_a + Y_b(E_a - E_b) + Y_c(E_a - E_c)\} \\ I_b = \dfrac{Y_b}{Y_N + Y_a + Y_b + Y_c} \cdot \{Y_N E_b + Y_c(E_b - E_c) + Y_a(E_c - E_a)\} \\ I_c = \dfrac{Y_c}{Y_N + Y_a + Y_b + Y_c} \cdot \{Y_N E_c + Y_a(E_c - E_a) + Y_b(E_c - E_b)\} \end{array}\right\}$$
$$\tag{11.26}$$

が得られる．

なお，電源側に電源インピーダンス Z_{ga}, Z_{gb}, Z_{gc} や線路インピーダンス Z_L があった場合には，上式の Z_a, Z_b, Z_c にこれらを含めて

$$\left.\begin{array}{l} Z_a \rightarrow Z_a + Z_L + Z_{ga} \\ Z_b \rightarrow Z_b + Z_L + Z_{gb} \\ Z_c \rightarrow Z_c + Z_L + Z_{gc} \end{array}\right\} \tag{11.27}$$

として計算すればよい．

11.3　3相回路の電力

図 11.7(a) の対称負荷 Z_d の全電力は

$$P_d = 3|V_{ab} I_{ab}| \cos(\arg Z_d) \tag{11.28}$$

であり，図 (b) の対称負荷 Z_s の全電力は

$$P_s = 3|V_a I_a| \cos(\arg Z_s) \tag{11.29}$$

であるが，負荷の $Y\Delta$ 変換の関係式

$$Z_s = \frac{Z_d}{3} \tag{11.30}$$

と図 11.4，図 11.6 から明らかなように

$$\left.\begin{array}{l} |V_a| = \dfrac{|V_{ab}|}{\sqrt{3}} \\ |I_{ab}| = \dfrac{|I_a|}{\sqrt{3}} \end{array}\right\} \tag{11.31}$$

から $P_d = P_s$ が成立し，

$$P = \sqrt{3}|V_{ab} I_a| \cos(\arg Z_s) \tag{11.32}$$

と簡単に計算できる．

演習問題

11.1 図 11.A の回路に対称 3 相 $200\,V$ を加えたとき，$\left|\dfrac{I_a}{I_b}\right| = \dfrac{1}{\sqrt{3}}$ であるとする．図中の X を求めよ．

11.2 図 11.B の回路に対称 3 相 $200\,V$ を加えたときの電流の大きさ $|I_a|$ および回路全体での消費電力を求めよ．ただし，図中の数字の単位は Ω である．

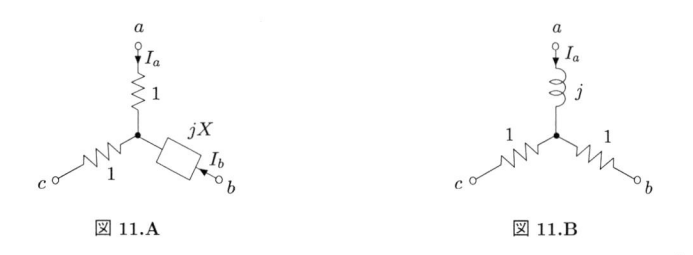

図 11.A

図 11.B

11.3 図 11.C の回路の a,b,c 端子に対称三相電圧 E_a, E_b, E_c を接続する．中性点 N の電位 V^n を求めよ．

11.4 図 11.D の回路の a,b,c 端子に $200\,V$ の対称三相電源を接続する．中性点の電

図 11.C

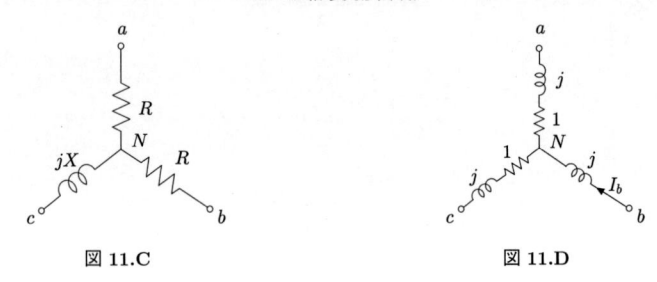

図 11.D

位 V^n と b 端子に流れる電流の大きさ $|I_b|$ を求めよ．

11.5 図 11.E の回路の a,b,c 端子に $200\,V$ の対称三相電源を接続する．a 端子に流れる電流 I_a の大きさ $|I_a|$ を求めよ．

11.6 図 11.F 中のインピーダンスが $Z = 30 + j40\,\Omega$ である星型負荷に $200\,V$ の対称三相電源を接続する．a 端子に流れる電流 I_a の大きさ $|I_a|$ を求めよ．

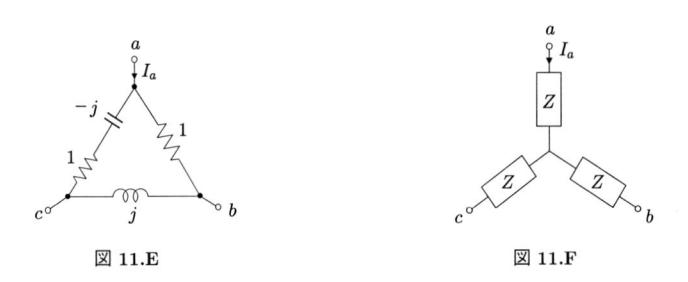

図 11.E

図 11.F

ð
演習問題略解

1 章

1.1 (1)（解法 1）

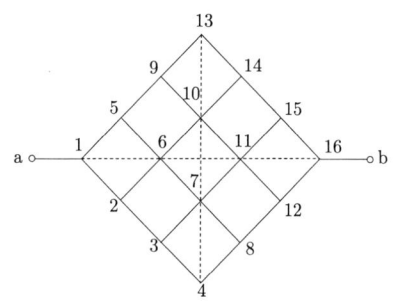

点線を境に上下対称だから，節点 3, 6, 8 の電位 v'_3, v'_6, v'_8, v'_{11} について

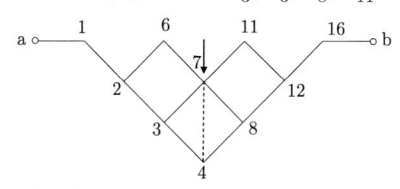

$v'_3 = v'_6$, $v'_8 = v'_{11}$ より節点電位 v'_4, v'_7 について $v'_4 = v'_7$ より節点 4, 7 を short してよし．

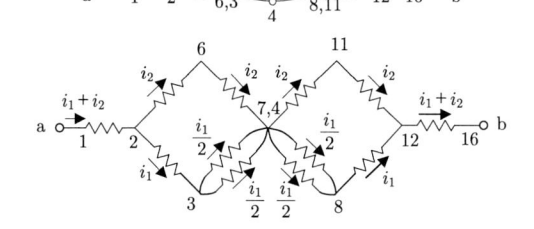

216 演習問題略解

2-7(4) 間の電位差 $= 2i_2 r = r\left(i_1 + \dfrac{i_1}{2}\right)$ より $i_2 = \dfrac{3}{4}i_1$.

上側$$下側
(2-6-7)$$(2-3-4)

元の回路の全電流 $= 2(i_1 + i_2) = \dfrac{7}{2}i_1$.

a-b 間の電位差 $= \underline{r\left(i_1 + i_2 + i_1 + \dfrac{i_1}{2}\right)} \times 2 = \dfrac{r}{4}i_1(4 + 3 + 4 + 2) \times 2 = \dfrac{13}{2}ri_1$.
a-7(4) 間の電位差

a-b 間の抵抗は $R_{ab} = \dfrac{13}{7}r$. $\hfill (12.1)$

(解法 2)

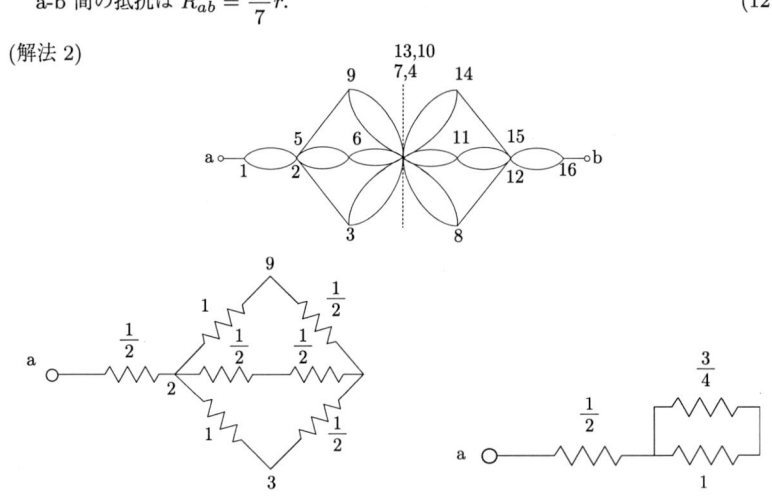

演習問題 1.1 の回路 $\hfill$ 演習問題 1.1 の回路

$$\therefore R = \left(\dfrac{1}{2} + \dfrac{\dfrac{3}{4}\cdot 1}{\dfrac{3}{4}+1}\right) \times 2 = \left(\dfrac{1}{2} + \dfrac{3}{7}\right) = \dfrac{13}{7}. \qquad (12.2)$$

○ 4×4 格子の場合

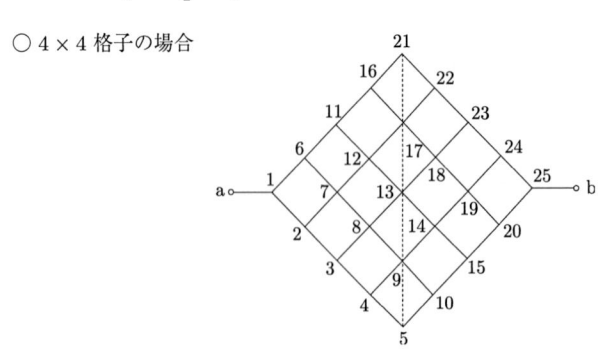

演習問題略解　217

節点列：5-9-13-17-21 に関して左右対称．

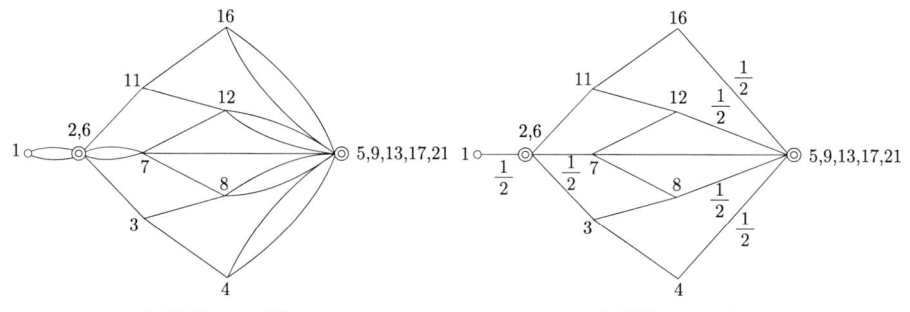

演習問題 1.1 の回路

演習問題 1.1 の回路

節点列：1-2-7-8-5 で上下対称なので，$V'_{12} = V'_8$．

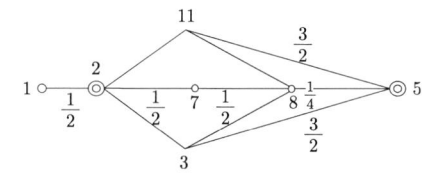

演習問題 1.1 の回路

演習問題 1.1 の回路

上図のように電流 i_1, i_2, i_3 を定めると

節点 2, 8 間の電位差：$V_{2-8} = i_2 = \dfrac{1}{2}(i_1 + i_i - i_3) \rightarrow \therefore i_3 = 2(i_1 - i_2)$

節点 2, 5 間の電位差：$V_{2-5} = i_2 + \dfrac{1}{4}(i_1 + i_2 - i_3) = \dfrac{i_1}{2} + \dfrac{3}{4}i_3$

より $i_1 + 5i_2 - i_3 = 2i_1 + 3i_3 \rightarrow i_1 + 5i_2 - 2(i_1 - i_2) = 2i_1 + 6(i_1 - i_2)$．

$\therefore 7i_2 - i_1 = 8i_1 - 6i_2;\ 13i_2 = 9i_1;\ i_2 = \dfrac{9}{13}i_1;\ i_3 = 2i_1\left(1 - \dfrac{9}{13}\right) = \dfrac{8}{13}i_1$

一方 1-25 間での全電流 $= i_1 + i_2 = i_1\left(1 + \dfrac{9}{13}\right) = \dfrac{22}{13}i_1$．

節点 1, 25 間の電位差：$V_{1-25} = 2V_{1-5} = 2\left(\dfrac{i_1 + i_2}{2} + V_{2-5}\right) = i_1\left(1 + \dfrac{9}{13} + 1 + \dfrac{3}{2} \cdot \dfrac{8}{13}\right) = \dfrac{i_1}{13}(26 + 9 + 12) = \dfrac{47}{13}i_1$．ただし，$V_{1-5}$ は節点 1, 5 間の電位差である．

$\therefore$ 節点 1-25 間の抵抗 $R_{1-25} = \dfrac{\dfrac{47}{13}i_1}{\dfrac{22}{13}i_1} = \dfrac{47}{22}$． \hfill (12.3)

(2) 図 1.B の回路の節点 A, B 間の抵抗 R_{AB} を求めよう.

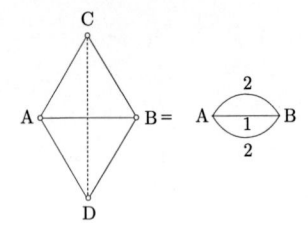

$V'_C = V'_D$ より

$$\therefore R_{AB} = \frac{1}{\frac{1}{2} + 1 + \frac{1}{2}} = \frac{1}{2}. \tag{12.4}$$

(3) 図 1.C の回路の節点 A, B 間の抵抗 R_{AB} を求めよう. 節点 A〜H の電位 $V'_A \sim V'_H$ に関して回路の対称性より $V'_C = V'_F; V'_D = V'_E$ から

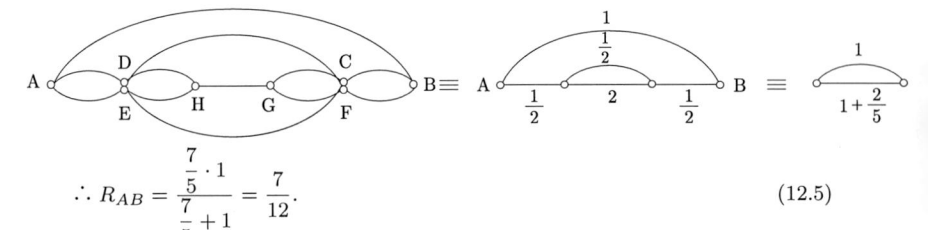

$$\therefore R_{AB} = \frac{\frac{7}{5} \cdot 1}{\frac{7}{5} + 1} = \frac{7}{12}. \tag{12.5}$$

図 1.C の回路の節点 A, C 間の抵抗 R_{AC} を求めよう. 回路の対称性より $V'_B = V'_D; V'_F = V'_H$ から

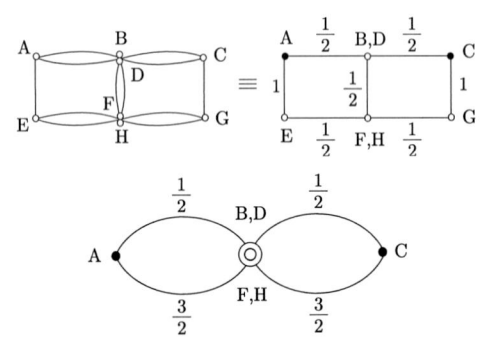

ブリッジ条件:$R_{A,B(D)} \cdot R_{C,F(H)} = R_{C,B(D)} \cdot R_{A,F(H)}$ を満たすので, $v'_{B(D)} = v'_{F(H)}$. ただし, $R_{A,B(D)}$, $R_{C,F(H)}$, $R_{C,B(D)}$, $R_{A,F(H)}$ はそれぞれ, 節点 A, B(D) 間, C, F(H) 間, C, B(D) 間, A, F(H) 間の抵抗を表す. また $v'_{B(D)}$ は v'_B か v'_D を意味する.

$$\therefore R_{AC} = \frac{\frac{1}{2} \cdot \frac{3}{2}}{\frac{1}{2} + \frac{3}{2}} \times 2 = \frac{3}{4} \tag{12.6}$$

演習問題略解　　　219

同様に節点 A, G 間の抵抗 R_{AG} を求めよう．回路の対称性より $V_B' = V_D' = V_E'; V_C' = V_F' = V_H'$ から

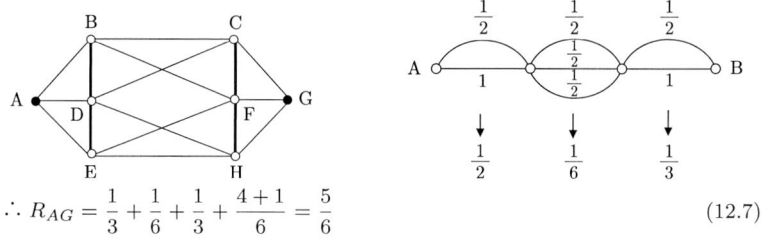

$$\therefore R_{AG} = \frac{1}{3} + \frac{1}{6} + \frac{1}{3} + \frac{4+1}{6} = \frac{5}{6} \tag{12.7}$$

(4) 図 1.D の回路について，まず節点 A, B 間の抵抗 R_{AB} を求めよう．回路の対称性より $V_C' = V_D' = V_E' = V_F'$ から

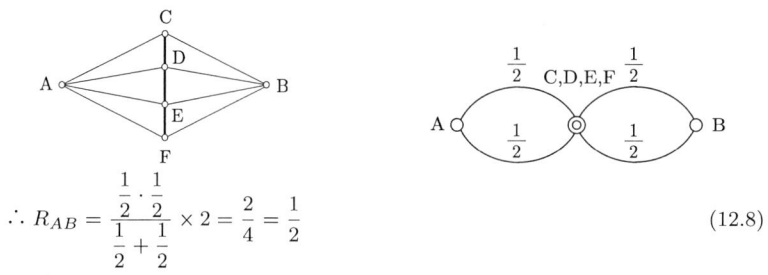

$$\therefore R_{AB} = \frac{\dfrac{1}{2} \cdot \dfrac{1}{2}}{\dfrac{1}{2} + \dfrac{1}{2}} \times 2 = \frac{2}{4} = \frac{1}{2} \tag{12.8}$$

次に節点 A, C 間や C, D 間の抵抗 R_{AC}, R_{CD} を求めよう．対称性により $R_{AC} = R_{CD}$ なので R_{CD} を考える．

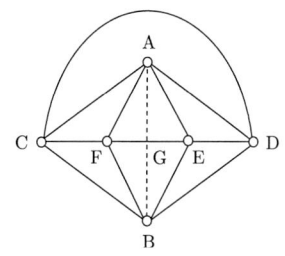

対称性より $V_A' = V_B'$. EF の中点を G とすると $V_A' = V_B' = V_G'$.

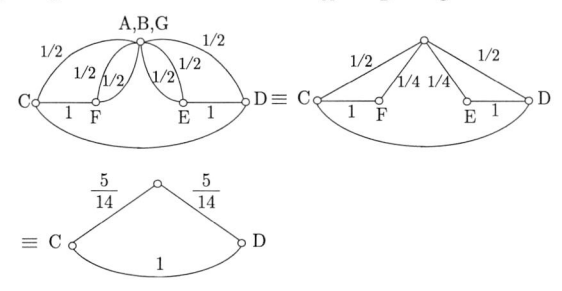

$$\therefore R_{CD} = R_{AC} = \frac{\left(\frac{5}{14} \times 2\right) \cdot 1}{\frac{10}{14}+1} = \frac{10}{24} = \frac{5}{12}. \tag{12.9}$$

1.2 (1) 式 (12.7) より $R_1 = 5/6\,\Omega$ であり, R_{i-1} と R_i の関係は $R_i = 5/6(R_{i-1}+1)$ で与えられる. これを変形すると, $R_i - 5 = 5/6(R_{i-1}-5)$ となるから, $a_i = R_i - 5(i = 1, 2, \cdots)$ は初項 $-25/6$, 公比 $5/6$ の等比数列である. この数列の第 n 項は, $a_n = -25/6\,(5/6)^{n-1}$ となるから,

$$R_n = a_n + 5 = 5 - \frac{25}{6}\left(\frac{5}{6}\right)^{n-1} = 5\left\{1 - \left(\frac{5}{6}\right)^n\right\}.$$

(2) $n \to \infty$ のとき $R_n \to 5\,\Omega$.

1.3 (1) $R_1 = 5/6\,\Omega$ であり, R_{i-1} と R_i の関係は $R_i = 5/6 \cdot R_{i-1}/R_{i-1}+1$ で与えられる. 両辺の逆数をとり, 変形すると, $1/R_i + 6 = 6/5(1/R_{i-1}+6)$ となるから, $a_i = 1/R_i + 6(i=1, 2, \cdots)$ は初項 $36/5$, 公比 $6/5$ の等比数列である. この数列の第 n 項は, $a_n = 36/5\,(6/5)^{n-1}$ であるから,

$$R_n = \frac{1}{6\left\{\left(\frac{6}{5}\right)^n - 1\right\}}.$$

(2) $n \to \infty$ のとき $R_n \to 0\,\Omega$.

2 章

2.1 $i(t) = I_m \sin(2t+\theta)$ とする. $e(t) = I_m\{1\cdot\sin(2t+\theta)+(2\cdot 3/4-1(2\cdot 1))\cos(2t+\theta)\} = \sqrt{2}I_m \sin(2t+\theta+\tan^{-1}1)\} = 100\sin 2t$ より直ちに $i(t) = 50\sqrt{2}\sin(2t-\pi/4)$ を得る.

2.2 $v_2 = C^{-1}\int i(t)dt + Ri, v_1 = L_1 \cdot \dfrac{di_1}{dt} = L_1 \cdot \left(\dfrac{v_2}{L_2} + \dfrac{di}{dt}\right) = L_1 \dfrac{di}{dt} + \dfrac{L_1}{L_2}Ri + \dfrac{L_1}{L_2 C}\int idt, e(t) = v_1 + v_2 = L_1 \dfrac{di}{dt} + \dfrac{L_1}{L_2}Ri + \left(1+\dfrac{L_1}{L_2}\right)\dfrac{1}{C}\int idt$ に値を代入すると $e(t) = \dfrac{di}{dt} + \dfrac{4}{3}i + \dfrac{4}{3}\int idt$. $i(t) = I_m \sin(\omega t + \theta)$ とする.
$e(t) = I_m\{2\cos(2t+\theta) + \dfrac{4}{3}\sin(2t+\theta) - \dfrac{2}{3}\cos(2t+\theta)\} = \dfrac{4}{3}I_m\sqrt{2}\sin\left(2t+\theta+\dfrac{\pi}{4}\right)$.
一方 $e(t) = 40\sin 2t$ より直ちに, $i(t) = 15\sqrt{2}\sin(2t-\pi/4)$.

2.3 $x(t) = X_m \sin(2\pi\cdot 60t + \theta)$ とすると, 所与の微分方程式の左辺 $= X_m\{2\pi\cdot 60\cos(2\pi\cdot 60t + \theta) + 2\sin(2\pi\cdot 60t+\theta)\} = X_m\sqrt{4+(120\pi)^2}\sin(2\pi\cdot 60t+\theta+\tan^{-1}60\pi)$, 右辺 $= 100\sqrt{2}\sin(2\pi\cdot 60t+\pi/4)$ より, 直ちに $X_m = \dfrac{100\sqrt{2}}{\sqrt{4+(120\pi)^2}}, \theta = \pi/4-\tan^{-1}60\pi$ が得られる. なお, tan 関数の関係式 $\tan(\pi/4\pm A) = \dfrac{1\pm\tan A}{1\mp\tan A}$ を用いると, $\theta = \tan^{-1}\dfrac{1-60\pi}{1+60\pi}$ とも表現できる.

演習問題略解 221

3 章

3.1 (1) $c_1 = e^{j\pi/4} + e^{-j\pi/6} = \dfrac{\sqrt{3}+\sqrt{2}}{2} + j\dfrac{\sqrt{2}-1}{2}$ $|c_1| = \dfrac{\sqrt{8+2\sqrt{6}-2\sqrt{2}}}{2}$, $\arg c_1 = \tan^{-1}\dfrac{\sqrt{2}-1}{\sqrt{3}+\sqrt{2}}$.

(2) $c_2 = 2e^{j\pi/3} + e^{j\pi/6} = \dfrac{\sqrt{3}+2}{2} + j\dfrac{2\sqrt{3}+1}{2}$, $|c_2| = \sqrt{5+2\sqrt{3}}$, $\arg c_2 = \tan^{-1}\dfrac{2\sqrt{3}+1}{\sqrt{3}+2}$

3.2 $\sqrt{2}\sin\left(\omega t + \dfrac{\pi}{3}\right) \stackrel{\text{ph}}{=} 1$. (i) $\dfrac{\sqrt{2}j}{1+j\sqrt{3}} = \dfrac{1}{\sqrt{2}}\left(\dfrac{\sqrt{3}}{2} + \dfrac{1}{2}j\right) = \dfrac{1}{\sqrt{2}}e^{j\frac{\pi}{6}} \stackrel{\text{ph}}{=} \dfrac{1}{\sqrt{2}}\sqrt{2}$ $\sin\left(\omega t + \dfrac{\pi}{6} + \dfrac{\pi}{3}\right) = \sin\left(\omega t + \dfrac{\pi}{2}\right)$.

(ii) $2\int \sin\omega t\, dt + 2\dfrac{d}{dt}\sin\left(\omega t + \dfrac{\pi}{6}\right) \stackrel{\text{ph}}{=} \dfrac{\sqrt{2}\,e^{-j\frac{\pi}{3}}}{j\omega} + \sqrt{2}\,e^{-j\frac{\pi}{8}}j\omega = \dfrac{\sqrt{2}\,e^{-j\frac{5\pi}{6}}}{\omega} + \sqrt{2}\omega e^{j\frac{\pi}{3}}$.

3.3 (1) (i) $2e^{j\pi/4} - je^{j\pi/3} = \dfrac{2\sqrt{2}+\sqrt{3}}{2} + j\dfrac{2\sqrt{2}-2}{2}$ $\stackrel{\text{ph}}{=} \sqrt{2(5+\sqrt{6}-\sqrt{2})}\cos\left(\omega t + \tan^{-1}\dfrac{2\sqrt{2}-1}{2\sqrt{2}+\sqrt{3}}\right)$.

(ii) $\dfrac{3je^{j\pi/6}}{1+j} = \dfrac{3}{4}\{(\sqrt{3}-1) + j(\sqrt{3}+1)\} \stackrel{\text{ph}}{=} 3\cos\left(\omega t + \tan^{-1}\dfrac{\sqrt{3}+1}{\sqrt{3}-1}\right)$.

(2) (i) $(1+j\omega)X \stackrel{\text{ph}}{=} 100\sin(\omega t + \pi/6)$. この時間関数のフェーザ表示は $\dfrac{100}{\sqrt{2}}e^{j\left(\frac{\pi}{6}-\frac{\pi}{2}\right)} = \dfrac{100}{\sqrt{2}}\left(\dfrac{1}{2} - j\dfrac{\sqrt{3}}{2}\right)$, $(1+j\omega)X = \dfrac{100}{\sqrt{2}}\left(\dfrac{1}{2} - j\dfrac{\sqrt{3}}{2}\right)$, $X = \dfrac{50(1-\sqrt{3}j)}{\sqrt{2}(1+j\omega)} = \dfrac{50}{\sqrt{2}(1+\omega^2)}\{(1-\sqrt{3}\omega) - j(\sqrt{3}+\omega)\}$.

(ii) $|X| = \dfrac{50\sqrt{2}}{\sqrt{1+\omega^2}}$, $\arg X = -\tan^{-1}\dfrac{\sqrt{3}+\omega}{1-\sqrt{3}\omega}$, $x(t) = \dfrac{100}{\sqrt{1+\omega^2}}\cos\left(\omega t + \tan^{-1}\dfrac{-\sqrt{3}-\omega}{1-\sqrt{3}\omega}\right)$.

3.4 (1) (i) $\sqrt{5} \stackrel{\text{ph}}{=} \sqrt{5}\sin\omega t$, (ii) $2j \stackrel{\text{ph}}{=} 2\sin\left(\omega t + \dfrac{\pi}{2}\right) = 2\cos\omega t$, (iii) $\dfrac{-3+2j}{1+j} = \dfrac{-1+5j}{2} \stackrel{\text{ph}}{=} \dfrac{\sqrt{26}}{2}\sin(\omega t + \tan^{-1}(-5))$, (iv) $-5e^{-j\pi/3} \stackrel{\text{ph}}{=} -5\sin\left(\omega t - \dfrac{\pi}{3}\right)$, (v) $3+j4 \stackrel{\text{ph}}{=} 5\sin\left(\omega t + \tan^{-1}\dfrac{4}{3}\right)$, (2) (vi) $-\sin\left(\omega t + \dfrac{3\pi}{4}\right) \stackrel{\text{ph}}{=} -e^{j\frac{3}{4}\pi}$, (vii) $-\cos\omega t = -\sin\left(\omega t + \dfrac{\pi}{2}\right) \stackrel{\text{ph}}{=} -e^{j\frac{\pi}{2}}$, (viii) $\dfrac{d}{dt}\cos\omega t \stackrel{\text{ph}}{=} j\omega e^{j\frac{\pi}{2}} = -\omega$, (ix) $\int \sin\omega t\, dt \stackrel{\text{ph}}{=} \dfrac{1}{j\omega}$.

3.5 (1) (a) $L\dfrac{di_a}{dt} + Ri_a + \dfrac{1}{C}\int i_a dt = e(t)$, $e(t) = \sqrt{2}E_e\sin(\omega t + \varphi)$ とするとフェーザを用いた回路方程式は $Lj\omega I_a + RI_a + \dfrac{I_a}{j\omega C} = E$, (b) $100 = (30+j40)I_b$,

(2) (1)(a) I_a を解くと $I_a = \dfrac{E}{j\omega L + R + \dfrac{1}{j\omega C}}$, よって

$$i_a(t) = \sqrt{2}\dfrac{|E|}{\sqrt{R^2 + (\omega L - \dfrac{1}{\omega C})^2}} \sin\left(\omega t + \phi - \tan^{-1}\dfrac{\omega L - \dfrac{1}{\omega C}}{R}\right).$$

(2) (1)(b) より $I_b = \dfrac{100}{30 + j40}$. 電源電圧を $100\sqrt{2}\sin(\omega t + \varphi)$ とすると

$$i_b(t) = 2\sqrt{2}\sin\left(\omega t + \varphi - \tan^{-1}\dfrac{4}{3}\right).$$

3.6 (1) $100\sqrt{2}\sin\left(2\pi 60 t + \dfrac{\pi}{4}\right) \stackrel{\text{ph}}{=} 100\sqrt{2}e^{j\frac{\pi}{4}} = 100(1+j)$

$\therefore (2 + j2\pi 60)X = 100(1+j)$.

$X = \dfrac{100(1+j)}{2 + j120\pi} = \dfrac{50\{(1+60\pi) + j(1-60\pi)\}}{1 + (60\pi)^2}$.

(2) $|X| = \dfrac{50\sqrt{2}}{\sqrt{1 + (60\pi)^2}}$ より, $x(t) = |X|\sin\left(2\pi 60 t + \tan^{-1}\dfrac{1-60\pi}{1+60\pi}\right)$.

4 章

4.1 $e(t) = 10\sin 2t = \sqrt{2}\cdot 5\sqrt{2}\sin 2t$ より, 電圧源のフェーザ表示は $E = 5\sqrt{2}$ となる. 負荷のインピーダンスを Z とすると, $Z = (1 + 3j)/2 = (\sqrt{10}/2)e^{j\theta}$ (ただし, $\cos\theta = \sqrt{10}/10$) となる. よって, 負荷の力率は $10\sqrt{10}\%$. また, 回路全体を流れる電流を I とすると, $I = E/Z = 2\sqrt{5}e^{-j\theta}$ となるので, 全消費電力 P は $P = |E||I|\cos\theta = 10$ W.

4.2 $E, V_1, V_2, I_1, I_2, I_3$ のフェーザは図のようになる. V_1 は I_1 よりも $\pi/2$ 進んでおり, I_3 は I_2 よりも $\pi/3$ 遅れている. $|I_2| = |I_3|$, $|V_1| = |V_2|$ とすると, 図から明らかなように, E と I_1 の位相差は $\pi/3$ となる.

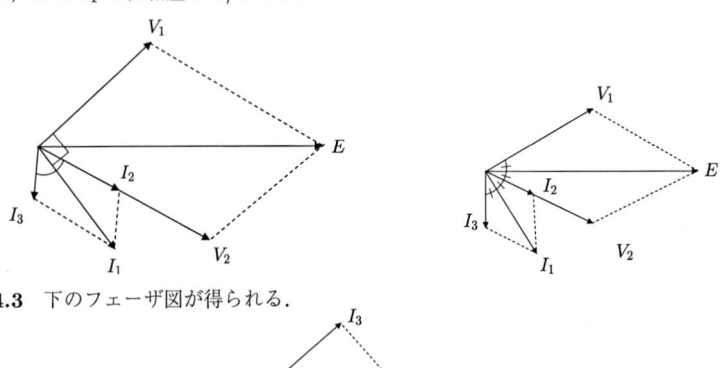

4.3 下のフェーザ図が得られる.

演習問題略解   223

4.4 下図の (a) の回路を開放電圧 E, 電源インピーダンス $Z_0 = R + jX$ の等価電圧源 (図 (b)) とみなして, $|E|, R, X$ を求める. 仮定より,

$$\left.\begin{array}{l}|E| = 10\sqrt{R^2 + X^2} \\ |E| = \dfrac{5}{\sqrt{2}}\sqrt{(R+0.5)^2 + X^2} \\ |E| = 2\sqrt{(R+1)^2 + X^2}\end{array}\right\} \quad (12.10)$$

であるから, これを解いて, $|E| = \sqrt{5}, R = 1/10, X = \pm 1/5$ となる. ここで, X は 2 通りの値が考えられるが, 所与の回路図のインピーダンスは容量性であるので $X = -1/5$ である. この回路に $1 + 2j\,\Omega$ の負荷をつないだときの回路全体のインピーダンスは $11/10 + j9/5$ であるので, 負荷に流れる電流の大きさは $|I| = |E|/|11/10 + j9/5| = 10/\sqrt{89}$ となる. 回路全体の消費電力 P は $P = 11/10 \times (10/\sqrt{89})^2 = 110/89\,W$, 皮相電力 P_a は $P_a = \sqrt{5} \times 10/\sqrt{89} = 10\sqrt{5/89}\,VA$, 無効電力 P_r は $P_r = 9/5 \times (10/\sqrt{89})^2 = 180/89\,\text{var}$ となる.

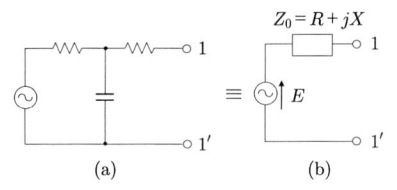

4.5 回路より, 下のフェーザ図が得られる. 図の未知数 x, y について関係式 $x^2 + y^2 = 2, x^2 + (\sqrt{3}-1+y)^2 = 4$ が成り立つ. 両式より, $(\sqrt{3}-1)^2 + 2y(\sqrt{3}-1) = 2$ から $2y(\sqrt{3}-1) = 2\sqrt{3}-2$ より, $y = 1$. よって, $i(t) = 2\sqrt{2}\sin\omega t, i_1(t) = (\sqrt{3}-1)\sqrt{2}\sin\left(\omega t + \dfrac{\pi}{6}\right), i_2(t) = 2\sin\left(\omega t - \dfrac{\pi}{12}\right)$.

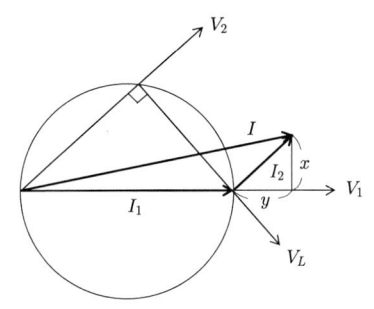

4.6 電源角周波数を ω とし, 図 (a),(b) のインピーダンスを各々 z_a, z_b とする. $z_a = \dfrac{j\omega \cdot 1/(j\omega)}{j\omega + 1/(j\omega)} + 2j\omega = j\omega \cdot \dfrac{2(j\omega)^2 + 3}{1 + (j\omega)^2}$,

$z_b = \dfrac{j\omega L_1(j\omega L_2 + 1/(j\omega C))}{j\omega(L_1 + L_2) + 1/(j\omega C)} = j\omega \cdot \dfrac{L_1 + L_1 L_2 C (j\omega)^2}{1 + (L_1 + L_2)C(j\omega)^2}$ より, $(L_1 + L_2)C = 1, L_1 = 3, L_1 L_2 C = 2$ となるので, $L_1 = 3, C = 1/9, L_2 = 6$ の順で得られる.

5 章

5.1 下図 (a) における I, I_1, I_2, V'' の関係をフェーザ図によって表すと図 (b) のようになる。ただし，$V'' = rI_1 = -jRI_2$ であり，$|I_1| : |I_2| = R : r$ である。次に図 (a) における I, I_3, I_4, V' の関係をフェーザ図によって表すと図 (c) のようになる。ただし，$V' = RI_3 = jrI_4$ であり，$|I_3| : |I_4| = r : R$ である。以上のことから，$I_3 = I_2, I_1 = I_4, |V'| = |V''|$ であることがわかるので，V, V', I の間の関係は図 (d) のフェーザ図によって表される。

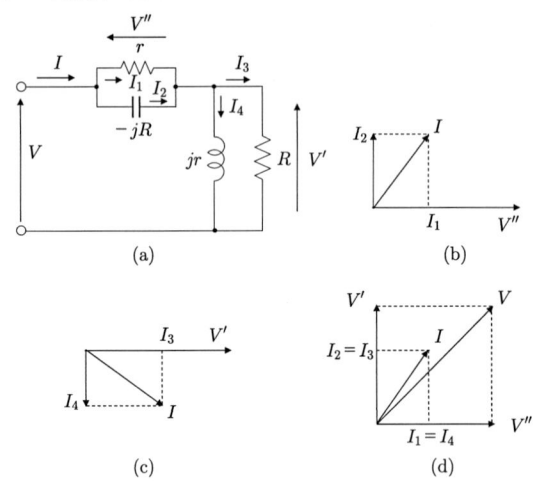

5.2 フェーザ $I, J, I_{R_1}, I_{R_2}, I_{L_1}, I_{L_2}$ の関係は下図で与えられる。図より $|I|$ が最大になるのは，明らかに円の直径となるときなので，$|I| = |J|$. フェーザ I_{R_2}, I_{L_1}, I のなす三角形は直角三角形でなければならないので，$\theta + \psi = \pi/2$ となり，I_{R_2}, I_{L_1}, I のなす直角三角形と I_{R_1}, I_{L_1}, J のなす直角三角形は合同となる。すなわち，I_{R_1} と I_{R_2} は平行となり，$I_{R_1} = I_{R_2}$ のとき最大となる。よって，R_1, R_2, L_1, L_2 に対する条件として，$R_1 L_2 = R_2 L_1$ を得る。これを数式で確認しておこう。

図より，$|I_{L_1}| = |J|\cos\theta, |I_{R_2}| = |J|\cos\psi$ なので

$$\left. \begin{array}{l} I_{L_1} = |J|\cos\theta \cdot e^{j\theta} = |J|(\cos^2\theta + j\cos\theta\sin\theta) \\ I_{R_2} = |J|\cos\psi \cdot e^{j\psi} = |J|(\cos^2\psi + j\cos\psi\sin\psi) \end{array} \right\} \quad (12.11)$$

両式より $I = I_{R_2} - I_{L_1} = |J|\left[\dfrac{1+\cos 2\psi}{2} - \dfrac{1+\cos 2\theta}{2} - j\left(\dfrac{\sin 2\psi}{2} + \dfrac{\sin 2\theta}{2}\right)\right]$ から $|I|^2 = \dfrac{|J|^2}{4} \cdot [(\cos 2\theta - \cos 2\psi)^2 + (\sin 2\theta + \sin 2\psi)^2] = \dfrac{|J|^2}{4} \cdot (2 - 2\cos(2\theta + 2\psi))$. これは $2\theta + 2\psi = \pi$ のとき最大となる。このとき

$I_{R_2} = |J|\cos\psi \cdot e^{i\psi} = |J|\cos(\pi/2 - \theta) \cdot e^{j(\pi/2-\theta)} = |J|\sin\theta \cdot e^{j(\pi/2-\theta)} = I_{R_1}.$

演習問題略解　　　　　　　　　　225

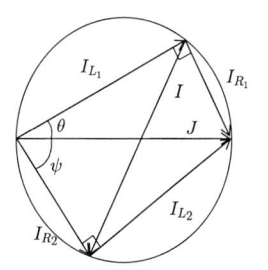

5.3 電圧源 E と直列な抵抗 r から負荷側をみた入力インピーダンス Z_{in} は

$$Z_{\text{in}} = \frac{rZ}{r+Z} + \frac{r\dfrac{r^2}{Z}}{r+\dfrac{r^2}{Z}} = \frac{rZ}{r+Z} + \frac{r^2}{r+Z} = r \tag{12.12}$$

であるので，電源インピーダンス r と等しい．すなわち，Z_{in} は定抵抗回路である．負荷側の電流 I は $I = E/2r$ となるので，

$$V = I \cdot \frac{r^2}{r+Z} = \frac{E}{2} \cdot \frac{r}{r+Z} \tag{12.13}$$

と計算される．$Z = a + jb, a, b :$ 実数 とおけば

$$\left.\begin{aligned}\left|\frac{V}{E}\right| &= \frac{r}{2\sqrt{(r+a)^2+b^2}} \\ \arg\left(\frac{V}{E}\right) &= -\tan^{-1}\frac{b}{r+a}\end{aligned}\right\} \tag{12.14}$$

まず位相の条件より，

$$\frac{b}{r+a} = \sqrt{3} \tag{12.15}$$

が得られ，これを大きさの条件

$$\frac{r}{2\sqrt{(r+a)^2+b^2}} = \frac{1}{5} \tag{12.16}$$

に代入すると

$$\frac{r}{4|r+a|} = \frac{1}{5} \tag{12.17}$$

となるので，

$$\left.\begin{aligned}a &= \frac{r}{4}, b = \frac{5\sqrt{3}r}{4}, r+a > 0 \text{ のとき} \\ a &= -\frac{9r}{4}, b = -\frac{5\sqrt{3}r}{4}, r+a < 0 \text{ のとき}\end{aligned}\right\} \tag{12.18}$$

が得られる．所与のインピーダンス Z の実部 r は非負であるので，前者だけが答えである．

5.4 図 5.D の回路は図 5.C の双対回路である．練習のため，演 5.3 解と双対の方法で計算しよう．J と並列な抵抗 1Ω から負荷側をみた入力アドミタンス Y_{in} は

$$Y_{\text{in}} = \frac{1}{1+Z_1} + \frac{1}{1+Z_2} = \frac{2+(Z_1+Z_2)}{(1+Z_1)(1+Z_2)}$$
$$= \frac{2+(Z_1+Z_2)}{1+(Z_1+Z_2)+Z_1Z_2} = 1 \tag{12.19}$$

である．ただし，最後の式で Z_1Z_2 を用いた．結局この回路の入力アドミタンスは電源入力アドミタンス $1\,S$ と等しい．すなわち，Y_{in} は定抵抗回路である．負荷側の電流 I は $I = J/2$ となるので，

$$I_2 = I \cdot \frac{1+Z_1}{2+(Z_1+Z_2)} = \frac{J}{2} \cdot \frac{1+Z_1}{1+(Z_1+Z_2)+Z_1Z_2}$$
$$= \frac{J}{2} \cdot \frac{1+Z_1}{(1+Z_1)(1+Z_2)} = \frac{J}{2} \cdot \frac{1}{1+Z_2} \tag{12.20}$$

と計算される．ただし，第三式で $Z_1Z_2 = 1$ を用いた．$Z_2 = a+jb, a,b$：実数 とおけば

$$\left.\begin{aligned}\left|\frac{I_2}{J}\right| &= \frac{1}{2\sqrt{(1+a)^2+b^2}} \\ \arg\left(\frac{I_2}{J}\right) &= -\tan^{-1}\frac{b}{1+a}\end{aligned}\right\} \tag{12.21}$$

まず位相の条件より，

$$\frac{b}{1+a} = 1 \tag{12.22}$$

が得られ，これを大きさの条件

$$\frac{1}{2\sqrt{(1+a)^2+b^2}} = \frac{1}{4} \tag{12.23}$$

に代入すると

$$\frac{1}{|1+a|} = \frac{1}{\sqrt{2}} \tag{12.24}$$

となるので，

$$\left.\begin{aligned}a &= \sqrt{2}-1, b = \sqrt{2}, 1+a > 0 \text{ のとき} \\ a &= -\sqrt{2}-1, b = -\sqrt{2}, 1+a < 0 \text{ のとき}\end{aligned}\right\} \tag{12.25}$$

が得られる．所与のインピーダンス Z_2 の実部は非負であるので，前者だけが答えである．

6 章

6.1 対称格子回路より，

$$\left.\begin{aligned}z_{11} &= \frac{1}{2}(jx-jy) = \frac{j}{2}(x-y) = z_{22} \\ z_{12} &= \frac{1}{2}(-jx-jy) = -\frac{j}{2}(x+y)\end{aligned}\right\} \tag{12.26}$$

一方，

$$Z_{\text{in}} = z_{11} - \frac{z_{12}z_{21}}{z_{22}+R} = \frac{j}{2}(x-y) - \frac{\left[\dfrac{-j}{2}(x+y)\right]^2}{\dfrac{j}{2}(x-y)+R}$$

$$= \frac{j}{2}(x-y) + \frac{\dfrac{1}{4}(x+y)^2}{\dfrac{j}{2}(x-y)+R} \tag{12.27}$$

$$\text{Re}[Z_{\text{in}}] = \frac{(x+y)^2}{4} \frac{R}{R^2 + \dfrac{1}{4}(x-y)^2} \tag{12.28}$$

2 ポートの消費電力は終端抵抗でのそれであることと、供給電力＝消費電力より、

$$\text{Re}[Z_{\text{in}}]|J|^2 = R|I|^2 \tag{12.29}$$

より、

$$\left|\frac{I}{J}\right| = \frac{x+y}{2} \frac{1}{\sqrt{R^2 + \dfrac{1}{4}(x-y)^2}}. \tag{12.30}$$

6.2 図 6.B のインピーダンス z_1, z_2、アドミタンス $y_1 = z_1^{-1}, y_2 = z_2^{-1}$ は各々

$$\left.\begin{aligned} z_1 &= j + \frac{-j}{1+j} = \frac{1}{1-j}, & y_1 &= 1-j \\ z_2 &= -j + \frac{-j}{1+j} = \frac{1}{1+j}, & y_2 &= 1+j \end{aligned}\right\} \tag{12.31}$$

であるから、$J = 2E$、すなわち

$$\frac{J}{E} = 2 \tag{12.32}$$

となるので、

$$\left.\begin{aligned} V_1 &= (1-j)E \cdot \frac{-j}{1-j} = -jE \\ V_2 &= (1+j)E \cdot \frac{j}{1+j} = jE \end{aligned}\right\} \tag{12.33}$$

が得られ、

$$\left.\begin{aligned} \left|\frac{V_1}{V_2}\right| &= 1 \\ \arg\frac{V_1}{V_2} &= -\pi \end{aligned}\right\} \tag{12.34}$$

6.3 Z の定義より $z_L \neq 0$ として

$$\left.\begin{aligned} V_1 &= z_{11}I_1 + z_{12}\left(-\frac{V_2}{z_L}\right) \\ V_2 &= z_{21}I_1 + z_{22}\left(-\frac{V_2}{z_L}\right) \end{aligned}\right\} \tag{12.35}$$

式 (12.35) の第二式より

$$\frac{V_2}{I_1} = \frac{z_{21}}{1 + \dfrac{z_{22}}{z_L}} = \frac{z_L z_{21}}{z_L + z_{22}} \tag{12.36}$$

であるので $z_L = r + jx$ とすると

$$\left|\frac{V_2}{I_1}\right| = \frac{\sqrt{r^2 + x^2}}{\sqrt{(1+r)^2 + (x-1)^2}} \tag{12.37}$$

$\left|\dfrac{V_2}{I_1}\right| = 1$ よりまず

$$x = r + 1 \tag{12.38}$$

を得る．式 (12.35) の第一式より

$$I_1 = \frac{V_1 + \dfrac{z_{12}}{z_L} V_2}{z_{11}} \tag{12.39}$$

が得られ，これを式 (12.35) の第二式に代入すると

$$V_2 = \frac{z_{21}}{z_{11}}\left(V_1 + \frac{z_{12}}{z_L} V_2\right) - \frac{z_{22}}{z_L} V_2$$

となるので，

$$\frac{V_2}{V_1} = \frac{z_L z_{21}}{z_L z_{11} + |Z|} \tag{12.40}$$

である．ただし，$|Z| = z_{11} z_{22} - z_{12}^2$ である．インピーダンス行列の数値を代入すると，$|Z| = 1 + 1 - j^2 = 3$

$$\left.\begin{aligned}\frac{V_2}{V_1} &= \frac{(r+jx)j}{(r+jx)(1+j)+3} = \frac{(r+jx)j}{r-x+3+j(r+x)} \\ \left|\frac{V_2}{V_1}\right| &= \frac{\sqrt{r^2+x^2}}{\sqrt{(r-x+3)^2+(r+x)^2}}\end{aligned}\right\} \tag{12.41}$$

上式の第二式に $x = r+1$ を代入すると

$$\left|\frac{V_2}{V_1}\right| = \frac{\sqrt{2r^2 + 2r + 1}}{\sqrt{4r^2 + 4r + 5}} \tag{12.42}$$

となるので，所与の条件 $\left|\dfrac{V_2}{V_1}\right| = \dfrac{1}{\sqrt{3}}$ から関係式 $r^2 + r - 1 = 0$ が得られ，$r = \dfrac{-1 \pm \sqrt{5}}{2}$ であるので，正値 $r = \dfrac{-1+\sqrt{5}}{2}$ を得る．したがって，$z_L = \dfrac{-1+\sqrt{5}}{2} + j\dfrac{1+\sqrt{5}}{2}$ となる．

6.4 Y 行列の定義および $V_1 = E$ として

$$\left.\begin{aligned} I_1 &= y_{11} E + y_{12} V_2 \\ I_2 &= y_{21} E + y_{22} V_2 \end{aligned}\right\} \tag{12.43}$$

式 (12.43) の第二式と終端条件 $I_2 = -y_L V_2, \quad y_L = z_L^{-1}$ より

演習問題略解

$$\frac{V_2}{E} = \frac{-y_{21}}{y_{22} + y_L} \tag{12.44}$$

であるので $y_L = g + jb$ とすると

$$\left.\begin{aligned}\frac{V_2}{E} &= \frac{j}{1+g+jb} \\ \left|\frac{V_2}{E}\right| &= \frac{1}{\sqrt{(1+g)^2 + b^2}} \\ \arg\frac{V_2}{E} &= \frac{\pi}{2} - \tan^{-1}\frac{b}{g+1}\end{aligned}\right\} \tag{12.45}$$

$\arg\dfrac{V_2}{E} = \dfrac{\pi}{4}$ よりまず

$$\tan^{-1}\frac{b}{g+1} = \frac{\pi}{4},\; b = g+1 \tag{12.46}$$

を得る．これを $\left|\dfrac{V_2}{E}\right|$ に代入すると，$\left|\dfrac{V_2}{E}\right| = \dfrac{1}{(1+g)\sqrt{2}}$ となるので，条件 $\left|\dfrac{V_2}{E}\right| = \dfrac{1}{2\sqrt{2}}$ より $g=1, b=2, y=1+j2, z_L = \dfrac{1}{1+j2} = \dfrac{1-j2}{5}$ を得る．

6.5 r, jx を流れる電流を I_r, I_x とすると明らかに，$I_r = I_x = \dfrac{I}{2}$．

$$\left.\begin{aligned}E &= (r+jx)I_x \\ V &= -rI_x + jxI_r = -(r-jx)I_x\end{aligned}\right\} \tag{12.47}$$

であるので，直ちに

$$\left.\begin{aligned}\frac{V}{E} &= -\frac{r-jx}{r+jx} \\ \left|\frac{V}{E}\right| &= 1 \\ \arg\frac{V}{E} &= \pi - 2\tan^{-1}\frac{x}{r} = \frac{2\pi}{3}\end{aligned}\right\} \tag{12.48}$$

より $\dfrac{x}{r} = \dfrac{1}{\sqrt{3}}$ を得る．

6.6 図 6.F の対称格子回路のアドミタンス行列 Y は

$$Y = \frac{1}{2} \cdot \begin{pmatrix} y_1 + y_2 & y_2 - y_1 \\ y_2 - y_1 & y_1 + y_2 \end{pmatrix} \tag{12.49}$$

であるので，$y_1 = j + \dfrac{1}{jx} = j(1 - x^{-1}),\; y_2 = j$ を代入すると

$$Y = \begin{pmatrix} j\left(1 - \dfrac{x^{-1}}{2}\right) & \dfrac{jx^{-1}}{2} \\ \dfrac{jx^{-1}}{2} & j\left(1 - \dfrac{x^{-1}}{2}\right) \end{pmatrix} \tag{12.50}$$

である．あらためて Y の定義に戻り，

を考えよう．ただし，$g = r^{-1}$ とおいた．第二式と第三式より，順番に

$$\left.\begin{array}{l}\dfrac{V_2}{V_1} = \dfrac{-y_{12}}{g + y_{22}} = \dfrac{-jx^{-1}/2}{g + j(1 - x^{-1}/2)} \\[2mm] \left|\dfrac{V_2}{V_1}\right| = \dfrac{x^{-1}/2}{\sqrt{g^2 + (1 - x^{-1}/2)^2}} \\[2mm] \arg \dfrac{V_2}{V_1} = -\dfrac{\pi}{2} - \tan^{-1}\dfrac{1 - x^{-1}/2}{g}\end{array}\right\} \quad (12.52)$$

が得られる．所与の位相の条件式は

$$\tan^{-1}\frac{1 - x^{-1}/2}{g} = \frac{\pi}{4} \quad (12.53)$$

であるので，これより $1 - x^{-1}/2 = g$ が得られ，

$$\left|\frac{V_2}{V_1}\right| = \frac{x^{-1}/2}{\sqrt{2(1 - x^{-1}/2)^2}} = \frac{1}{\sqrt{2}} \quad (12.54)$$

から $x^{-1} = 1, x = 1, g = 1 - \dfrac{1}{2} = \dfrac{1}{2}, r = 2$ を得る．

6.7 図の回路の π 型 2 ポートのアドミタンス行列 Y の要素から $y_{11} + y_{12} = j$, $-y_{12} = -jx^{-1}$, $y_{22} + y_{12} = j$ より

$$Y = \begin{pmatrix} j - jx^{-1} & jx^{-1} \\ jx^{-1} & j - jx^{-1} \end{pmatrix} \quad (12.55)$$

である．あらためて Y の定義に戻り，$V_1 = E, V_2 = V$ を用いると，

$$\left.\begin{array}{l}I_1 = y_{11}E + y_{12}V \\ I_2 = y_{12}E + y_{22}V \\ I_2 = -gV\end{array}\right\} \quad (12.56)$$

を考えよう．ただし，$g = r^{-1}$ とおいた．第二式と第三式より，順番に

$$\left.\begin{array}{l}\dfrac{V}{E} = \dfrac{-y_{12}}{y_L + y_{22}} = \dfrac{-jx^{-1}}{g + j(1 - x^{-1})} \\[2mm] \left|\dfrac{V_2}{E}\right| = \dfrac{x^{-1}}{\sqrt{g^2 + (1 - x^{-1})^2}} \\[2mm] \arg \dfrac{V_2}{E} = -\dfrac{\pi}{2} - \tan^{-1}\dfrac{1 - x^{-1}}{g}\end{array}\right\} \quad (12.57)$$

が得られる．まず，位相の条件 $\arg \dfrac{V_2}{E} = -\dfrac{3\pi}{4}$ より，$g = 1 - x^{-1}$ が得られる．これを大きさの条件に代入すると，$\left|\dfrac{V_2}{E}\right| = \dfrac{x^{-1}}{\sqrt{2(1 - x^{-1})^2}} = \dfrac{1}{\sqrt{2}}$ となり，$x = 2, g = 1 - \dfrac{1}{2} = \dfrac{1}{2}$ が

演習問題略解　　　　　　　　　　　　231

得られ, $r = 2$ を得る.

6.8 (1) $\dfrac{d^2V}{dt^2} = \gamma^2 V$ より, 独立な解 $e^{-\gamma x}, e^{\gamma x}$ を有するので未知定数 A, B を含む形式の解 $V(x) = Ae^{-\gamma x} + Be^{\gamma x}$ を得る. 一方, $I(x)$ は微分することにより, $Z_0 I(x) = Ae^{-\gamma x} - Be^{\gamma x}$ を得る. ただし, Z_0 は与式の通り.

(2) $Z(x) = Z_0 \dfrac{Ae^{-\gamma x} + Be^{\gamma x}}{Ae^{-\gamma x} - Be^{\gamma x}} = Z_0 \dfrac{1 + \dfrac{B}{A}e^{2\gamma x}}{1 - \dfrac{B}{A}e^{2\gamma x}}$ は無損失線路より $\gamma = j\dfrac{2\pi}{\lambda}$ から

$Z(x) = Z_0 \cdot \dfrac{1 + \dfrac{B}{A}e^{2j\frac{2\pi}{\lambda}x}}{1 - \dfrac{B}{A}e^{2j\frac{2\pi}{\lambda}x}},\ Z\left(x + \dfrac{\lambda}{4}\right) = Z_0 \cdot \dfrac{1 - \dfrac{B}{A}e^{2j\frac{2\pi}{\lambda}x}}{1 + \dfrac{B}{A}e^{2j\frac{2\pi}{\lambda}x}} = \dfrac{Z_0^2}{Z(x)}$ となり与式を

得る. ただし, $e^{j\pi} = -1$ を用いた.

(3) $\rho(x) = \dfrac{Be^{\gamma x}}{Ae^{-\gamma x}} = \dfrac{V(x) - Z_0 I(x)}{V(x) + Z_0 I(x)} = \dfrac{Z(x) - Z_0}{Z(x) + Z_0}$ より終端開放:$Z(\ell) = \infty$ から $\rho(\ell) = +1$ を得る.

(4) 元に戻って, $V(x) = Ae^{-j\beta x} + Be^{j\beta x}, Z_0 I(x) = Ae^{-j\beta x} - Be^{j\beta x}$ において終端開放条件 $Z_0 I(\ell) = Ae^{-j\beta \ell} - Be^{j\beta \ell} = 0$, $V(\ell) = Ae^{-j\beta \ell} + Be^{j\beta \ell} = 2Ae^{-j\beta \ell}$ から定まる未知定数 $A = \dfrac{V(\ell)}{2}e^{j\beta \ell}, B = A \cdot e^{-2j\beta \ell} = \dfrac{V(\ell)}{2}e^{-j\beta \ell}$ を用いると

$V(x) = V(\ell)\dfrac{e^{j\beta(\ell - x)} + e^{-j\beta(\ell - x)}}{2} = V(\ell)\cos[\beta(\ell - x)]$,

$Z_0 I(x) = V(\ell)\dfrac{e^{j\beta(\ell - x)} - e^{-j\beta(\ell - x)}}{2} = jV(\ell)\sin[\beta(\ell - x)]$.

$Z(x) = \dfrac{V(x)}{I(x)} = -jZ_0 \dfrac{1}{\tan[\beta(\ell - x)]}$.

6.9 (1) 無損失線路より $Z_0 = \sqrt{\dfrac{L}{C}}, \gamma = j\omega\sqrt{LC}$

$$\left.\begin{array}{l} V(x) = Ae^{-\gamma x} + Be^{\gamma x} \\ Z_0 I(x) = Ae^{-\gamma x} - Be^{\gamma x} \end{array}\right\} \quad (12.58)$$

境界条件：$V(\ell) = Ae^{-\gamma \ell} + Be^{\gamma \ell}, Z_0 I(\ell) = Ae^{-\gamma \ell} - Be^{\gamma \ell}$ から

$A = \dfrac{V(\ell) + Z_0 I(\ell)}{2}e^{\gamma \ell}, B = \dfrac{V(\ell) - Z_0 I(\ell)}{2}e^{-\gamma \ell}$ が得られる.

(2) 終端短絡条件 $V(\ell) = 0$ より $Be^{\gamma \ell} = -Ae^{-\gamma \ell}$ であるので, 直ちに $\rho(\ell) = -1$.

(3) $Ae^{-\gamma \ell} = \dfrac{Z_0 I(\ell)}{2} = -Be^{\gamma \ell}, \gamma = j\omega\sqrt{LC}$ 等を用いて, 再び (1) に戻れば

$$\left.\begin{array}{rl} V(x) =& \dfrac{Z_0 I(\ell)}{2}(e^{\gamma(\ell - x)} - e^{-\gamma(\ell - x)}) = Z_0 I(\ell) j \sin(\omega\sqrt{LC}(\ell - x)) \\ I(x) =& \dfrac{I(\ell)}{2}(e^{\gamma(\ell - x)} + e^{-\gamma(\ell - x)}) = I(\ell)\cos(\omega\sqrt{LC}(\ell - x)) \\ Z(x) =& jZ_0 \tan[\omega\sqrt{LC}(\ell - x)]. \end{array}\right\} \quad (12.59)$$

6.10 (1) $\dfrac{R}{L} = \dfrac{G}{C}$ より $Z_0 = \sqrt{\dfrac{R+j\omega L}{G+j\omega C}} = \sqrt{\dfrac{L\left(\dfrac{R}{L}+j\omega\right)}{C\left(\dfrac{G}{C}+j\omega\right)}} = \sqrt{\dfrac{L}{C}}$

$$\gamma = \sqrt{(R+j\omega L)(G+j\omega C)} = \sqrt{LC\left(\dfrac{R}{L}+j\omega\right)\left(\dfrac{G}{C}+j\omega\right)} \quad (12.60)$$

$$= \sqrt{LC}\left(\dfrac{R}{L}+j\omega\right) = R\sqrt{\dfrac{C}{L}} + j\omega\sqrt{LC} \quad (12.61)$$

$\alpha(\omega) = \sqrt{RG}, \quad \beta(\omega) = \omega\sqrt{LC}.$

(2) $I(x) = -\dfrac{1}{Z}\dfrac{d\gamma}{dx} = \dfrac{\gamma}{Z}(Ae^{-\gamma x} - Be^{\gamma x}) = \dfrac{1}{Z_0}(Ae^{-\gamma x} - Be^{\gamma x}),\ V_\ell = Ae^{-\gamma\ell} + Be^{\gamma\ell},$
$Z_0 I_\ell = Ae^{-\gamma\ell} - Be^{\gamma\ell}$ より $A = \dfrac{V_\ell + Z_0 I_\ell}{2}e^{\gamma\ell}, \quad B = \dfrac{V_\ell - Z_0 I_\ell}{2}e^{-\gamma\ell}.$

(3) $\rho(x) = \dfrac{Be^{\gamma x}}{Ae^{-\gamma x}} = \dfrac{V(x) - Z_0 I(x)}{V(x) + Z_0 I(x)}$

(4) (3) より $\rho(x) = \dfrac{Z(x) - Z_0}{Z(x) + Z_0};\ Z(x) = Z_0 \dfrac{1+\rho(x)}{1-\rho(x)}$

$\left.\begin{array}{l} Z(\ell) = 0(\text{短絡}) \text{のとき}, \rho(\ell) = -1 \\ Z(\ell) = \infty(\text{開放}) \text{のとき}, \rho(\ell) = 1 \\ Z(\ell) = Z_0 \text{のとき}, \rho(\ell) = 0 \end{array}\right\}$

(5) $R = G = 0$ のとき $Z_0(\omega) = \sqrt{\dfrac{L}{C}}, \quad \gamma(\omega) = j\omega\sqrt{LC}, \quad \beta(\omega) = \omega\sqrt{LC}$

(3) より $\rho(x) = \dfrac{B}{A}e^{2\gamma x} = \dfrac{B}{A}e^{2j\frac{2\pi}{\lambda}x}\ \rho\left(x+\dfrac{\lambda}{4}\right) = \dfrac{B}{A}e^{2j\frac{2\pi}{\lambda}\left(x+\frac{\lambda}{4}\right)} = \dfrac{B}{A}e^{j\pi}e^{2j\frac{2\pi}{\lambda}x} =$
$-\dfrac{B}{A}e^{2j\frac{2\pi}{\lambda}x} = -\rho(x),\ Z\left(x+\dfrac{\lambda}{4}\right) = Z_0\dfrac{1-\rho(x)}{1+\rho(x)} = Z_0\dfrac{Z_0}{Z(x)}.$

$$\therefore Z_0^2 = Z\left(x+\dfrac{\lambda}{4}\right)Z(x).$$

7 章

7.1 図 (a) の端子 $1-1'$ 間にインピーダンス Z_0 をつないだときに Z_0 に流れる電流 I_a と図 (b) の端子 $1-1'$ 間に同じインピーダンス Z_0 をつないだときに流れる電流 I_b が Z_0 の値にかかわらず等しくなるように J, R を定めればよい。

図 (a) の電流 I_a の計算は電源が三個 (添え字で 0,1,2 と明記) あるので, 他の 2 個の電源を無効化して単一電源状態にして流れる電流を各々 I_a^0, I_a^1, I_a^2 とすると, 単純な直並列計算で

$$\left.\begin{aligned} I_a^0 &= \frac{R_1 J_0}{R_1 + R_2 + \dfrac{R_3 Z_0}{R_3 + Z_0}} \cdot \frac{R_3}{R_3 + Z_0} \\ I_a^1 &= \frac{E_1}{R_1 + R_2 + \dfrac{R_3 Z_0}{R_3 + Z_0}} \cdot \frac{R_3}{R_3 + Z_0} \\ I_a^2 &= \frac{-E_2}{R_1 + R_2 + \dfrac{R_3 Z_0}{R_3 + Z_0}} \cdot \frac{R_3}{R_3 + Z_0} \end{aligned}\right\}$$

重ね合わせの理を用いると

$$I_a = I_a^0 + I_a^1 + I_a^2 = \frac{R_3(E_1 - E_2 + R_1 J_0)}{R_3(R_1 + R_2) + Z_0(R_1 + R_2 + R_3)}.$$

一方 $I_b = \dfrac{R}{R + Z_0} J$ である.両者が Z_0 の値にかかわらず等しいためには

$$\frac{R_3(E_1 - E_2 + R_1 J_0)}{R_3(R_1 + R_2) + Z_0(R_1 + R_2 + R_3)} = \frac{R}{R + Z_0} J$$

が Z_0 に関して恒等式でなければならない.すなわち

$$J = \frac{E_1 - E_2 + R_1 J_0}{R_1 + R_2}, \quad R = \frac{R_3(R_1 + R_2)}{R_1 + R_2 + R_3}$$

この結果は図 (b) の回路が等価電流源であるので,以下のようにテブナンの定理を利用しても得られる.まず図 (b) の電源インピーダンス Z は図 (a) の三個の電源をすべて無効化して電源側をみた入力インピーダンス Z_in を求めると直ちに $Z_\text{in} = \dfrac{R_3(R_1 + R_2)}{R_1 + R_2 + R_3}$.一方,図 (a) の三個の電源を単一状態 (他の二個の電源を無効化) したときの $1-1'$ の短絡電流を各々 I_0, I_1, I_2 とすると単純な直並計算で

$$\left.\begin{aligned} I_0 &= \frac{R_1 J_0}{R_1 + R_2} \\ I_1 &= \frac{E_1}{R_1 + R_2} \\ I_2 &= \frac{-E_2}{R_1 + R_2} \end{aligned}\right\}$$

重ね合わせの理を用いると

$$J = I_0 + I_1 + I_2 = \frac{R_1 J_0 + E_1 - E_2}{R_1 + R_2}$$

が得られる.

7.2 1) $E_1 = E_1, E_2 = E_3 = 0$ のとき Z_4 に左から右に流れる電流を I_{14} とする.このとき,$I_{14} = 0$.

2) $E_1 = 0, E_2 = E_2, E_3 = 0$ のとき Z_4 に左から右に流れる電流を I_{24} とし,Z_1 に下向きに流れる電流を I_{21},Z_2 に右向きに流れる電流を I_{22} とする.

$$\left.\begin{aligned} 2 &= I_{21} \\ 2 &= (1+j)I_{22} + (2+3j)I_{24} \\ 0 &= I_{21} - (1+j)I_{22} - (1-j)(I_{22} - I_{24}) \end{aligned}\right\} \quad (12.62)$$

上二式より $2(1-j) = \{2(2+3j)+2\}I_{24} = 6(1+j)I_{24}$ が得られるので, $I_{24} = -\dfrac{1}{3}\dfrac{1-j}{1+j} = -\dfrac{1}{3}j$.

3) $E_1 = 0, E_2 = 0, E_3 = E_3$ のとき Z_4 に左から右に流れる電流を I_{34} とし, Z_1 に下向きに流れる電流を I_{31}, Z_2 に右向きに流れる電流を I_{32} とする.

$$\left.\begin{array}{l} 2e^{j\frac{\pi}{2}} = (1-j)(I_{32}-I_{34}) - (2+3j)I_{34} = (1-j)I_{32} - (3+2j)I_{34} \\ 2e^{j\frac{\pi}{2}} = (1-j)(I_{32}-I_{34}) + (1+j)I_{32} = 2I_{32} - (1-j)I_{34} \end{array}\right\} \quad (12.63)$$

上二式より $2e^{j\frac{\pi}{2}}(1+j) = \{-6-4j+1-1-2j\}I_{34} = -6(1+j)I_{34}$. $I_{34} = -\dfrac{j}{3}$. 重ね合わせの理より $I_4 = I_{14} + I_{24} + I_{34} = -\dfrac{2}{3}e^{-j\frac{\pi}{2}}$, $i_4(t) = -\dfrac{2}{3}\cdot\cos 4t, P = \left|-\dfrac{2}{3}e^{-j\frac{\pi}{2}}\right|^2 \cdot 2 = \dfrac{8}{9}W$.

7.3 1) $E_1 \neq 0, E_2 = J = 0$ のときの短絡電流 $I_1 = \dfrac{E_1}{R_1 + R_2}$

2) $E_2 \neq 0, E_1 = J = 0$ のときの短絡電流 $I_2 = \dfrac{E_2}{j\omega L}$

3) $J \neq 0, E_1 = E_2 = 0$ のときの短絡電流 $I_3 = \dfrac{R_1}{R_1 + R_2}J$

1)〜3) と重ね合わせの理より $I = \dfrac{E_1 + R_1 J}{R_1 + R_2} + \dfrac{E_2}{j\omega L}$.

また, 電源インピーダンス $Z = Z_{\text{in}} = \dfrac{(R_1+R_2)j\omega L}{R_1+R_2+j\omega L}$,

開放電圧 $E = ZI = \dfrac{j\omega L(E_1+R_1J) + (R_1+R_2)E_2}{R_1+R_2+j\omega L}$.

7.4 (1) $Z = jX_2 + \dfrac{1}{\dfrac{1}{R_1} + \dfrac{1}{jX_1}} = \dfrac{-X_1X_2 + jR_1(X_1+X_2)}{R_1+jX_1}$

(2) $P = \left|\dfrac{Z}{R_2+Z}J\right|^2 R_2 = \dfrac{\{X_1^2X_2^2 + R_1(X_1+X_2)^2\}|J|^2}{(R_1R_2-X_1X_2)^2 + (R_1X_1+R_1X_2+R_2X_1)^2}R_2$

(3) 電力が最大になる R_2 は

$$R_2 = |Z| = \dfrac{\sqrt{X_1^2X_2^2 + R_1^2(X_1+X_2)^2}}{\sqrt{R_1^2+X_1^2}}.$$

7.5 電流源だから, $y_{\text{in}} = \dfrac{2(3+j)}{15}$. 短絡電流 I_0 を求めよう. 左右の容量を上から下に流れる電流を I_1, I_2 とする.

$$-jI_1 - 2(J-I_1) + jI_2 = (2-j)I_1 + jI_2 = 0$$
$$-jI_2 - 2(J-I_1-I_2) = 2I_1 + (2-j)I_2 - 2J = 0$$

両式より I_2 を消去すると, $(4-4j-1-2j)I_1 = (4-4j)J$ となるので $I_1 = \dfrac{4(1-j)}{3(1-2j)}J$ が得ら

演習問題略解   235

れ, これを第一式に代入すると, $I_2 = -\dfrac{2j}{3(1-2j)}J$. ゆえに, $I_0 = J - I_1 - I_2 = -\dfrac{1+2j}{15}J$. 負荷アドミタンスが $y_L = g_L + jb_L = \bar{y}_{in} = \dfrac{2(3-j)}{15}$ を満たすとき, すなわち $z_L = R + jX = \dfrac{3(3+j)}{4}$ のとき, 電力 P は最大となる. $P_{\max} = \left|\dfrac{I_0}{2}\right|^2 / g_L = \dfrac{1}{4} \cdot \dfrac{|1+2j|^2}{15^2} \cdot |J|^2 \cdot \dfrac{15}{6} = \dfrac{|J|^2}{72}$.

7.6 (1) $Z_{in} = 2Z + \dfrac{Z^2}{Z+Z} = \dfrac{5}{2}Z$, 開放電圧を V とすると $V = 100 \times \dfrac{Z}{Z+Z} = 50$.

(2) $Z = x + jy$ とする.

1) $R = 20$ を 1-1' に接続して流れる電流は, $I_1 = \dfrac{50}{\dfrac{5}{2}x + 20 + \dfrac{5}{2}jy}$.

この位相が $-\dfrac{\pi}{4}$ 遅れているので, $\dfrac{5}{2}x + 20 = \dfrac{5}{2}y, \dfrac{1}{2}x + 4 = \dfrac{1}{2}y$, 2) $R = 10$ を 1-1' に接続すると流れる電流は $|I_2| = \left|\dfrac{50}{\dfrac{5}{2}x + 10 + \dfrac{5}{2}jy}\right| = \left|\dfrac{10}{\dfrac{1}{2}x + 2 + \dfrac{1}{2}jy}\right| = 1$

$$\therefore 100 = \left(\dfrac{1}{2}x + 2\right)^2 + \left(\dfrac{1}{2}y\right)^2. \tag{12.64}$$

(1),(2) より $x = 8, -20$ $x > 0$ より $x = 8$. これに対応する y は $y = 16$
$\therefore Z = 8 + 16j$.

7.7 2-2' 端子から左にみたアドミタンス Y を求める.
$Y = \dfrac{1}{3-4j} \times 2 = \dfrac{1}{25}(6+8j)$ $y = \bar{Y}$ となるとき, y での消費電力は最大.

$\therefore G = \dfrac{6}{25}, B = -\dfrac{8}{25}$ の時の消費電力は最大で, $P_{\max} = |J|^2 \times \dfrac{\dfrac{6}{25}}{\left(\dfrac{12}{25}\right)^2} = \dfrac{25}{24}|J|^2$.

7.8 $T - \pi$ 変換より下図の回路を得る. ただし,

$$\left.\begin{array}{l} z_1 = z_2 = \dfrac{j}{2+j} = \dfrac{1+2j}{5}, \\ z_3 = \dfrac{1}{2+j} = \dfrac{2-j}{5} \end{array}\right\} \tag{12.65}$$

z_2 から負荷側を見たインピーダンス Z_L, 電源側を見たインピーダンス Z_s は

$$\left.\begin{array}{l} Z_L = z_2 + r + jx = \dfrac{1+5r}{5} + j\dfrac{2+5x}{5}, \\ Z_s = z_3 - j = \dfrac{2-6j}{5} \end{array}\right\} \tag{12.66}$$

である. マッチング条件 $Z_L = \overline{Z_s}$ は, $1 + 5r = 2, 2 + 5x = 6$ であるので, $r = \dfrac{1}{5}, x = \dfrac{4}{5}$ を得る.

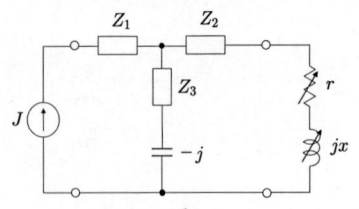

7.9 図 7.I の点線部分のアドミタンス行列 $\widehat{Y}$ は

$$\widehat{Y} = \begin{pmatrix} 1+j-j & -(-j) \\ -(-j) & 1-j \end{pmatrix} = \begin{pmatrix} 1 & j \\ j & 1-j \end{pmatrix} \tag{12.67}$$

外側の抵抗を加えたアドミタンス行列 Y は

$$Y = \begin{pmatrix} 1 & j \\ j & 1-j \end{pmatrix} + \begin{pmatrix} 1 & -1 \\ -1 & 1 \end{pmatrix} = \begin{pmatrix} 2 & -1+j \\ -1+j & 2-j \end{pmatrix} \tag{12.68}$$

となるので,$|Y| = 2(2-j) - (1-j)^2 = 4 - 2j - (2-2j) = 4$ が得られ,インピーダンス行列 $Z = Y^{-1}$ は

$$Z = \frac{1}{4} \cdot \begin{pmatrix} 2-j & 1-j \\ 1-j & 2 \end{pmatrix} \tag{12.69}$$

と計算される.複素電力 P_c は

$$P_c = (V_1, V_2) \cdot \begin{pmatrix} \overline{I_1} \\ \overline{I_2} \end{pmatrix} = \frac{1}{4} \cdot (I_1, I_2) \cdot \begin{pmatrix} 2-j & 1-j \\ 1-j & 2 \end{pmatrix} \cdot \begin{pmatrix} \overline{I_1} \\ \overline{I_2} \end{pmatrix}$$

$$= \frac{1}{4} \cdot \left\{ (2-j)|I_1|^2 + 2|I_2|^2 + (1-j)(I_1\overline{I_2} + \overline{I_1}I_2) \right\} \tag{12.70}$$

であるが,

$$I_1\overline{I_2} + \overline{I_1}I_2 = \frac{50}{2}e^{-j\frac{\pi}{3}} + \frac{50}{2}e^{j\frac{\pi}{3}} = 50\cos\frac{\pi}{3} = 25 \tag{12.71}$$

であるので

$$\left.\begin{aligned} P &= \operatorname{Re}[P_c] = \frac{1}{4}\left(2 \cdot \frac{100}{2} + 2 \cdot \frac{25}{2} + 25\right) = \frac{75}{2} W \\ P_r &= \operatorname{Im}[P_c] = -\frac{1}{4}\left(\frac{100}{2} + 25\right) = -\frac{75}{4} \text{var} \\ \cos\theta &= \frac{P}{\sqrt{P^2 + P_r^2}} = \frac{2}{\sqrt{5}} \\ 100\cos\theta &= \frac{200}{\sqrt{5}} \% \end{aligned}\right\} \tag{12.72}$$

を得る.

7.10 下図のように閉路電流 I,負荷にかかる電圧 V_r を定めると,

$$z_1(I-J) + (z_2+z_3)I = E_2 - E_3, \quad V_r = E_3 + Z_3 I \tag{12.73}$$

より,

演習問題略解   237

$$I = \frac{E_2 - E_3 + z_1 J}{S_z} \tag{12.74}$$

が得られる．ただし，$S_z = z_1 + z_2 + z_3$ である．電源をすべて無効化して負荷側から電源側をみたインピーダンス Z_s を求めると

$$Z_s = \frac{1}{\dfrac{1}{z_1 + z_2} + \dfrac{1}{z_3}} = \frac{z_3(z_1 + z_2)}{S_z} \tag{12.75}$$

であるので，テブナンの定理を利用すれば所与の電源側は開放電圧 $V_r = Z_s I$，電源インピーダンス Z_s の等価電圧源となるので，結局所望の電流

$$\begin{aligned}
I_r &= \frac{V_r}{Z_s + r} = \frac{E_3 S_z + z_3(E_2 - E_3 + z_1 J)}{z_3(z_1 + z_2) + rS_z} \\
&= \frac{z_1 z_3 J + z_3 E_2 + (z_1 + z_2)E_3}{z_3(z_1 + z_2) + rS_z}
\end{aligned} \tag{12.76}$$

を得る．

7.11 回路 N_0 と等価な電源回路の電圧源を E_0，インピーダンスを Z_0 とする．このとき，次の方程式が得られる．

$$V_0 = \frac{R}{Z_0 + 2R} E_0, \quad \frac{4}{5} V_0 = \frac{R/2}{Z_0 + R/2} E_0$$

これらを解いて $E_0 = 4V_0$, $Z_0 = 2R$．

8 章

8.1 図 8.B において K インバータの縦続行列は

$$[K] = \begin{bmatrix} 1 & -jK \\ 0 & 1 \end{bmatrix} \begin{bmatrix} 1 & 0 \\ \dfrac{1}{jK} & 1 \end{bmatrix} \begin{bmatrix} 1 & -jK \\ 0 & 1 \end{bmatrix}$$

$$= \begin{bmatrix} 1 & -jK \\ -j\dfrac{1}{K} & 0 \end{bmatrix}$$

となる．したがって図 8.C の入力インピーダンスは

$$Z_{in} = \frac{AZ_L + B}{CZ_L + D} = \frac{B}{CZ_L} = \frac{K^2}{Z_L}$$

となる．

8.2 図 8.D(a) の縦続行列が

$$[K] = \begin{bmatrix} 0 & -jK \\ -j\dfrac{1}{K} & 0 \end{bmatrix} \begin{bmatrix} 1 & j\left(\omega L - \dfrac{1}{\omega C}\right) \\ 0 & 1 \end{bmatrix} \begin{bmatrix} 0 & -jK \\ -j\dfrac{1}{K} & 0 \end{bmatrix}$$

$$= -\begin{bmatrix} 1 & 0 \\ j\left(\omega L - \dfrac{1}{\omega C}\right)\dfrac{1}{K^2} & 1 \end{bmatrix}$$

$$= -\begin{bmatrix} 1 & 0 \\ j\left(\omega C' - \dfrac{1}{\omega L'}\right) & 1 \end{bmatrix}$$

となることより証明できる。ただし，$C' = L/K^2$, $L' = K^2C$ である。

8.3 下図 (a), (b) に示す変成器の T 型等価回路および図 8.B(b), (c) に示す K インバータの等価回路を考慮すると変成器の相互インダクタンス M による磁界結合は $K = \omega M$ の K インバータで表現できることがわかる。なお変成器の相互インダクタンス M はコイル間の磁気結合を表わすパラメータであるので図 8.E(b) で $L_{i,i+1} = M$ とすれば図 8.E の **BPF** は二つの共振器を磁気結合した回路で実現することができる。

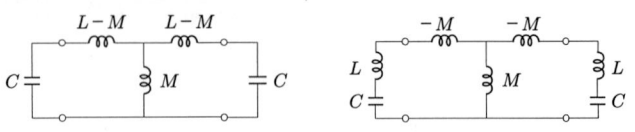

(a)変成器等価回路を用いた共振器の磁気結合回路　　(b)K インバータを用いた等価回路

8.4 下図に示すように K インバータを介して L, C 直列共振回路を見た入力インピーダンスは

$$Z_{in} = \frac{K^2}{j\left(\omega L - \dfrac{1}{\omega C}\right)} \tag{12.77}$$

となる．したがって閉路の全インピーダンスが 0 となる条件は，

$$j\left(\omega L - \frac{1}{\omega C}\right) + \frac{K^2}{j\left(\omega L - \dfrac{1}{\omega C}\right)} = 0 \tag{12.78}$$

となる．(12.78) 式を満足する共振周波数 ω_0' は

$$\omega_0' L - \frac{1}{\omega_0' C} = \pm K \tag{12.79}$$

を満足する．これより $K/\omega_0 L \ll 1$ の時，$\omega_0' = \omega_0 \pm K/2L$ が求まる．なおこの結果を 6.2 節の結合係数 k を用いると $M = k\sqrt{L_1 L_2} = kL$ より

$$\omega_0' = \omega_0 \left(1 \pm \frac{M}{2L}\right) = \omega_0 \left(1 \pm \frac{k}{2}\right) \tag{12.80}$$

と表現できる．

一方この結果を図 8.E(a) の BPF の i 番目と $i+1$ 番目の共振回路に適用すると (8.51) 式より

$$\omega_0' = \omega_0 \left(1 \pm \frac{w}{2\sqrt{g_i g_{i+1}}}\right) \tag{12.81}$$

が得られる．(12.80), (12.81) 式より $k = w/\sqrt{g_i g_{i+1}}$ の対応関係があることがわかり，このことは BPF は共振器間の結合係数を設計値に合致させることでも実現できることを意味する．電磁結合した共振器の共振周波数の測定により共振器間の結合の強さを測定することによりフィルタの設計が行われる場合がある．

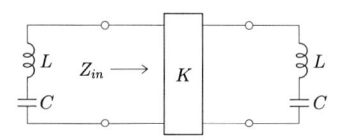

共振器の結合回路

9 章

9.1 定義式より

$$[Y] = \begin{bmatrix} j\omega(C_1 + C_3) & -j\omega C_1 \\ -(g_m + j\omega C_1) & g_m + \dfrac{1}{R} + j\omega(C_1 + C_2) \end{bmatrix}$$

入出力アドミタンスは表 8.1 の変換式より計算できる.

9.2 定義式より

$$[Y] = \begin{bmatrix} g_m + \dfrac{1}{R} + j\omega(C_1 + C_2) & -\left(\dfrac{1}{R} + j\omega C_2\right) \\ -\left(g_m + \dfrac{1}{R} + j\omega C_2\right) & \dfrac{1}{R} + j\omega(C_2 + C_3) \end{bmatrix}$$

入出力アドミタンスは表 8.1 の変換式より計算できる.

9.3 図 9.C(a) の等価回路より直接求めることもできるが, 本文図 9.8(a) の回路で Z 行列を求め, $Y = \infty$ (短絡) とすることより証明できる. 即ち

$$[Z] = \begin{bmatrix} y_{11} + Y & y_{12} - Y \\ y_{21} - Y & y_{22} + Y \end{bmatrix}^{-1}$$

$$= \dfrac{1}{(y_{11} + Y)(y_{22} + Y) - (y_{12} - Y)(y_{21} - Y)} \begin{bmatrix} y_{22} + Y & -y_{12} + Y \\ -y_{21} + Y & y_{11} + Y \end{bmatrix}$$

上式で $Y \to \infty$ とするとゲートとドレイン間が短絡時の回路となる.

$$[Z] = \dfrac{1}{y_{11} + y_{12} + y_{21} + y_{22}} \begin{bmatrix} 1 & 1 \\ 1 & 1 \end{bmatrix}$$

この回路は 6 章の結果を用いると図 9.C(b) で表すことができることがわかる. なお FET では低周波では $y_{21} \simeq g_m$ が最大項となるので $Z = 1/g_m$ の抵抗として振舞う.

9.4 図 9.D において FET 部の Y 行列として (9.5) 式を用いると L_1, L_2 を付加した回路の Z 行列は本文図 9.8(b) を用い, $y_{12} = 0$ に注意すれば次式で与えられる.

$$\begin{bmatrix} z_{11} & z_{12} \\ z_{21} & z_{22} \end{bmatrix} = \begin{bmatrix} \dfrac{y_{22}}{|Y|} + j\omega(L_1 + L_2) & \dfrac{-y_{12}}{|Y|} + j\omega L_1 \\ \dfrac{-y_{21}}{|Y|} + j\omega L_1 & \dfrac{y_{11}}{|Y|} + j\omega L_1 \end{bmatrix}$$

$$= \begin{bmatrix} \dfrac{1}{y_{11}} + j\omega(L_1 + L_2) & j\omega L_1 \\ \dfrac{-y_{21}}{y_{11} y_{22}} + j\omega L_1 & \dfrac{1}{y_{22}} + j\omega L_1 \end{bmatrix}$$

ただし，$|Y| = y_{11}y_{22} - y_{12}y_{21} = y_{11}y_{22}$．このとき図 9.D において入力インピーダンス Z_{in} は $|y_{22}|Z_0 \ll 1$, $|y_{22}|\omega L_1 \ll 1$ の時

$$Z_{in} = z_{11} - \frac{z_{12}z_{21}}{z_{22} + Z_0}$$

$$\simeq \frac{1}{j\omega C_1} + j\omega(L_1 + L_2) + \frac{L_1}{C_1}g_m$$

となる．したがって $\omega = \omega_0$ で $Z_{in} = Z_0$ とするには

$$\frac{L_1}{C_1}g_m = Z_0 , \quad \omega_0^2(L_1 + L_2)C_1 = 1$$

を満たす L_1, L_2 を付加すれば良いことが分かる．この方法による FET のインピーダンス整合回路は source degeneration 回路と呼ばれている．

9.5 図 9.3 において入力端のベース抵抗 r_B を除いた回路の Y 行列は FET と同様にして次式で求まる．

$$\begin{bmatrix} y_{11} & y_{12} \\ y_{21} & y_{22} \end{bmatrix} = \begin{bmatrix} j\omega(C_\pi + C_C) + g_\pi + \dfrac{1}{r_C} & -\left(j\omega C_C + \dfrac{1}{r_C}\right) \\ g_m - \left(j\omega C_C + \dfrac{1}{r_C}\right) & j\omega C_C + \dfrac{1}{r_C} \end{bmatrix}$$

この 2 ポートの Z 行列 $[Z] = [Y]^{-1}$ を用いると入力端に r_B が付加された場合の Z 行列 $[Z']$ は次式で与えられる．

$$[Z'] = \begin{bmatrix} r_B + z_{11} & z_{12} \\ z_{21} & z_{22} \end{bmatrix} = \begin{bmatrix} r_B + \dfrac{y_{22}}{|Y|} & -\dfrac{y_{12}}{|Y|} \\ -\dfrac{y_{21}}{|Y|} & \dfrac{y_{11}}{|Y|} \end{bmatrix}$$

ただし $|Y| = y_{11}y_{22} - y_{12}y_{21}$ である．

9.6 定義式より以下のように求まる．

$$[H] = \begin{bmatrix} r_B + \dfrac{r_C r_E}{r_C(1-\alpha) + r_E} & \dfrac{r_C(1-\alpha)}{r_C(1-\alpha) + r_E} \\ -\dfrac{r_C}{r_C(1-\alpha) + r_E} & \dfrac{1}{r_C(1-\alpha) + r_E} \end{bmatrix}$$

入出力インピーダンスの計算には表 8.1 の変換式を用いる．

9.7 定義式により以下のようになる．

$$[H] = \begin{bmatrix} r_E + \dfrac{r_B r_C(1-\alpha)}{r_B + r_C} & \dfrac{r_B}{r_B + r_C} \\ -\dfrac{r_B + \alpha r_C}{r_B + r_C} & \dfrac{1}{r_B + r_C} \end{bmatrix}$$

10 章

10.1 下図 (a) のように閉路電流をとる．（見やすいように図 (b) を付している．）閉路方

程式から直ちに

$$\begin{pmatrix} Z_1+Z_2 & -Z_2 & -Z_1 \\ -Z_2 & Z_1+Z_2+R & -R \\ -Z_1 & -R & Z_1+Z_2+R \end{pmatrix} \cdot \begin{pmatrix} I_1 \\ I_2 \\ I_3 \end{pmatrix} = \begin{pmatrix} E \\ 0 \\ 0 \end{pmatrix} \quad (12.82)$$

を得る．解を求めるために，逆行列の計算に必要な余因子を求めよう．$\Delta = |Z| = (Z_1+Z_2)\Delta_{11} - Z_2\Delta_{12} - Z_1\Delta_{13}$,

$$\Delta_1 = \begin{vmatrix} E & -Z_2 & -Z_1 \\ 0 & Z_1+Z_2+R & -R \\ 0 & -R & Z_1+Z_2+R \end{vmatrix} = E \cdot \Delta_{11}$$

$$\left. \begin{aligned} \Delta_{11} &= \begin{vmatrix} Z_1+Z_2+R & -R \\ -R & Z_1+Z_2+R \end{vmatrix} = (Z_1+Z_2+R)^2 - R^2, \\ \Delta_{12} &= -1 \cdot \begin{vmatrix} -Z_2 & -R \\ -Z_1 & Z_1+Z_2+R \end{vmatrix} = -[-Z_2(Z_1+Z_2+R) - Z_1 R], \\ \Delta_{13} &= \begin{vmatrix} -Z_2 & Z_1+Z_2+R \\ -Z_1 & -R \end{vmatrix} = Z_2 R + (Z_1+Z_2+R)Z_1 \end{aligned} \right\}$$

$$\begin{aligned} \Delta &= (Z_1+Z_2)^2(Z_1+Z_2+2R) - Z_2[Z_1 R + Z_2(Z_1+Z_2+R)] \\ &\quad - Z_1[Z_2 R + Z_1(Z_1+Z_2+R)] \\ &= (Z_1+Z_2+R)(Z_1+Z_2)^2 + R(Z_1+Z_2)^2 - 2Z_1 Z_2 R - (Z_1+Z_2+R)(Z_1^2+Z_2^2) \\ &= (Z_1+Z_2+R) \cdot 2Z_1 Z_2 + R(Z_1+Z_2)^2 - 2Z_1 Z_2 R \\ &= (Z_1+Z_2) \cdot 2Z_1 Z_2 + R(Z_1+Z_2)^2 = (Z_1+Z_2) \cdot [2Z_1 Z_2 + R(Z_1+Z_2)] \quad (12.83) \end{aligned}$$

$Z_{\text{in}} = \dfrac{\Delta}{\Delta_{11}} = \dfrac{2Z_1 Z_2 + R(Z_1+Z_2)}{Z_1+Z_2+2R}$ と計算されるので，逆回路条件 $Z_1 Z_2 = R^2$ が成立すれば，定抵抗条件 $Z_{\text{in}} = R$ が成立し，このときの電流は $I = I_1 = \dfrac{E}{R}$．

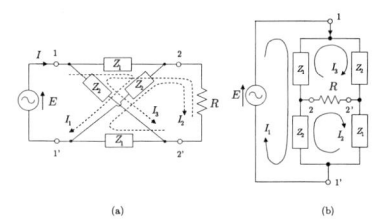

(a)　　　　(b)

10.2 閉路方程式を導出する．その際，相互誘導の符号決定を容易にするために，電源，抵抗，容量，自己インダクタンスに関与する項を先に列挙した後に相互誘導項を取り上げる．

閉路 1：$E = j\omega L_2 I_1 - j\omega L_2 I_2 - j\omega M I_2$

閉路 2：$0 = -j\omega L_2 I_1 + [R + j\omega(L_1 + L_2 + 2M)]I_2 - j\omega M I_1$

第二式より

$$I_2 = \frac{j\omega(L_2 + M)}{R + j\omega(L_1 + L_2 + 2M)} I_1 \tag{12.84}$$

第一式に代入して

$$E = \frac{j\omega L_2\{R + j\omega(L_1 + L_2 + 2M)\} - j\omega(L_2 + M)j\omega(L_2 + M)}{R + j\omega(L_1 + L_2 + 2M)} I_1$$

$$= \frac{j\omega L_2 R - \omega^2(L_1 L_2 + L_2^2 + 2L_2 M) + \omega^2(L_2^2 + 2L_2 M + M^2)}{R + j\omega(L_1 + L_2 + 2M)} I_1$$

$$= \frac{j\omega L_2 R}{R + j\omega(L_1 + L_2 + 2M)} I_1 \tag{12.85}$$

したがって,端子対 $1-1'$ から右を見たときのインピーダンスは

$$Z = \frac{E}{I_1} = \frac{j\omega L_2 R}{R + j\omega(L_1 + L_2 + 2M)}. \tag{12.86}$$

下記の解答でも可

$$Z = \frac{E}{I_1} = j\omega L_2 + \frac{\{\omega(L_2 + M)\}^2}{R + j\omega(L_1 + L_2 + 2M)}. \tag{12.87}$$

10.3 (1) 方程式を立てると

$$節点 \text{A}: 0 = \frac{(V^A - V^B)(1 + j\omega)}{10} + \frac{V^A}{10} + \frac{V^A - E}{10} j\omega \tag{12.88}$$

$$節点 \text{B}: -J = \frac{(V^B - V^A)(1 + j\omega)}{10} + \frac{V^B}{5j\omega} \tag{12.89}$$

(2) 式 (12.88), (12.89) にそれぞれ $\omega = 2$ を代入する.式 (12.89) を V^B について整理すると

$$V^B = \frac{(1 + 2j)V^A - 10J}{1 + j} \tag{12.90}$$

式 (12.88) に代入して

$$V^A = \frac{2}{5}(1 + 3j)E - 10J \tag{12.91}$$

(3) $V^A = \dfrac{2}{5} \cdot 100(1 + 3j) - 10 \cdot 8j = 40(1 + j)$, $v^A(t) = 80\sin(2t + \pi/4)$.

10.4 (1)

$$閉路 1: E = (R + j\omega L_1)I_1 - j\omega L_1 I_2 + j\omega M I_2 \tag{12.92}$$

$$閉路 2: 0 = -j\omega L_1 I_1 + \left\{\frac{1}{j\omega C} + j\omega(L_1 + L_2)\right\} I_2 + j\omega M I_1 - 2j\omega M I_2 \tag{12.93}$$

(2) 式 (12.92) と (12.93) より

$$I_2 = \frac{-j\omega(M - L_1)}{\dfrac{1}{j\omega C} + j\omega(L_1 + L_2 - 2M)} I_1$$

$$= \frac{\omega^2 C(M - L_1)}{1 - \omega^2 C(L_1 + L_2 - 2M)} I_1 \tag{12.94}$$

演習問題略解   243

式 (12.94) に代入して

$$E = (R + j\omega L_1)I_1 + \frac{j\omega^3 C(M-L_1)^2}{1-\omega^2 C(L_1+L_2-2M)}I_1$$

$$= \left\{R + j\frac{\omega L_1 + \omega^3 C(-L_1^2 - L_1L_2 + 2ML_1 + M^2 - 2ML_1 + L_1^2)}{1-\omega^2 C(L_1+L_2-2M)}\right\}I_1 \tag{12.95}$$

したがって，端子対 1-1' から右を見たときのインピーダンスは

$$Z = \frac{E}{I_1} = R + j\frac{\omega L_1 + \omega^3 C(M^2 - L_1L_2)}{1-\omega^2 C(L_1+L_2-2M)} \tag{12.96}$$

10.5 (1)

閉路 1 ： $E = j\omega L_1 I_1 - j\omega L_1 I_2 + j\omega M I_2 - j\omega M I_3$

閉路 2 ： $0 = -j\omega L_1 I_1 + \left\{\dfrac{1}{j\omega C} + j\omega(L_1+L_2-2M)\right\}I_2 - j\omega L_2 I_3 + j\omega M I_1 + j\omega M I_3$

閉路 3 ： $0 = -j\omega L_2 I_2 + (R+j\omega L_2)I_3 - j\omega M I_1 + j\omega M I_2$

(2)

$$\begin{pmatrix} E \\ 0 \\ 0 \end{pmatrix} = \begin{pmatrix} j\omega L_1 & j\omega(M-L_1) & -j\omega M \\ j\omega(M-L_1) & j\omega(L_1+L_2-2M)+\dfrac{1}{j\omega C} & j\omega(M-L_2) \\ -j\omega M & j\omega(M-L_2) & R+j\omega L_2 \end{pmatrix}$$

$$= \begin{pmatrix} I_1 \\ I_2 \\ I_3 \end{pmatrix} \tag{12.97}$$

$$Z = \frac{E}{I_1} = \frac{\begin{vmatrix} j\omega L_1 & j\omega(M-L_1) & -j\omega M \\ j\omega(M-L_1) & j\omega(L_1+L_2-2M)+\dfrac{1}{j\omega C} & j\omega(M-L_2) \\ -j\omega M & j\omega(M-L_2) & R+j\omega L_2 \end{vmatrix}}{\begin{vmatrix} j\omega(L_1+L_2-2M)+\dfrac{1}{j\omega C} & j\omega(M-L_2) \\ j\omega(M-L_2) & R+j\omega L_2 \end{vmatrix}}$$

$$= \frac{j\omega L_1\left\{\dfrac{L_2}{C}+j\omega R(L_1+L_2-2M)+\dfrac{R}{j\omega C}\right\}+j\omega(M-L_1)\{-j\omega R(M-L_1)\}-j\omega M\dfrac{M}{C}}{\dfrac{L_2}{C}+j\omega R(L_1+L_2-2M)+\dfrac{R}{j\omega C}}$$

$$= \frac{j\omega L_1[j\omega L_2 + R\{1-\omega^2 C(L_1+L_2-2M)\}]+j\omega^3 CR(M-L_1)^2+\omega^2 M^2}{R\{1-\omega^2 C(L_1+L_2-2M)\}+j\omega L_2}$$

$$= \frac{j\omega R\{L_1-\omega^2 C(L_1^2+L_1L_2-2ML_1)+\omega^2 C(M^2-2ML_1+L_1^2)\}}{R\{1-\omega^2 C(L_1+L_2-2M)\}+j\omega L_2}$$

$$= \frac{j\omega R L_1}{R\{1-\omega^2 C(L_1+L_2-2M)\}+j\omega L_2} \tag{12.98}$$

11 章

11.1 中性点 n' での節点方程式より

$$V^n = \frac{V_a/Z_a + V_b/Z_b + V_c/Z_c}{1/Z_a + 1/Z_b + 1/Z_c} = \frac{Z_b Z_c V_a + Z_c Z_a V_b + Z_a Z_b V_c}{Z_a Z_b + Z_b Z_c + Z_c Z_a} \quad (12.99)$$

$$V_a - V^n = \frac{\Delta V_a - Z_b Z_c V_a - Z_c Z_a V_b - Z_a Z_b V_c}{\Delta} = \frac{Z_a Z_b (V_a - V_c) + Z_c Z_a (V_a - V_c)}{\Delta} \quad (12.100)$$

$$I_a = \frac{V_a - V^n}{Z_a} = \frac{Z_b(V_a - V_c) + Z_c(V_a - V_c)}{\Delta} \quad (12.101)$$

ただし，$\Delta = Z_a Z_b + Z_b Z_c + Z_c Z_a$．対称性より，

$$I_b = \frac{Z_a(V_b - V_c) + Z_c(V_b - V_c)}{\Delta} \quad (12.102)$$

となるので，

$$\frac{I_a}{I_b} = \frac{Z_b(V_a - V_c) + Z_c(V_a - V_b)}{Z_a(V_b - V_c) + Z_c(V_b - V_c)} \quad (12.103)$$

が得られる．これに具体的数値を代入すると

$$\frac{I_a}{I_b} = \frac{jx(V_a - V_c) + V_a - V_b}{2V_b - (V_a + V_c)} = \frac{jx(V_a - V_c) + V_a - V_b}{3V_b} \quad (12.104)$$

が得られる．

$$\left.\begin{array}{l}\dfrac{I_a}{I_b} = \dfrac{jx(1-a) + 1 - a^{-1}}{3a^{-1}}, \text{相順の場合}: V_a = E, V_b = a^{-1}E, V_c = a^{-2}E = aE \\[2mm] \dfrac{I_a}{I_b} = \dfrac{jx(1-a^{-1}) + 1 - a}{3a}, \text{逆順の場合}: V_a = E, V_b = a^{-2}E = aE, V_c = a^{-1}E\end{array}\right\} \quad (12.105)$$

$$a = e^{j\frac{2\pi}{3}} = -\frac{1}{2} + j\frac{\sqrt{3}}{2}, a^{-1} = \bar{a} = -\frac{1}{2} - j\frac{\sqrt{3}}{2}, 1 - a = \frac{3}{2} - j\frac{\sqrt{3}}{2}, 1 - a^{-1} = \frac{3}{2} - j\frac{\sqrt{3}}{2} \quad (12.106)$$

を代入して x を決定すればよい．残りの計算は省略する．

11.2 条件より

$$\left.\begin{array}{rl}(j+1)I_a - I_b =& 200 \\ -I_a + 2I_b =& 200 e^{-j\frac{2\pi}{3}} \\ (2j+1)I_a =& 200 - 200 e^{-j\frac{2\pi}{3}}\end{array}\right\} \quad (12.107)$$

演習問題略解　　　245

$$\left. \begin{aligned} I_a &= \frac{200\left[1-\left(-\frac{1}{2}-j\frac{\sqrt{3}}{2}\right)\right]}{2j+1} = \frac{200\left(\frac{3}{2}+j\frac{\sqrt{3}}{2}\right)}{1+2j} \\ I_b &= \frac{200\left[(1+j)\left(-\frac{1}{2}-j\frac{\sqrt{3}}{2}\right)+1\right]}{2j+1} = \frac{200\left(1-\frac{1}{2}-\frac{\sqrt{3}}{2}-j\frac{\sqrt{3}}{2}-j\frac{1}{2}\right)}{1+2j} \\ &= \frac{200\left(\frac{1}{2}+\frac{\sqrt{3}}{2}\right)(1-j)}{1+2j} \end{aligned} \right\}$$
(12.108)

11.3 端子 a, b, c から中性点 N(中性点の電位を V^n とする) に流れる電流を I_a, I_b, I_c とすると,

$$I_a = \frac{E_a - V^n}{R}, \quad I_b = \frac{E_b - V^n}{R}, \quad I_c = \frac{E_c - V^n}{jX}.$$

$I_a + I_b + I_c = 0$ より,

$$V^n = \frac{\dfrac{E_a}{R}+\dfrac{E_a}{R}+\dfrac{E_a}{jX}}{\dfrac{2}{R}+\dfrac{1}{jX}} = \frac{jX(E_a+E_b)+RE_c}{R+2jX}$$

対称電源より, $E_a + E_b + E_c = 0$. ∴ $V^n = \dfrac{(R-jX)E_c}{R+2jX}$

11.4

$$I_a = I_{ab} - I_{ca} = \frac{V_{ab}}{1} - \frac{V_{ab}}{1-j} = 200\left(1-\frac{a^{-2}}{1-j}\right) = 200\left(1-\frac{a}{1-j}\right)$$

$$= 200\frac{1-j+\dfrac{1}{2}-j\dfrac{\sqrt{3}}{2}}{1-j} = \frac{100}{1-j}(3-j(2+\sqrt{3})) \text{ より}$$

$$|I_a| = \frac{100}{\sqrt{2}}\sqrt{9+(2+\sqrt{3})^2} = \frac{100}{\sqrt{2}}\sqrt{9+4+3+4\sqrt{3}}$$

∴ $|I_a| = 100\sqrt{8+2\sqrt{3}}$. ただし, a は $x^2+x+1=0$ の根.

11.5 端子 a, b, c から中性点 N(電位を V^n とする) に流れる電流を I_a, I_b, I_c とすると,

$$I_a = \frac{E_a-V^n}{1+j}, \quad I_b = \frac{E_b-V^n}{j}, \quad I_c = \frac{E_c-V^n}{1+j}, \quad I_a+I_b+I_c = 0 \text{ より},$$

$$V^n = \frac{\dfrac{E_a}{1+j}+\dfrac{E_b}{j}+\dfrac{E_c}{1+j}}{\dfrac{2}{1+j}+\dfrac{1}{j}}, 対称電源: E_a = \frac{E}{\sqrt{3}}, E_b = \frac{a^2 E}{\sqrt{3}}, E_c = \frac{aE}{\sqrt{3}} \text{ より}$$

ただし, $a = e^{j\frac{2\pi}{3}} = -\dfrac{1}{2}+j\dfrac{\sqrt{3}}{2}, E_a+E_b+E_c = 0, (1+a+a^2=0)$ より,

$$V^n = \frac{E}{\sqrt{3}} \cdot \frac{\frac{1+a}{1+j} + \frac{a^2}{j}}{\frac{2}{1+j} + \frac{1}{j}} = \frac{E}{\sqrt{3}} \cdot \frac{(1+a)j + a^2(1+j)}{1+3j}$$

$\bar{a} = a^{-1} = a^2$ より

$$V^n = \frac{200}{2\sqrt{3}} \cdot \frac{-1-j3}{1+j3} = -\frac{10}{\sqrt{3}} \cdot \{1 + 3\sqrt{3} - j(3-\sqrt{3})\}.$$

$$I_b = \frac{200}{\sqrt{3}} \cdot \frac{1}{j}\left(a^2 - \frac{a^2}{1+3j}\right) = -10\sqrt{3}\left\{1 + 3\sqrt{3} - j\left(3-\sqrt{3}\right)\right\}.$$

11.6 まず対称 Y 形負荷を対称 Δ 形負荷に変換して考えると $|\Delta$ 電流$| = \dfrac{200}{3|Z|} = \dfrac{4}{3}A$, $|I_a| = |$線電流$| = \sqrt{3}|\Delta$ 電流$| = \dfrac{4}{\sqrt{3}}A$, 全消費電力 $P = 3\mathrm{Re}\left[Z\left(\dfrac{4}{\sqrt{3}}\right)^2\right] = 3 \cdot 30 \cdot \dfrac{16}{3} = 480W$.

索　引

欧　文

BEF　145
BJT　159, 162, 173
BPF　145, 155–157, 237

cos 波　42

FET　159, 165, 172, 239, 240

HBT　159
HPF　145
H 行列　140

KCL　12
KVL　12
K 行列　109, 140

LC フィルタ　145
LPF　145, 156

n 端子対網　190
n ポート　190

$raised$–cos 波　43

sinc 関数　37
$sinc$ 波　42
S 行列　116

T 型回路　108

$T-\pi$ 変換　109

Y 型回路　108
Y 型結線　207
Y 起電力　207
Y 行列　140
Y 電流　207

Z 行列　140
Z の行列式　201
Z の余因子　201

ア　行

アドミタンス　44, 54, 58
アドミタンス行列　190
アナログ計算機　21
網目方程式　188
暗箱　2, 88
アンペア　2

位相　8, 54
位相回路　76
位相角　27
位相定数　114
位相量　143
一次従属な式　180
1 の m 乗根　33
1 ポート　2, 90
1 ポート, 2 端子回路　58
一般解　20
イミタンス　58
インシデンス行列　185

インダクタ　4
インダクタンス　5
インパルス　44
インパルス応答　44
インピーダンス　44, 54, 55, 58
インピーダンス行列　88, 189
インピーダンス整合　133

ウエーバ　5
運動方程式　21

枝　175
エネルギー　8, 10
エネルギー保存則　199
演算増幅器　166

オイラーの公式　31
応答　20
大きさ　27, 49, 54
遅れ　56
オームの法則　1, 3

カ　行

開放　3, 15
開放駆動点インピーダンス　98
開放端子電圧　16
開放電圧　16, 126
開放伝達インピーダンス　98
開放の回路素子　6

索引

回路　12
回路素子　1
回路端子　1
回路の応答　19
回路の相反性　97, 102
回路網　1
ガウス波　42
拡散方程式　113
角周波数　8
角速度　8
重ね合わせの理　90, 123
カットセット　182
過渡現象論　21
過渡的状態　21

木　179
　――の枝　179
奇関数　38
基本角周波数　35
基本カットセット　182
基本カットセット行列　183
基本周期　35
基本周波数　35
基本タイセット　181
基本タイセット行列　181
基本波　39
基本閉路　181
基本閉路系　181
基本閉路電流　182
基本要素　39
逆演算　50
逆回路　84
逆関数　33
逆フーリエ変換　45
キャパシタ　3
キャパシタンス　4
共役複素数　30
共振回路　74
共振回路の Q　81
強制振動項　21
極　84
極形式　26

極形式の加法定理　28
極座標　26
虚数単位　25
虚部　25
キルヒホッフの電圧則　i, 1
キルヒホッフの二法則　12

偶関数　38
駆動点インピーダンス　61
グラフ　175, 176
クラメルの公式　203
クロネッカーのデルタ関数　37
クーロン　2, 4

系　88
結果　20
結合係数　92
原因　20
減衰域　145
減衰定数　114
減衰量　143
検流器　83

弧　175
コイル　4
格子回路　99
高調波　39
交流　6
交流電圧源　5
交流電流源　6
交流理論　19, 21, 58
固有値　91
固有電力　131
孤立波　46
コンダクタンス　2, 14, 62
コンデンサ　3

サ　行

最大値　8
鎖交磁束　90
サセプタンス　62

三角関数の加法定理　23
三角関数の倍角の式　9
三角波　42
3 相起電力　206
三端子回路　106
サンプリング関数　37
散乱行列　116

時間関数　48
時間微分フェーザ　58
磁気エネルギ蓄積素子　4
自己インダクタンス　89
自己ループ　176
自乗平均値　10
指数関数　31, 33
自然対数　33
磁束　5
実効値　9, 10
実効電力　65
実部　21, 25
枝電圧　12, 13, 177
枝電流　12, 13, 177
ジーメンス　2
ジャイレータ　170
周期的　6
周期的時間関数　25
周期(的)波形　10, 35
自由振動項　20
縦続行列　109
終端インピーダンス　115
周波数領域表現　38
出力　20
出力端子対　88
受動素子　159
瞬時値　2, 8
瞬時電圧　2
瞬時電流　2
瞬時電力　8
常微分方程式　113
初期位相　8
初期条件　20
信号源　132

索　引

信号の伝送　132

進み　56
スター・デルタ変換　109

正弦関数　24
正弦波交流　25
整合　115
　──の条件　133
整合回路　135
星状結線　207
静電エネルギー　11
静電エネルギー蓄積素子　3
静電容量　4
積分フェーザ　58
接続行列　185
絶対値　26
節点　1, 175
線 (間) 電圧　207
線形関係　58
線形結合　123
線形理論　22
線形和　123
線電流　208
線路の一次定数　113

双曲線関数　114, 117
相互インダクタンス　89
相互誘導　89
相順 (相回転)　207
双対　180
　──な概念　183
　──の関係　128
双対グラフ　188
双対性　124
相電圧　207
相電流　207
相反回路　103, 126
相反 (可逆) 定理　109, 125
阻止域　145

タ　行

第 n 高調波のパワースペクトル　38
第 n 調波　39
帯域　145
対応・類似関係　21
対称行列　126
対称格子回路　100
対称 3 相起電力　207
対称条件　125
対称性　88
対数関数　33
タイセットの基本系　181
畳み込み積分　43
単位長のフェーザ (ベクトル)　31
端子　1
端子対　2, 88
　──の取り方　88
端子電圧 (枝電圧)　13, 176
端子電流 (枝電流)　176
短絡　3, 15
　──の回路素子　6
短絡駆動点アドミタンス　103
短絡伝達アドミタンス　103
短絡電流　15, 16, 127

チェビシェフフィルタ　148
中性点　207, 211
頂点　175
直並列回路　74
直流　6
直流電圧源　5
直流電流源　5, 15
直列インピーダンス　113
直列接続　13
直列抵抗　13
直交　200
直交形式　26
直交性　38

通過域　145

低域通過フィルタ　145
抵抗 (抵抗器)　2, 61
定常解　21
定常状態　21
定抵抗回路　85
定電圧源 (定電流源)　6
ディラックの δ 関数　43
テイラー展開　80
デシベル　143
テブナンの定理　126
Δ 型回路　107, 108
Δ 型結線 (環状結線)　207
Δ 起電力　207
出る波　117
テレゲンの定理　200
点　175
電圧　2
　──の代数和　12
電圧源　5
　──と電流源の等価関係　128
電圧源枝の短絡除去　176
電圧上昇比　80
電圧則　187, 200
電位　2, 13
電位差　2
電荷　19
展開　112
電荷量　4
電源での消費電力　131
電源の無効化　123
電磁エネルギー　11
電信方程式　112
伝送線路　133
伝送量　143
伝達インピーダンス　61
伝達関数　44
伝播定数　113
電流　2
　──の代数和　12

250　　　　　　　　　　索　引

電流源　5
電流源枝の開放除去　177
電流則　1, 182, 199
電流フェーザ　55
電力　1, 65
　——の瞬時値　8

等価関係　16
動作電力利得　142
同次型の解　20
導線　1
同相　56
同調曲線　81
特解　21
特性 (波動) インピーダンス　114
特性方程式　20
独立電圧源　6
独立電流源　6
独立な数　38
独立な関数　38
独立な枝電流・枝電圧　179
独立な変数　175

ナ　行

内積　36
内部抵抗　15
長さ　27
流れ　1

$2n$ 端子回路　190
$2n$ 端子網　190
2 階微分方程式　19
2 次形式　91
2 端子対素子　90
2 ポート (二端子対網)　88, 90
入射波　114
入力　20
入力インピーダンス　61, 115
入力端子対　88

熱損失　132
熱伝導方程式　113
ネーパ　143

能動素子　159
ノートンの定理　127

ハ　行

π 型回路　107
入る波　116
白色雑音　6
はしご形回路　74
パーセバルの等式　38
バターワースフィルタ　148
波動方程式　113
バール　67
パルス関数　42
パルス波形　6
反射係数　115
反射波　114
反時計回りに回転させる作用　32
非周期関数　40
非周期的　6
皮相電力　66, 67
非反反回路　126
非同次型の解　21
非負値条件　91
微分, 積分のフェーザ　55
微分方程式　19

ファラド　4
フィルタ　74, 144
フェーザ計算　24
フェーザ図　56
フェーザ (複素数)　27, 48, 54
負荷　6, 15
負荷抵抗　15
複素共役　36
複素数 i, 24

複素数 (ベクトル)　25
複素電力　67
複素フーリエ係数　36
複素フーリエ展開　36
複素平面　26
負の電力　9
フーリエ逆変換　42
フーリエ級数展開　25, 35
フーリエ係数　35
フーリエ積分　40
フーリエ積分 (フーリエ変換) 対　42
フーリエ定理　35
フーリエ変換　40, 42
ブリッジ　83
ブリッジの平衡条件　83

平均電力　8, 9, 65, 67
平面グラフ　188
並列アドミタンス　113
並列接続　13
並列抵抗　14
閉路　12
閉路行列　186
閉路電流　181
閉路方程式　187
ベクトル　25, 88
辺　175
変圧器 (トランス)　89
偏角　26
変換電力利得　142
変数分離法　113
変成器　89, 90
偏微分方程式　113
ヘンリ　5

ホイートストンブリッジ　82
補木　180
補木の枝　180
補償定理　128
補償電圧源　129
ボルト　2

索　引

ボルトアンペア　66, 67

マ行

道　176
密結合変成器　93

向き　175
無効電力　67
無損失　113
無歪条件　122

モー　3
模擬　21

ヤ行

有効電力　65
誘導性　62
誘導性リアクタンス　62
有能電力　131
有能電力利得　142

容量　4
容量性　62
余弦関数　24
4 端子回路素子　90

ラ行

ラジアン　143
ラプラス展開　203
ランク　181, 183

リアクタンス　61
リアクタンス 1 ポート　66
リアクタンス素子　11
リアクタンスフィルタ　145
リアクタンス率　67
力率　66
理想的インパルス　44
理想的電流源　15
理想変成器 (変圧器)　95
流出　177

流入　177
リンク　180
リンク電圧　180
リンク電流　180

類同性　21
ループ　12

励振　20
零点　84
連結グラフ　179
連分数　74
連立微分方程式　19

ろ波器　144
ロピタル則　37

ワ行

歪波　35

著者略歴

香田　徹（こうだ　とおる）
1946年　福岡県に生まれる
1974年　九州大学大学院工学研究科博士課程修了
現　在　九州大学大学院システム情報科学研究院教授
　　　　工学博士

吉田啓二（よしだ　けいじ）
1948年　福岡県に生まれる
1976年　九州大学大学院工学研究科博士課程修了
現　在　九州大学大学院システム情報科学研究院教授
　　　　工学博士

電気電子工学シリーズ2
電　気　回　路
　　　　　　　　　　　定価はカバーに表示

2008年 3月20日　初版第1刷
2023年 3月25日　　　第10刷

　　　著　者　香　田　　　徹
　　　　　　　吉　田　啓　二
　　　発行者　朝　倉　誠　造
　　　発行所　株式会社　朝　倉　書　店
　　　　　　　東京都新宿区新小川町6-29
　　　　　　　郵便番号　162-8707
　　　　　　　電　話　03(3260)0141
　　　　　　　ＦＡＸ　03(3260)0180
　　　　　　　https://www.asakura.co.jp

〈検印省略〉

© 2008　〈無断複写・転載を禁ず〉　　　中央印刷・渡辺製本

ISBN 978-4-254-22897-7　C 3354　　Printed in Japan

JCOPY ＜出版者著作権管理機構 委託出版物＞
本書の無断複写は著作権法上での例外を除き禁じられています．複写される場合は，そのつど事前に，出版者著作権管理機構（電話 03-5244-5088, FAX 03-5244-5089, e-mail: info@jcopy.or.jp）の許諾を得てください．

〈 電気電子工学シリーズ 〉

岡田龍雄・都甲　潔・二宮　保・宮尾正信
[編集]

JABEEにも配慮し，基礎からていねいに解説した教科書シリーズ
［A5判　全17巻］

1	電磁気学	岡田龍雄・船木和夫	192頁
2	電気回路	香田　徹・吉田啓二	264頁
4	電子物性	都甲　潔	164頁
5	電子デバイス工学	宮尾正信・佐道泰造	120頁
6	機能デバイス工学	松山公秀・圓福敬二	160頁
7	集積回路工学	浅野種正	176頁
9	ディジタル電子回路	肥川宏臣	180頁
11	制御工学	川邊武俊・金井喜美雄	160頁
12	エネルギー変換工学	小山　純・樋口　剛	196頁
13	電気エネルギー工学概論	西嶋喜代人・末廣純也	196頁
17	ベクトル解析とフーリエ解析	柁川一弘・金谷晴一	180頁